152

新知
文库

XINZHI

The Nobel Banquets:
A Century
of Culinary History
(1901 – 2001)

诺贝尔晚宴

一个世纪的美食历史
(1901—2001)

〔瑞典〕乌利卡·索德琳德 著　张婍 译

生活·讀書·新知 三联书店

图书在版编目（CIP）数据

诺贝尔晚宴：一个世纪的美食历史：1901－2001 ／（瑞典）乌利卡·索德琳德著；
张媘译． —北京：生活·读书·新知三联书店，2022.8
（新知文库）
ISBN 978－7－108－07358－7

Ⅰ．①诺…　Ⅱ．①乌…②张…　Ⅲ．①饮食－文化－瑞典－1901-2001
Ⅳ．① TS971.253.2

中国版本图书馆 CIP 数据核字（2022）第 012904 号

策划编辑	唐明星	
特邀编辑	赵润细	
责任编辑	张　璞	
装帧设计	陆智昌　康　健	
责任校对	张　睿	
责任印制	宋　家	
出版发行	生活·讀書·新知 三联书店	
	（北京市东城区美术馆东街 22 号 100010）	
网　　址	www.sdxjpc.com	
图　　字	01-2018-7535	
经　　销	新华书店	
印　　刷	北京隆昌伟业印刷有限公司	
版　　次	2022 年 8 月北京第 1 版	
	2022 年 8 月北京第 1 次印刷	
开　　本	635 毫米 × 965 毫米　1/16　印张 19	
字　　数	223 千字　图 33 幅	
印　　数	0,001－6,000 册	
定　　价	59.00 元	

（印装查询：01064002715；邮购查询：01084010542）

诺贝尔晚宴前夕,工作人员正在摆放餐具,他们戴着白色手套,避免在瓷器、杯子和银制品上留下指纹

2000 年 12 月 11 日，宫廷晚宴主桌的一部分

诺贝尔晚宴上一个宾客的座位

由于没有第一次宴会的照片，因此在 2001 年，为了庆祝诺贝尔奖创立 100 周年，对 1901 年的菜单进行了重新设计。这张照片显示了餐前开胃小吃的样式，并且展示了它们是如何被端上餐桌的。在晚宴最初的 20 年，这道菜始终在菜单上［珍妮·汉森（Janne Hansson）摄］

这张图片向我们展示了 1901 年在斯德哥尔摩大酒店供应的水煮鲽鱼片配上松露和白葡萄酒酱
（珍妮·汉森摄）

在水煮鲽鱼片之后端上餐桌的是烤牛肉片，大概是图中这个样子（珍妮·汉森摄）

诺贝尔晚宴后，在金色大厅里举行的舞会

备受瞩目的诺贝尔甜点游行

各式各样的诺贝尔甜点

诺贝尔晚宴盛况

嘉宾们走下台阶，准备就座

诺贝尔晚宴上的声乐团表演

在客人享用完甜点后，用过的盘子会被收走，清洁工作就开始了。这样当舞会开始时，金色大厅就已经被收拾干净了。在诺贝尔晚宴上，每个人都会贡献自己的一份力量。图为服务人员于晚宴后坐在厨房里吃菜单中的食物。这张照片拍摄于 1990 年，当时已经很晚了

从金色大厅顶部俯瞰诺贝尔晚宴

Dîner du 11 décembre 1931

———

Consommé Princesse Royale

Médaillons de sandre Jamet

Dindonneau roti aux marrons

Faisan en belle-vue

Poires à la gourmet

Fruits de saison

Dessert

———

最古老的打印版宫廷晚宴菜单，时间是 1931 年 12 月 11 日。上面印有瑞典国王古斯塔夫五世的徽章。菜单上有清汤、圆形梭鲈鱼片、烤火鸡配栗子、烤野鸡、梨子美食、当季水果和甜品。甜品具体是什么没有说明

新知文库

出版说明

在今天三联书店的前身——生活书店、读书出版社和新知书店的出版史上，介绍新知识和新观念的图书曾占有很大比重。熟悉三联的读者也都会记得，20世纪80年代后期，我们曾以"新知文库"的名义，出版过一批译介西方现代人文社会科学知识的图书。今年是生活·读书·新知三联书店恢复独立建制20周年，我们再次推出"新知文库"，正是为了接续这一传统。

近半个世纪以来，无论在自然科学方面，还是在人文社会科学方面，知识都在以前所未有的速度更新。涉及自然环境、社会文化等领域的新发现、新探索和新成果层出不穷，并以同样前所未有的深度和广度影响人类的社会和生活。了解这种知识成果的内容，思考其与我们生活的关系，固然是明了社会变迁趋势的必需，但更为重要的，乃是通过知识演进的背景和过程，领悟和体会隐藏其中的理性精神和科学规律。

"新知文库"拟选编一些介绍人文社会科学和自然科学新知识及其如何被发现和传播的图书，陆续出版。希望读者能在愉悦的阅读中获取新知，开阔视野，启迪思维，激发好奇心和想象力。

生活·讀書·新知三联书店
2006 年 3 月

目　录

推荐序

1989年，当我受邀成为斯德哥尔摩市政厅餐厅（City Hall Restaurant）的经理时，办诺贝尔晚宴是一个巨大的挑战，同时也是一件令人感到棘手的大事。我能承担这个巨大的责任吗？还是应该因为诺贝尔晚宴而拒绝应邀就职？在这举世瞩目的盛宴上，如何管理好330多名员工？你如何保持食物的热度、恪守严格的上菜时间表、设法与所有相关人员一起高效工作、满足特殊餐饮的所有需求、为大约1350位客人提供饮料，并且整理好那些闪着光亮的瓷器和餐具？我可以应对好压力，以及公众的关注吗？我在活动开始之前好几个月就要把自己彻底关闭在筹备诺贝尔晚宴这个小世界里，我的家人又该如何应对这一状况？有很多问题需要考虑，但我很快意识到，多亏了所有优秀、称职的员工和其他组织者，一切都运转得非常完美。我既高兴又自豪，因为我接受了这个职位，而且我有幸组织了1989年到2002年间所有的诺贝尔晚宴。

这些年以来，尤其是2001年诺奖百年庆典的高潮，我面对了很多难题并且对我作为承担这一著名晚宴的餐厅经理这个角色做了很多思考。

在瑞典国内或者国际上，还有没有比诺贝尔晚宴更有名的宴会呢？诺贝尔晚宴的菜单在过去100年里，是否也影响过其他类似的活动？如果是的话，是如何影响的？每年12月11日，瑞典国王和王后单独邀请获奖者和其他荣誉嘉宾共进晚餐时，瑞典皇宫里供应的是什么菜肴呢？

如今，我为这些问题找到了答案，这要归功于乌尔利卡·索德林德（Ulrica Söderlind）为收集这些信息所付出的大量时间和精力，其中不仅包括了100多年来的诺贝尔晚宴，还有瑞典国王和王后在每年的12月11日举行的皇家晚宴。乌尔利卡对皇宫，以及平民家庭的档案进行的大量研究让我们所有人都受益匪浅。我们现在对诺贝尔晚宴的前100年有了全新的认识。

我第一次见到乌尔利卡是在1990年，那个时候她在市政厅餐厅当冷餐部经理。她实现了我和其他许多人在很长时间都渴望实现的一个梦想：从档案中把自1901年以来缺失的所有诺贝尔晚宴的菜单都列出来，并附上事实和评论；浏览20世纪初到现在所有关于诺贝尔晚宴的文章，看看当初在斯德哥尔摩大酒店里的这顿由118位男士参加的人均15克朗的小小晚餐，如何一步一步发展成为世界闻名的诺贝尔晚宴。实在是太棒了！

为诺贝尔晚宴制作菜单是一个漫长的过程。菜单内容应该具有斯堪的纳维亚特色，同时尽可能以瑞典配料作为菜肴的基础。

必须考虑的一个因素是厨房距离上菜的蓝色大厅（Blue Hall）很远——实际上，蓝色大厅在四层。今天，我们要感谢设计市政厅的建筑师拉格纳·奥斯特伯格（Ragnar Östberg），他在厨房和金色大厅（Golden Hall）之间安装了电梯，这个电梯可直接下到蓝色大厅，极大地便利了我们的工作。熟悉市政厅的人都知道这个直达蓝色大厅的电梯。奥斯特伯格在蓝色大厅南边的衣帽间的地面上铺上了鹅卵石。任何试图推拉装满玻璃和陶瓷餐具的手推车穿过鹅卵石通道的人都会知道，这个设计给工作带来了难度，很有可能大部分的玻璃和陶瓷餐具都会被震碎。另外一个不可忽略的因素是，在金色大厅服务台和蓝色大厅之间，必经由科尔马尔（Kolmård）大理石建造的蓝色大厅的大楼梯，或是走南北楼梯间的楼梯，对于端着沉甸甸的装满食物的银质餐具或是拿着使用过的瓷器餐具的服务员而言，都是一个只能完全步行的长途跋涉。

此外，菜单的设计必须保证在尽可能短的时间内服务到大约1350位客人，同时不能出现任何不必要的，或是耗费时间的服务问题。经过数月的深思熟虑，并向诺贝尔基金会提交了各种建议之后，就到了举行初秋试吃晚宴并决定菜单内容的时候了。参加试吃晚宴的是代表诺贝尔基金会、市政厅餐厅、餐饮学院和其他参与菜单设计的机构的12个人，有时候甚至更多。这些人坐下来试吃、享受、讨论和品评菜肴，敲定菜单，然后继续完成他们的日常事务。记住，菜单的内容会一直保密到诺贝尔奖颁奖日下午4点。

你现在手里拿着的就是乌尔利卡的工作成果，她的工作让我们对12月11日瑞典皇宫提供的菜单，以及早期的100份诺贝尔晚宴菜单有了深入的了解和认识。

我和参与了诺贝尔晚宴工作的几乎每个人都对乌尔利卡的工作深表谢意。非常令人欣慰的是，诺贝尔晚宴的前100年历史现在已经呈现在各位面前了，我们将迎来又一个以宴会为中心的百年诺贝尔庆典。对此，我十分期待！

拉尔斯－葛兰·安德森（Lars-Göran Andersson）

斯德哥尔摩

2004 年 12 月

前　言

写一本书的理由有多种，可以说有多少作家就有多少写书的原因。我写关于诺贝尔晚宴前100年这本书的念头，最早出现在2001年，当时我和我的女儿观看了诺贝尔颁奖典礼，与其说因为那年刚好是诺奖100年的周年纪念，还不如说是因为当时10岁的女儿说了一些让我印象深刻的话。

在颁发奖项的时候，电视评论员评论说，其中一位获奖者对人类大脑进行了研究，女儿说："很好，继续做大脑的研究，这是很有必要的。"这句话真的发自肺腑，因为我们家族中有一位亲属中风了，不得不花时间休养，对家族中的其他成员也产生了影响。就在那一刻，我有了写诺贝尔庆典的想法，不仅仅因为当年是诺奖100周年纪念，还因为之前并没有人写过诺贝尔晚宴的发展历程。我向我以前工作的餐厅的经理拉尔斯-葛兰·安德森描述了我的计划，他认为这是一个好主意。在他的帮助下，我与诺贝尔基金会取得了联系，他们也很喜欢这个想法。从那之后，我需要做的就是开始写作。选择研究晚宴的另一个原因是我个人的情感因素，因为我在那里的厨房工作了很多年，从我10岁左右开始，食物和饮料就一直是我的兴趣所在。

　　　　　　　　　　诺贝尔晚宴

这本书是为了纪念威廉·奥德尔伯格（Wilhelm Odelberg）。令我非常惊讶的是，这个了不起的人，也对我的工作感兴趣。如果有一个人值得被称为"诺贝尔先生"，那就是威廉：他参加了1959年至2001年间的所有诺贝尔晚宴。威廉是极好的信息来源，尤其为本书第四章描述晚宴的发展历程提供了不少帮助。后来他生病了，还专门打电话给我，一番商量之后我同意让他继续帮助我，但他没办法继续参与私人会谈，于是我们开发了一个系统，通过这个系统我把想问的问题写在明信片上寄给他，他收到后在觉得身体状况好些的时候打电话给我，但往往他会在收到卡片的当天就给我打电话。我们最后一次谈话是在他去世的前一天，当时他的精神状态还不错，正在写一篇文章。他除了对晚宴广知博晓，还是一个非常谦逊温和的人，紧跟潮流，眼界开阔，知性温暖。因为我们都攻读了历史和考古学，所以我们的谈话总是不局限于晚宴本身。

这本书的结构如下：在这篇导论性质的前言之后，正文的第一章描述了诺贝尔奖的背景。接下来的一章叫作"美食里有大学问"，涉及了影响人们选择食物和饮料的各种因素。第三章讨论了诺奖90周年和100周年庆典上同时出现在斯德哥尔摩市政厅蓝色大厅的各国美食组合。第四章介绍了诺贝尔晚宴前100年的发展。而第五章则介绍了菜单。这一章还包括了12月11日为获奖者举行的宫廷晚宴，其第一次是在1904年举行的，从那之后就延续下来，也和诺贝尔颁奖典礼密切相关。我之所以把这些包括进来，是因为这两场晚宴都是为了祝贺获奖者，我想对比一下它们的菜单。我把第四章和第五章以十年为单位加以划分，原因很简单，以这种方式呈现材料是最直观的，读者更容易阅读和理解。我选择这样编排也是为了让读者更容易找到他们感兴趣的年份。然而，每个十年期的菜单是混在一起呈现的，我建议对某一特定年份感兴趣的读者参考本书的附录一，其中所有的菜单都是逐年列出的。第六章则是一个简短的总结。如果你愿意的话，也可以把每一章单独挑出来读。

没有一本书是仅靠一己之力就能完成的，尽管我的名字印在了封面上，要是没有所有回答我那些问题的人的帮助，这本书也不会与大家见面。写书并非完全没有痛苦，有时候是个复杂的过程。时不时地，你会发现自己迷失在一个难以置信的混乱世界中，各种各样的想法会以不同的方式展现出来。

首先，我要感谢那些每天在我身边，和我一直在一起的人——伊万（Ivan）和我们的女儿露比（Rubi）。非常感谢他们容忍我天马行空的想法，以及所有的一切。感谢我的姐姐海伦·索德林德（Helene Söderlind），她住得非常远，耐心阅读了我寄给她的初稿。对她来说，阅读这些章节并不容易，因为她的个人兴趣从来都不在厨房领域——而且永远不会！感谢约翰·索德林德（Johan Söderlind）在我并不擅长的计算机及其技术方面提供的帮助。我还要感谢我的父母玛丽安（Marianne）和奥维·索德林德（Ove Söderlind），感谢他们一直对我所做的一切兴致盎然。

衷心感谢以下国家的大使馆，为我提供了关于它们国家饮食习俗的宝贵信息：阿根廷、比利时、加拿大、哥伦比亚、丹麦、墨西哥、尼日利亚、挪威、波兰、南非和瑞士。感谢瑞典国王和王后准许我研究12月11日的宫廷晚宴菜单，并且还允许我出版它们，要知道这些信息是非常私密的。

我要感谢皇家宫廷的首席典礼官约翰·费舍斯特罗姆（Johan Fischerstrom）和宫廷测量员英格拉·莉莉胡克（Ingela Lilliehook），感谢他们帮我提供了1950年后遗失的菜谱、对我所有其他问题的解答，以及在这个过程中表现出的热情。我还要感谢莫妮卡·弗里伯格（Monica Friberg），她在皇宫工作，感谢她帮助我拍摄照片和获取信息，以及她对我项目的热情。感谢宫廷摄影师亚历克西斯·达弗洛斯（Alexis Daflos）在宫廷晚宴菜单上的帮助，以及对这个项目的兴趣。

我要感谢宫廷档案馆的简·布鲁尼乌斯（Jan Brunius）和拉斯·维克斯特罗姆（Lars Wickstrom），感谢他们的关心和帮助，感谢他们对我写这本书的想法表现出的极大兴趣。要是没有他们二人的帮助，1904年到1950年间每年12月11日的菜单我都不知道是什么样子的。

感谢乌拉·哈格（Ulla Hager）帮助我翻译了法国菜单，主要是12月11日的菜单，尽管我们彼此不认识，甚至还没有见过面。他的帮助为我节省了很多时间。对此，我要感谢卡尔–亨里克·温特（Carl-Henrik Wendt）安排了我们的会面。

非常感谢我在经济史学系的博士生同学特蕾莎·诺德伦德（Therese Nordlud）、斯文·赫尔罗斯（Sven Hellroth）和乌苏拉·哈德（Ursula Hard），感谢他们在我日常工作中给予的精神和心理上的支持，特别是特蕾莎为我书稿做的所有校对工作，以及对初稿的精辟评论。感谢我的同事乔纳森·梅茨格（Johathan Metzger），感谢他热心阅读并评论了第三章中关于犹太食物的部分，我也感谢佩尔·西蒙松（Per Simonsson）对我在计算机应用上的所有帮助。

我要感谢历史学者比约恩·桑德尔（Björn Sandahl）博士，因为他始终相信我的观点（不像其他人），即从历史的角度书写美食是可能的，也感谢他在我大学本科学习期间对我的指导。没有比约恩的支持，我的文章和这本书都写不出来（至少不是我写的）。

我要感谢斯德哥尔摩大学图书馆的托弗·谢兰德（Tove Kjellander），她对我的项目从未失去过兴趣，也感谢我们之间非常有意义的电子邮件往来。我希望这样的联系可以一直持续下去。

非常感谢托尔比约恩·博斯特罗姆（Torbjörn Boström），这位摄影师曾与我合作拍摄1920年和1945年的诺贝尔菜单。我希望我们将来能继续合作。我还要感谢金色大厅、蓝色大厅和斯德哥尔摩市政大厅的主厨甘纳·埃里克森（Gunnar Eriksson），感谢他对上述菜单照片的浓厚兴趣，以及给予我的帮助。

我要感谢霍尔格·埃德斯特罗姆（Holger Edström），他慷慨又热心地为我提供了他在1991年拍摄的晚宴照片。

感谢20世纪80年代在桑德维肯餐饮学校（Sandviken School of Catering）度过的两年高中时光。太有创意了！

非常感谢卡尔松出版社的主编特里格夫·卡尔松（Trygve Carlsson），感谢他所有的信任和与我愉快的讨论，感谢他对我本人，以及我对这本书的想法的信任。

非常感谢皇家科学院的玛丽亚·阿斯普（Maria Asp），她帮助我找到了1907年的独特菜单。

我还要感谢诺贝尔博物馆的安德斯·巴拉尼，感谢他对我的作品表现出的兴趣，感谢他阅读并评论了我的所有作品，这一切对我而言极具价值。

最后，我要感谢诺贝尔基金会和拉尔斯-葛兰·安德森，感谢他们对我这个项目的巨大支持和极大兴趣。相信我，那真的是千金难买！

在我与威廉的最后一次谈话中，他表达了他的希望和心愿。希望我能够想办法收集到写这本书所需要的所有资料，并希望这将是一本引人入胜的书。亲爱的读者，我想把这个评论权留给你们，由你们来评判这本书怎么样。

祝大家阅读愉快！

乌尔利卡·索德林德
瑞典，斯帕尼亚
2005 年 2 月

第一章
诺贝尔奖的诞生

　　阿尔弗雷德·诺贝尔（Alfred Nobel）的葬礼在规模上堪比王室。在葬礼正式开始前一小时，就已经有好几千人自发聚集在了斯德哥尔摩大教堂（Stockholm Cathedral）门外。诺贝尔的亲友随着源源不断的人流会聚到了正厅。现场鲜花的摆放非常夺目，由好几排鲜花簇拥着的一条通道从教堂门口一直延伸到教堂内部的圣坛。正厅的几根柱子被长着宽大叶子的高大棕榈树遮蔽着，叶子的顶端正好触到了天花板，正厅俨然变成了一个长满棕榈树的森林。灵柩的上方是由两个绿叶花环交叉而成的十字架，上面挂着一只白色的鸽子，仿佛盘旋在灵柩之上。灵柩的棺木是由经过抛光的浅色木头制成，其中一头挂着一块银质牌匾，上面很简单地写着一行字："阿尔弗雷德·伯恩哈德·诺贝尔，生于1833年10月21日，死于1896年12月10日"。棺材就像自由漂浮在鲜花的海洋上，但本身并没有被花圈所覆盖，而下面的那一片花海是由来自世界各地的花圈所组成。到了下午3点，所有的宾客都到齐了之后，葬礼正式开始了，由风琴演奏作为开场，接着是男声合唱团的演唱。然后，杰尔曼·戈兰松（Kjellman Göransson）牧师走到灵柩前面主持葬礼。仪式结束之后，所有的花圈都汇总到了一起。伴随着葬礼进行曲，没有任何鲜花装饰的棺材被抬到了等待出发的灵车上，而花圈则由敞篷马车来运送。到了下午4点半，游行就开始了。

在斯德哥尔摩很少会看到这样的送葬车队。在灵柩最前面站着火炬手们，一眼望不到尽头的送葬车队，每一辆四轮大马车的车灯里都有火焰在熊熊燃烧。斯德哥尔摩市民倾巢出动，目送着送葬车队蜿蜒地向火葬场前进，熙熙攘攘的人群在街道两边分成两队，沿着街道一直到诺图尔（斯德哥尔摩北部的关卡）。大批火炬手在火葬场外面迎接灵柩，在那里灵柩的盖子被移走，里面的白色棺材被抬出来，并被抬进火葬场。阿尔弗雷德在遗嘱中明确表示，他的遗体应火化。但是在这之前要等"我死了之后动脉被割开，当这一过程完成之后，由权威医生确认死亡迹象，我的遗体将被送到火葬场火化"。随后，阿尔弗雷德·诺贝尔的骨灰被存放在斯德哥尔摩的诺拉·贝加夫宁斯广场（北部公墓）。

在阿尔弗雷德·诺贝尔逝世同年的12月14日，他的遗愿和遗嘱揭晓，内容非常引人注目。除了把一些遗产留给了诸如亲属、密友和仆人这样的个人之外，该遗嘱还包括了以下内容：

> 我所有遗留的不动产应按下列方式处置：我的资产，由我的遗嘱执行人投资于安全性高的证券后成立一个基金，其中的利息应每年作为奖金发放给在过去一年中对人类做出最有益贡献的人。这个利息将分成五等份，其分配方式如下：一份发给在物理学领域有重大发现或发明的人；一份发给在化学领域有重大发现或改进的人；一份发给在生理学或者医学领域有重大发现的人；一份发给在文学领域创作出最优秀的

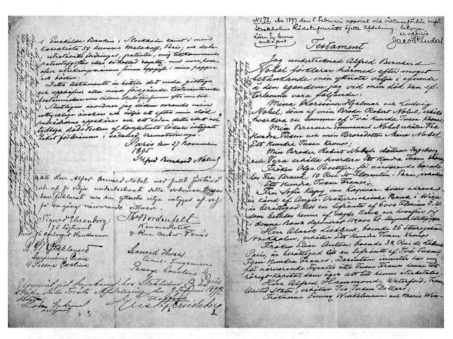

阿尔弗雷德·诺贝尔著名的遗愿和遗嘱奠定了诺贝尔奖的基础

年轻时的阿尔弗雷德·诺贝尔

诺贝尔晚宴

理想主义作品的人；还有一份发给为了国家之间的友爱、废除或减少常备军，以及举行并促进国际和平会议做出最多或最重要贡献的人。物理学和化学奖由瑞典皇家科学院颁发；生理学或医学奖由斯德哥尔摩的卡罗林斯卡学院（Karolinska Institute）评选；文学奖由斯德哥尔摩的瑞典文学院评选；和平奖则由挪威议会（Norwegian Storting）推举出五个人所组成的委员会进行评选。

我希望在颁奖时，不要考虑候选人的国籍，而应考虑这个人是否做出了最重大的贡献，不管他是不是斯堪的纳维亚人。

宣读遗嘱时见证这一过程的律师博·洛夫格伦（Bo Löfgren，当时年仅31岁）在回到家后见到妻子，告诉她："我今天见证了一件非常了不起的事情，这件事情具有重大的意义。"

这份遗嘱不仅在瑞典，而且在世界各地都引起了关注。在伦敦，它引起了轰动，《每日新闻》（Daily News）认为阿尔弗雷德·诺贝尔应该被看作和平的推动者，因为他是如此强烈地反对战争。尽管作为一个发明家，他研制了一些迄今为止可以给世界造成最严重破坏的东西。

在宣读遗嘱时，人们还无法准确估量阿尔弗雷德·诺贝尔的遗产价值，但在他去世之后不久，他的资产估值在3000万至3500万瑞典克朗。如果按当时的利率不超过3%来计算，那么可以分配给上述五份奖金的利息就有约90万瑞典克朗——换句话说，这绝对是一笔巨额财富了。人们论及阿尔弗雷德·诺贝尔的遗嘱时，认为它是"给人类的礼物"。在经过大量法律细节上的完善后，这一"给人类的礼物"于1901年诺贝尔逝世那一天首次颁发。当时颁奖典礼于晚上7点在斯德哥尔摩音乐学院主厅举行。诺贝尔和平奖得主在挪威的克里斯蒂安尼亚（挪威地名，奥斯陆的旧称。——译者注）由挪威议会宣布，与此同时，给挪威国王和获奖者发送了电报。他们没有一个人出席典礼。奖金立即被送到获奖者手中，然后颁发了奖章和证书。挪威举行的仪式非常简单，只花了10分钟。

诺贝尔晚宴

第二章
美食里有大学问

美食基本元素

吃和喝通常被描述为人们在日常生活中为了获取生存必需的营养物质所进行的活动。吃和喝是最基本的需要，位于马斯洛需求层次理论的底端。根据这个模型，人们必须先满足这些需求，然后才能投入精力去满足更高层次的需求。但是食物和饮料真的这么简单吗？接下来，我将分析那些对于人们吃什么，喝什么，什么时候吃喝，以及如何吃喝而言，非常重要的决定性因素。

让我们先来看看与食物和饮料有关的词语的含义。"饮食"（diet）这个词，毫无疑问是本章的核心，指的是每日摄入的满足个体营养需求的不同种类食物的组合。饮食的形式可以多种多样，但各种食物应以适当的方式组合在一起，以充分满足人们的营养需要。饮食这个词来自希腊文"diaita"，意思是生活方式或生活风格。时至今日，它的意思演变成食材的特殊组合，通常由蛋白质、碳水化合物、脂肪、维生素、矿物质、水分、纤维素或粗纤维组成。每一种饮食都应该适合一个人的年龄、性别和体力活动。由于种种原因，有些人要比其他人需要更多数量的这些营养成分，或是需要避免它们中的一些成分。我们的饮食包含了各种各样的食材，以及制造我们食物和饮料的各种产品。

总体而言，食物可以被划分为两大类：来自植物王国的蔬菜，以及来自动物王国的肉类。这些食材有一些可以不经过烹饪直接食用，比如水果和某些蔬菜，而另外一些则需要做一些处理，例如烘焙、烧烤、炙烤或者煮熟。既然我已经讲到对食物的准备，那么是时候谈谈烹饪的艺术了。至少在瑞典，烹饪意味着准备食物的技术和艺术。反过来，食物这个词意味着人类已经准备好要吃的东西。我们经常遇到的与食物有关的术语是"gastronomy"（美食）。这个词来自希腊文"gastronomia"，意思是"胃口的知识"。19世纪初出现的法语"gastronomie"就源于"gastronomia"，后进入英语。在现代用法中，这个词的含义变成了"高级烹饪的科学"。现在我们已经了解了相关的核心概念和术语，接下来该考虑影响我们选择食物和饮料的因素了。

基本需要

人类就其本质而言是一种物质存在，我们的身体依赖营养物质或由一定成分组成的食物。因为身体储存食物的能力是有限的，食物供应必须要有规律地提供。从某种意义上说，我们的工作能力取决于身体素质和食物的供应。

可食用性

饮食习惯回答了为什么人们这么吃这一问题。习惯本身意味着某些食物显而易见是人们经常吃的，而人们会拒绝吃或者很小心翼翼地吃那些看起来很新奇的东西。一个人的饮食习惯和这个人的口味没有太大关系，这些习惯和家庭成员，以及居住在附近的邻居相类似。人类饮食习惯中的重复性因素并不局限于一个人的私人生活，它是属于人类的文化遗产，并且相当稳定。一项对美国斯堪的纳维亚移民进行的饮食习惯研究表明，对于那些第三代和第四代移民来说，尽管他们已经很久不说母语了，但依然遵守着斯堪的纳维亚的圣诞节饮食习俗。

食物的可食用性离不开不同食物的获取技术：狩猎、捕鱼、养牛、农业种植、工业生产等。如果这个宽泛的术语被更加本土化地应用到社群中，其含义就变得更窄了，包括食物的各种制备技术，比如食物保存、黄油制作、干酪制作、烘焙、酿造等。这些技术是极其古老的，同时对于生命而言至关重要，因为许多自然资源在其自然状态下只能保存非常有限的时间。意识形态是影响人类食材可食用性的另外一个因素。意识形态本身受到宗教、医学概念和道德观念等多种因素的支配。在宗教中，仪式是意识形态里可见的或实践的方面，在很大程度上决定了哪些食物会被看作可食用的或不可食用的，这种仪式往往来源于宗教作品。基于医学的饮食习惯甚至早在远古时代就已经出现了。基于道德的类似饮食趣味是在禁酒运动中发现的，其将葡萄酒和烈酒归为毒药，而不是愉悦的源泉。

可获得性

当人们选择吃什么食物时，原料和食材的可获得性也起着至关重要的作用。反过来，可获得性取决于接近性、经济性和规章制度等因素。不同食材的地理位置对于最终出现在我们盘子里的食物来说很重要。远距离运输的食材自然要比本地食材更为昂贵，这就是经济因素在起作用。我们对食材和原材料的选择和我们自己的经济状况紧密相关。最后，规章制度也会影响食物的可获得性。世界大战期间引入的粮食配给制度体现了这一因素的作用。

感官效果

食物吸引了我们五种感官中的至少四种。人们吃东西时首先运用的就是视觉，这也是为什么食物首先要秀色可餐，才能让我们食指大动的原因。当你饿了的时候，食物的气味会唤起你的食欲，而当你吃饱了或者食物闻起来味道糟糕的话，你会感到很不舒服，从而没有食欲。像葡萄酒那样的饮品也可以在餐前通过醒酒的方式让我们首先享受到美酒的清香。

我们的触觉能够告诉我们食物是热的、冷的，还是温的。当我们咀嚼食物的时候，我们会发现它是硬的、软的、有嚼劲的或是口感嫩滑的。所有这些变化都在恰当的背景下发挥作用。

我们的感官能够让我们了解食物的内在品质：它到底是甜的、咸的、苦的或是酸的，以及是淡的还是浓的。所有这些变化也是相关的，但会按照一定的顺序来呈现。咸味的食物必须先上，甜味的食物必须留到最后。

美食学反思

安泽勒姆·布里莱特–斯瓦林（Anthelme Brillat-Savarin）在他生命的最后时光里出版了一本书，即《味觉生理学》（*The Physiology of Taste*）。安泽勒姆的这本书并不是一本纯粹的美食学专著，在这本书里，他讨论了美食艺术及其哲学意义。他告诉读者，他写这本书有两个目的：一是论述美食学的基本理论，二是为了挽回美食家们的声誉，因为他们总是被视为贪婪而又没什么真本事的杂食动物。这本书被认为是饮食文献中的重要著作，因为它是由一个不自诩为美食专家的人所写的。然而，这本书的文风简洁明快，显示出了作者对食物的真正兴趣。安泽勒姆认为，美食学是一门与其他学科紧密相关的系统性科学，比如：

——自然科学，因为它对营养物质的分类。

——物理学，因为它对物质组成和性质进行的研究。

——化学，因为它提供的分析和解决方案。

——烹饪科学，因为它涉及烹调食物的艺术，使之变得美味可口。

——商品学，因为它发现了以尽可能低的价格购买到原材料的方法，并且最大限度地利用打折促销的商品。

——经济学，因为它为国家提供收入来源，同时为人们开放商品交换的渠道。

最重要的是，美食一直主宰着人们的生活，从出生到死亡，影响着所有的社会阶层。美食学的物质对象是任何可被食用的东西。美食学的首要目标则是让人实实在在地感受这个世界。

美食学是一门科学

味觉的生理研究

只有当舌头、腭部和咽部的特殊感受器受到刺激的时候，才能唤起我们的味觉。因这些感受器在显微镜下展示出来的形态，它们被称为味蕾。它们由巨大的椭圆形细胞所组成，细胞具有朝向外部狭窄的味觉孔生长的原生质嫩芽。这些味觉细胞和它们的嫩芽的寿命相对较短——只有几个星期。它们随着味蕾周围未分化的上皮细胞的发展而不断被更新。当这些简单的细胞接触特定的味觉神经纤维时，它们就被转化为味觉细胞，它们长着微绒毛并且对各种刺激有着特殊的反应模式。如果味觉神经被切断，舌头上神经分布区的所有味蕾就消失了，只有当舌头上的味觉神经纤维再生时才会恢复。

和粗大神经干中的其他神经纤维不一样的是，味觉神经纤维形成了细小神经，经过较短的距离后，在中耳里穿过自身的骨管并通过砧骨，之后它联结到面部运动神经，并通过该神经的骨管到达脑干。味蕾和大脑之间的交流是通过神经纤维的传送发生的，神经纤维只要向大脑传递一个非常简单的信号即可——只有一个信号并且该信号到达大脑的时候不会发生任何改变或者受到任何干扰。但是，味觉的个体差异存在着天壤之别，也就是说，不同的人对味觉的感知方式很不一样。

事实上，吃并不仅仅是生理现象，在一定程度上也是一种社会行为，这就让吃喝变成了社会关系的重要媒介。同样的一道菜，不会简单地因为准备方式的不一样而尝起来有巨大差别，但是其独特的风味还取决于这道菜所处的社会背景，比如，这道菜是谁做的，我们和谁一起吃这道菜，以及我们是在什么样的情境下享用这道菜。

最近的研究表明，除了四种基本味觉，即咸味、酸味、甜味和苦味之外，人类还可以识别出第五种味觉。日本人很久以前就知道这第五种味觉，并称之为"鲜"（unami），意思是美味、开胃。这第五种味觉与氨基酸的味道有关，例如谷氨酸钠（MSG）。谷氨酸钠用于增强食物的味道在亚洲已经有几个世纪的历史，例如，它是汤羹里常用的添加剂。科学家现在已经成功地在舌头上找到了对"鲜"这样的氨基酸起反应的受体，而这种基本的味觉在人们品鉴葡萄酒的过程中发挥着巨大的作用。

口渴时的生理机能

当你的身体缺乏水分的时候，你会感到口渴，这就产生了喝水的需要。如果这种需要没有得到及时的满足，就会导致灾难性的后果。你可以几个星期不吃东西，但如果缺水，没过几天你就撑不住了。在所谓的一般感觉中，其中就包含了口渴。想要喝水的欲望是由中脑的一个局部区域触发的，那里有对脱水敏感的神经。当血液中的水分含量降低时，这些神经向胼胝体发出信号，引起了有意识的喝水欲望。胼胝体在这里发挥了至关重要的作用，因为已有研究证明，切除大脑的动物不会自发地喝水。只有当身体对液体的需求得到满足时，口渴才会消失；喝了一点水之后，火急火燎的口渴感觉会暂时得到缓解，但如果身体对液体的需求没有得到满足，你马上就会再次感到口渴。这就意味着，口渴有两种主要的抑制方式。饮水行为本身会触发口腔、喉咙和胃部各种感觉神经的神经冲动。在液体有时间被吸收并影响血液渗透压之前，这些冲动能够暂时抑制口渴的感觉。直到足够的液体被吸收，血液中的水分含量恢复正常，口渴感才会完全消失。

社会美食学

饮食文化

地球上的所有生物都必须通过吃喝才能够存活，这是生理学和生物意义上的事实。

另一个生物学事实是，某些生物或者物种可以消化吸收极为广泛的食物，而另外一些则只能依靠一种食物过活。人类，从生理角度来看，能够消化吸收大量的食物，这使我们成了杂食动物。尽管如此，还有很多东西是人体所不耐受的。比如，没有人能喝掉1升96%纯度的酒精还能够活下来。因此，哪些可以用来作为人类的食物而哪些不能，存在一些生理上的限制。而这些限制是自然设定的。

这种限制比人类文化所限定的范围更广。每种社会文化，会根据自然规则设定来选择一些作为可以被人类食用的食物。哪些可以被视为食物而哪些不可以的这种文化定义，是社会的基本规范之一。这种规范或者印记是每个人从很小的时候开始就接触到的东西。文化定义的食物，每个社会都不一样，因此食物是一个国家文化特征的一部分。一个国家或一个民族的饮食文化不是统一的，而是存在着地域差异。这些差异可能基于地理位置和（或）经济水平而产生。社会长期以来有两个平行的菜系，通常其中一个菜系属于广大的平民。从历史的角度来看，多年以来这种菜系的风味一直保持不变，直到冷藏和冷冻技术出现之后才略微发生了一些变化。另外一个菜系属于社会精英——那些居住在城市和乡村的上层阶级。这种菜系更能适应所吃食物的变化，并且这种影响往往来自国外。慢慢地，上层阶级的饮食习惯逐渐渗透到大多数人的饮食习惯中，这反过来意味着上层阶级接受了新的饮食习惯，因为之前的饮食习惯已经不再为他们所独有。似乎并没有足够的平行菜系分类可以满足不同社会阶层的需求，于是人们将那些可以在厨房中准备的菜肴分为日常食物和礼仪食物。礼仪可以是悲伤的，比如葬礼；也可以是快乐的，比如生日。准备餐点的不同方式可以追溯到很久很久以前，瑞典的考古学挖掘成果显示，这一切可以追溯到中世纪前期。

但是，这些可能不是瑞典所独有的，而是一个全球性的现象。要是未来的调研能够证明这种现象甚至在更为久远的年代就已经出现了的话，就更有意思了。

饮食文化不仅是由地理条件决定的，也是由消费状况创造的，或者可能是相反的过程，即人们吃什么喝什么都是消费的形式。关于消费的观念可以追溯到很久以前，并且随着时间发生改变，但是始终有一些概念是一直存在的。其中之一是人们的需要日益增长，而我们满足这一不断增长的需要的愿望推动了经济的发展。这就意味着，消费本身就是一种社会竞争和身份形成的舞台。除此之外，独占性消费的隐藏价值正面临着不断被削弱的风险，因为人们总是在不断寻求区别于他人的标志物。

饮食文化可以是贫穷的，也可以是富裕的；可以由寥寥几道菜组成，也可以是饕餮盛宴。不管是贫瘠还是丰盛，究竟哪些可以被认定为菜肴或是食物元素，这在所有文化中都有着非常严格的规范和界定。这种对于哪些东西可以吃、哪些东西不能吃的划分是很基本的，并充满了强烈的感情。有一个例子是，在瑞典的大饥荒时期（历史上的叫法），人们不吃食用菌类，因为人们在当时根本不认为菌类和食物能扯上关系。大家宁可挨饿也不会吃菌类。饮食文化不单单是由一些食物元素组成的；它不仅包括了有限的边界，而且文化本身也有严格的规则，规定了哪些食物元素可以按照特定的方式被做成一道菜。举个例子，在瑞典，肉丸、越橘果酱、酱汁和土豆是一种广受认可的组合。食谱是食物的语法，将食物视为不仅仅是自然的一部分也是文化的一部分，这是人类所独有的特征。人类从自然之子走向文明的主宰，体现在能够根据自己的意图去改变世界的能力。就食物而言，从自然到文化的转变发生在人们准备、培育和加工食物的时候。食物借助于各种诸如锅碗瓢盆之类的食器来获得文化标志。烹饪食物是一种文化行为，在这个过程中，食物和准备食物的人之间产生了一种联结。接着，烹制好的一顿饭又是做饭的人和吃饭的人之间的一个对话。于是，餐饮就变成了一种沟通方式，享用美食的人所吃到的要比盘子里的食物丰富得多。

因为我们和食物的关系是在生命早期形成的（当我们还是婴儿的时候），所以味觉是人们最为保守的偏好。饮食习惯是我们最难以改变的习惯。

当我们从一个国家搬到另外一个国家的时候，这一点就体现得很明显。我们学会了新国家的语言和习俗，但是我们更喜欢吃伴随着我们长大的食物。饮食习惯是在社会经济和文化环境中形成的，是我们移居到一个新的国家时，最容易从自己的文化中所汲取的东西。在南欧国家的一些大城市，夏季的用餐日程通常包括一份几乎可以忽略不计的早餐、少量的午餐，还有晚上六七点钟一份分量颇大的饼干、三明治之类的零食加餐，正式的晚餐会安排在晚上9点之后。而在这些国家的农村地区，一大早由一顿丰富的早餐开始，接下来一整天都有大量零食可以吃，一直到傍晚吃晚上的主餐为止。当一位新移民遇到新国家的风俗习惯和饮食习惯时，他个人的饮食习惯会在两个层次上发生改变。第一个层次是改变传统饮食的结构；换句话说，美食本身也在发生变化。因为饮食中加入了新的食物，所以膳食的营养成分和以前有了区别。第二个层次和用餐时间有关，随着时间的推移，移民的用餐时间也逐渐与当地人保持一致。

食物可以分为主食和副食两大类。主食指的是面包、土豆、米饭、面食等，而副食指的是各种肉类、乳制品和蔬菜。每一种文化里的饮食传统都是由它的粮食所构成和定义的。那些和人们有强烈情感联结、人们最为熟悉的粮食，才被认为是"真正的"食物。由于当地人和他们的粮食之间有着紧密的联系，移民对此产生的影响就极为有限了。人们对副食的依赖并没有那么强烈，因为副食对于传统饮食习惯的存在和持续来说并不是必要的。副食通常用于增强主食的味道。这类食物往往在移民之后马上受到影响，因为人们和它们的联结并不紧密。研究表明，在移民群体中，甜食、新的脂肪来源、零食、饮料、冰淇淋等的消费会有所增加，除此之外，他们会继续选择和他们的祖国相同的主食及副食。

这就意味着移民的饮食习惯是按照固定的顺序变化的，在这个过程中，文化／心理的联结和增强的味道形成了一个连续体上的两极。当在新的国家烹饪一道传统菜肴时，食物的选择会从文化／心理的这一极摆动到考虑口味的那一极。主食之所以能够被保留是因为它们可以在异国的环境中提供一种心理上的安全感。当饮食中添加了新的食材时，选择机制会往另一端倾斜，也就是说，人们会更关注食物的味道。移民首先会接纳当地最美味的食物，比如甜食、坚果和新的脂肪来源。当甜食和脂肪被接受之后，接着被选择的是具有更强烈文化联结的食物，比如肉类和奶制品。主食则是最后发生改变的食物。只有当移民群体完全接受新国家的主食时，移民的饮食习惯才算是完全适应了新文化。然而，移民群体的主食习惯会保留好几代人，因此完全适应新饮食需要很长时间，甚至长达100年。

但是，移民之后改变的不仅仅是饮食习惯，用餐时间也会发生改变。这是因为，当工作和休闲的时间模式发生变化时，移民的用餐时间也随之改变，从而使他们能适应新的作息模式。在这里，安全感和对自己文化的认同感也在移民群体中发挥着重要而强烈的作用。因此，最具感情色彩的食物是最后发生改变的，而更加中性或者与口味改变有关的食物则先发生改变。在新移民中，最先发生改变的是餐间零食和软饮料，它们的摄入量会迅速增加（不过有害牙齿健康）。第二个变化发生在文化意义最小的那顿饭上，也就是早餐。通过早餐，移民开始接触到当地的饮食传统。为了加强家庭的凝聚力和每个家庭成员的安全感，移民会保留晚餐和家庭成员的聚餐活动。换句话说，移民家庭更喜欢在晚餐吃他们的家乡食物，这一餐也是最后发生改变的。我们再来看一周的饮食变化方式，工作日的饮食首先受到影响，星期天则保留着祖国的饮食习惯。节假日里享用的美食当然要到最后才发生改变。

宗教信仰和用餐

一个国家的节日大餐通常都是由古老的宗教信仰和传统决定的。从某种意义上说，宗教代表了掌控着这些节日里食物选择的一种意识形态。例如，在瑞典，复活节之前人们会吃"萨姆拉"（semlor）（四旬斋的奶油圆面包）。这一传统可以追溯到复活节的庆祝活动，在四旬斋期间进行为期40天的禁食。吃萨姆拉的时间在忏悔日，也就是四旬斋开始前的最后一天。这是人们在禁食前对各种甜食狼吞虎咽的大日子。节前斋戒这一做法在很多宗教传统中都存在。宗教意义上的禁食很少涉及对食物的完全戒除，通常情况下，信徒会比平常摄入更少的热量；换句话说，人们会戒除肉类、脂肪和甜食。当然，也有更加严格的宗教禁食，信徒会戒除所有的动物类食品，这种形式又叫作斋戒禁食（ascetic fasting）。对于信徒而言，宗教往往不仅仅是对上帝的信仰，它会渗透到信徒们的生活方式中，从而使他们按照宗教的规则来生活。大多数宗教都有关于人们应该和必须如何处理食物的规则。这些规则规定了什么可以吃，什么不能吃，动物被宰杀时应如何被对待，以及食材应该怎样来处理和准备。

即便那些没有宗教信仰的人也会相信一些民间传说，并且受到这些饮食规则的支配。宿命论在一些民间传说中占据了核心地位，这意味着有人认为，控制饮食可以作为安抚或者控制命运的一种方式。一些研究者认为，受邀去别人家做客时随身携带礼物的习俗是基于这样一种观念，即空着手去看望产妇会招致恶果。给卧床的女性带去的食物可以被视为献给新生命的贡品。当婴儿接受洗礼后，必须给孩子送上面包，寓意是孩子未来的生活不会饿肚子。这也是人们在婴儿襁褓中放面包的原因。

人们认为，一旦孩子断奶，就不允许再回到母乳喂养了，因为这么做会有使孩子招致厄运的巨大风险。除此之外，人们认为孩子吃的东西能够塑造其性格。比如，如果母亲在哺乳期间大吃大喝，她的孩子也会变成一个贪吃的人，并且长大后也是个"大胃王"。如果孩子用小刀比画着吃饭，他长大后可能就会变成偷鸡摸狗的人。如果孩子吃了猪屁股上的肉，他就长不大，以及如果孩子吃了野兔的心脏，他也会变得胆小羞怯。孩子应该把盘子里的食物全部吃完，因为最后几口是福根。人们还认为，这最后几口食物要是落入坏人之手，孩子可能会受到伤害，因为人们认为盘子里的残留物是孩子自身的一部分。如果盘子里的食物都被吃光了，甜点里的最后一块蛋糕得留着，要不然这个家庭最终会陷入贫困。

餐桌礼仪、座位安排和餐具

在19世纪末20世纪初，餐桌礼仪是一个人有教养的象征，其中如何使用餐具扮演了至关重要的角色。你不能用手直接抓取任何食物，吃三明治也不例外。然而，餐桌上使用餐具并不是唯一体现教养的标志。餐桌礼仪本身是一个完整的体系，它把人们的用餐习惯和就餐时间培养成一种规范。你不能像过去那样随意地坐在椅子上，而是应以正确的姿势端正坐好，面朝正前方；你不能用手臂或者胳臂肘倚靠桌子；你在咀嚼食物的时候不能张着嘴，不能吸溜吸溜地喝东西或是吧唧嘴。

在大多数文化中，餐桌座位通常显示了客人的相对等级。例如，在文艺复兴和巴洛克时期，皇室成员坐在他们各自的餐桌位置上。当瑞典国王古斯塔夫三世（Gustav Ⅲ）前往意大利访问时，陪同的是当时还没有被封为贵族的约翰·托拜厄斯·赛格尔（Johan Tobias Sergel），他就只能和仆人们一起用餐，因为只有贵族才能被允许和国王同坐一桌吃饭。在农村家庭里，男人和女人要分坐在桌子的两端；实际上，通常只有男人才能上桌吃饭，而女人只能站着吃。自古以来，主人的座位不言而喻是在桌子的正前方，而宾客的座位则随着时间一直发生着变化。多年以来，对于不那么重要的宾客而言，他们有时会坐到好一些的座位，有时则会被分配到差一些的位置。

然而，这个规则在19世纪发生了变化，变成男主人和女主人在餐桌两端面对面坐着，其他宾客则围坐在餐桌的中部。

桌布最早出现在中世纪的宫廷，以及贵族、牧师、富商的家里。布置餐桌在盛宴中是如此重要的一环，以至于需要专门在桌上铺一层东西。在15世纪时，餐桌上覆盖的是交织叠放的几块不同图案的布。最底下的是一块厚厚的布——一块挂毯或是金色的锦缎，从桌子的四角一直垂到地面。这块布上面是一块经过裁切的白布，形成方形的图案。这上面又放上另一块更小并被裁切成其他形状的白布。最上面的一层布会在上每一道菜的过程中替换，同时也被宾客用作擦拭手和嘴的餐巾。在1562年，瑞典国王埃里克十四世（Erik ⅩⅣ）的宫廷里采用了长条的餐巾，随后被仅供一人使用的小餐巾所取代。在农村，当牧师到农民家拜访时，农民会在牧师用餐的餐巾下面放一块牧师专用的布。在农民家庭的餐桌上，客人之间地位的差异可以通过餐巾的摆放来区分，主人和客人的餐桌上会放餐巾，而餐桌另一头仆人坐的位置上则没有任何餐巾。直到19世纪30年代，原则上白色的锦缎是大多数社会阶层中最常见的桌布类型，但也就是从那时候起，彩色亚麻布质地的简单折叠餐巾变得越来越时髦。

长条餐巾通常会达到整个餐桌的长度。摆放时，盘子压着其一半，而另外一半则被折叠起来，这样它们就不会被从天花板上掉下来的东西弄脏了——以前天花板上经常会有一些洞——即便这些餐巾是在晚餐的前几天就铺好的。当宾客落座的时候，桌布的上面一半被折叠放在膝盖上，当作餐巾使用。中世纪在餐前洗手后用来擦干手的手巾可以被视为个人用餐巾的前身。在16世纪中叶，欧洲大陆开始流行个人餐巾，在瑞典，个人餐巾首次出现在埃里克十四世的宫廷里；到1562年的时候，他足足使用了150块这样的餐巾。

一开始，餐巾被放在左边的手臂或者肩膀上，但是当有大褶边的衣服开始流行时，餐巾就被系到了脖子上。到了18世纪，绅士们常常把它塞进背心里，而女士们会用别针或者胸针把它固定在一边的肩膀上或是露肩衣服的领口处。这种做法一直延续到19世纪，而到了20世纪时餐巾被放到了膝盖上。在19世纪的时候，一块餐巾大约是80厘米见方，但是到了20世纪，餐巾变成50厘米见方。餐巾的折叠方式一直以来是其使用的重点，该习俗在16世纪形成，在那个时候，刀叉赋予了餐巾新的角色及功能，使其成为地位的象征而不仅仅是一块用来擦嘴的布。餐巾环和餐巾架在19世纪40年代左右开始出现。这些物件主要用于城镇的中产阶级家庭，上流社会的人在餐巾用了一次后就会拿去清洗，而工人和农民压根儿不用餐巾。在瑞典你可以看到保存下来的在农民家庭中使用的餐巾，当农民去

餐巾一般被放在就餐客人的左手边

教堂祷告时，餐巾被用作围巾或是用来包裹祈祷时用的书。19世纪70年代，瑞典的富农开始使用餐巾，但这些餐巾主要用于婚礼上新婚夫妇或者牧师餐盘下的装饰。在这些场合里，当客人们拿到餐巾后，通常会把餐巾放在一旁，从而减少女主人清洗餐巾的麻烦。

　　中世纪时，吃饭的习俗是用一片面包作为餐盘，当面包被吃掉的时候，这顿饭也就结束了。人们也用长方形的木质盘子，可以供两三个人放到膝盖上一起吃。在木质长方形盘子的基础上，后来又出现了个人使用的餐盘（先是方形然后是圆形），还出现了带有框架的桌面。从面包盘子到金属或者木质的盘子的一系列演变发生在15世纪的上流社会。在埃里克十四世统治时期，木质盘子从瑞典宫廷消失，取而代之的是锡镴或者银质的盘子。到了17世纪，新贵族也用得起银质的盘子了。锡镴一直以来都是中上层阶级使用的材质，这种状况一直持续到18世纪。同时，直到17世纪，普通贵族们在日常生活中仍然使用木质餐盘。在17世纪，瑞典开始进口荷兰产的釉面陶盘，并且其在18世纪的上流社会中变得相当普及。深盘和平盘的差异开始在17世纪出现。1726年，瑞典的罗斯兰（Rorstrand）开了一家釉面陶器厂，从此瑞典开始了自己的制陶工业。18世纪，多亏了瑞典东印度公司，瓷盘也开始进入瑞典。不久之后，瑞典开始自己生产瓷器。

　　勺子是我们迄今所知道的最古老的食器。瑞典出土了一把可以追溯到石器时代的陶质勺子。银质勺子是在中世纪的瑞典首先制造的，购买这些勺子的农民和商人并不是为了日常使用，而是为了在大型宴会上将其作为杜松子酒的酒勺来使用，又或者这种勺子也可以作为一项投资或者是身份地位的象征。那些买不起银质勺子的人就使用黄铜制成的类似形状的勺子。在16世纪，当参加聚会时，人们经常会带着自己的勺子，用小盒子装着或者放到衣服口袋里。随着时间的推移，银质勺子的形状逐渐发生变化。最早，它由一个圆形的勺碗和一个通常是圆柱形的短手柄组成，手柄的最上面有一个巨大的把手，在中世纪时，上面会刻有一个圣像。到了17世纪末，一种新型的勺子问世了，即鼠尾勺。这种勺子有一个更长更扁平的把手，以独特的方式和蛋形勺碗相连接：把手被拉长焊接到勺子底部。一开始，这个焊接点在勺碗底下延伸得很长，看上去就像老鼠的尾巴，但到了18世纪，这个痕迹就缩短并消失了。在18世纪的时候，人们开始采用冲压成型的金属来制作勺子和其他餐具，开发出了各种各样的模具。

　　餐刀作为餐具的一个组成部分是在中世纪末期出现的，但是直到17世纪，它才开始流行起来，并且一开始只局限于宫廷和贵族阶层中。当时，餐刀上所用的刀片是铁质的，而刀柄通常是由带有珐琅镶嵌物的银质材料或者某种骨头制成。在18世纪，大规模生产的餐刀在上流社会变得普及。最古老的餐刀和其他餐刀一样，都有一个刀尖，这样食物可以被刺穿，但是这个设计在叉子出现之后就显得有点多余了。

14—15世纪，餐叉逐渐开始在意大利北部各公国和共和国的宫廷里使用。但是直到16世纪，即餐叉出现在瑞典国王埃里克十四世的宫廷之后，才变成一种餐具。当上流社会的人参加聚餐时，餐叉通常和餐刀一起摆放到漂亮的餐具盒子里。下层阶级的人依然没有使用餐叉的习惯。

比如16世纪时，这个新的奢侈品在德国遭到了反对的声音，因为迷信的人们把它和坏运气、黑暗魔法联系到了一起，也许是因为叉子齿的尖头（一切尖锐的东西在民间传说中都是危险的）。用你的叉子指向某个人不仅不礼貌，你还有可能以某种难以想象的方式伤害到你所指向的人，因为一些人认为叉子的叮叮声可能会召唤出恶魔。在17世纪，叉子作为一种食具，在贵族阶级和中上层阶级中广为流行，但是直到19世纪，它们才在农民和普通民众的生活中普及。多年以来，叉子上叉齿的数量一直发生着变化。在文艺复兴和巴洛克时期，叉子通常有两个钢制的叉齿和一个骨制的手柄，手柄通常会镶嵌银质装饰物或者其本身就是银制的，并且通常在外面镀金装饰。到了18世纪，三齿的烫银叉子出现了；到了19世纪，出现了四齿叉。在19世纪的时候，社会阶层较低的人开始使用叉子吃饭，他们所用的叉子通常是钢制的，并且有一个木质的手柄。海洋考古学家在1676年于厄兰岛（Öland）附近沉没的瑞典战舰客伦纳（Kronan）号上发现，早在那个时候瑞典的船只上就已经开始使用四齿叉子了。

像勺子这样的饮用食器是非常古老的，是每一种文化中不言而喻的一部分。饮器最初是作为身份的象征在典礼仪式上使用的；在日常生活中，人们长期以来用的都是在大自然中能够找到的东西，比如贝壳和葫芦。文艺复兴时期，角状饮酒器上镶嵌的都是贵金属。木头、金属、玻璃和陶瓷是用于大量基础设计的材料。维京时代，斯堪的纳维亚半岛出现了一种宽大、敞口的木质饮水碗，这种类型的碗被瑞典农民用了很多年，人们可以用杯子或者勺子从木碗里舀起饮料。圆柱形或浅圆锥形的高脚酒杯在中世纪末期的瑞典很常见，由锡镴、银，甚至是木头制成。那些由木头制成的酒杯在模具上成型，普遍见于16世纪。玻璃酒杯是直到16世纪的大迁徙时期才进口的。在16世纪，这些玻璃酒杯变成了廉价的大众消费品；在克里斯蒂安四世（Kristian Ⅳ）的加冕典礼上就有35000只玻璃酒杯被砸碎。带把手的马克杯和酒杯就出现得更晚了。最早人们喝咖啡时用的是不带把手的杯子，带把手的杯子在18世纪中叶变得流行。有着高杯脚的高脚酒杯在中世纪十分典型。在文艺复兴时期，带盖子和把手的高脚杯变得很普遍。带把手和盖子的大啤酒杯最初是服务用的饮酒器具，但后来发展为巴洛克时期大受欢迎的个人用饮酒器具。农民用木头仿制了这些大啤酒杯的款式自用。陶瓷质地的大啤酒杯最早出现在16世纪的德国西部，主要用于酒馆，这种情况一直持续到玻璃和瓷器制造技术获得突破的18世纪。

荷兰杜松子酒的酒杯是银、锡或木头制的小型饮酒器，酒杯呈半球形，但有一个杯脚和把手，看起来很像带着把手的咖啡杯。这些酒杯在17世纪末期的文献中有所提及，被用来盛饮烈酒。战舰瓦萨（Vasa）号的海洋考古学发现表明，这种酒杯的使用要早于17世纪末期。瓦萨号沉没于1628年，在甲板上残留的人工制品中发现了杜松子酒的酒杯。平底无脚酒杯（tumbler）也是一种用于饮用烈酒的酒杯，它小小的，呈半球形，由银、锡、黄铜或玻璃制成。这种酒杯的构造很有趣，即便被打翻，也会自动回到直立的位置。在杯子的底部通常放置一枚银币，这种做法在18世纪至19世纪颇受欢迎。还有一款用来饮用烈酒的酒器叫欧龙斯卡（oronskal），即一种带把手的小碗，通常是银质的。斯尼伯斯卡（snibbskal）是一种带着四个小嘴的圆形饮酒器，这四个小嘴恰好在碗边的下缘。这些碗通常被漆成红色，并且早在16世纪就已经出现了。

吃饭是大事

当我们说"吃饭是大事"时，里面其实包含了相当复杂的议题，因为不同的人对这件事的解读各不相同。尽管如此，人们会运用一些元素，围绕着一顿饭创造出与众不同的体验。这些发挥作用的元素是颜色、灯光、声音和设计。

颜　色

每个人感知到的颜色各不相同，因为眼睛会以不同的方式来觉察光线。当你看到一种颜色时，实际上是由不同波长的光线导致的结果。眼睛将这些视为不同的颜色。由于所有人看到的颜色各有差别，就形成了一套标准的颜色用语。

现今业界最常用的一套色彩识别系统是瑞典自然色系统（Natural Colour System，NCS）。它采用了六种基本色：黄色、红色、蓝色、绿色、白色和黑色。该系统可以描述某一种特定的色调，通过对基本色进行编码来表示这种具体的色调。在色彩学上，我们会谈到暖色和冷色。红色和黄色是暖色，蓝色和绿色是冷色。但是，把红色称为暖色也遭到了一些人的反对，因为红色经常也让我们感到寒冷，这取决于不同的情境。色彩学认为，在色相环上，暖色调位于黄色和红色这两种基本色之间，而冷色调则位于蓝色和绿色之间。暖色调会给人带来充满活力的体验，而冷色调会舒缓人的心情。当结合了颜色这一特点时，重要的是意识到颜色设置也许会带来意想不到的后果，颜色可能会呈现出一种和预期截然不同的色调。要是忽略了这一现象，可能会带来很糟糕的后果，比如，当我们为一家餐厅制作菜单的时候就是如此。每个人的就餐体验必然是从颜色开始的，这是所有感官体验的基础。在恰到好处的颜色的辅助下，可以提升为客人设定的就餐体验，并为这餐饭营造出一种有情调的氛围。

红色被认为是一种既刺激又感性的颜色，但同时它也被当成一种警戒色。我们认为红色和黄色组合在一起可以增加顾客的食欲，而红色食物则被认为能给人带来更多的能量和活力。有些人认为，为了避免让客人血压升高、肌肉紧张和出现强烈生理反应，不应该在全部家具为红色的房间里提供餐点。

黄色被认为是太阳的颜色，让人感觉到温暖和热情。它会提高人们的警觉水平并且提升人们的智力敏锐度。当和黑色组合在一起的时候，黄色成为给人以警示的信号。

绿色是代表着希望、春天和成长的颜色。它能给人一种平静和安全的感觉。绿色让人很舒适。

蓝色是永恒不朽的象征。它代表着冷静，能带来内心的平静，以及在情绪上的触动。蓝色还能产生寒冷的感觉，让人们联想到阴影。因此，蓝色能够与视觉、听觉、味觉和嗅觉共谱和谐乐章并且可用来平衡配色，可以提升顾客对一餐饭的印象、心情和体验。

灯 光

灯光并不仅仅是装饰那么简单，在没有日光照射时，它会影响到房间的使用方式和如何营造特定的气氛。照明影响了我们的感受，对我们体验周围的环境和获得整体印象来说都非常重要。有两种不同来源的光照：人造光和日光。为一个环境选择合适的光源对照明效果成功与否有着决定性的作用。对光照的选择也决定了一个房间的特征和品质。有一种观点认为，最好的光源是无法被直接观察到的，换句话说，光照的来源不应该被觉察到，它应该只是营造了房间里的某种特定气氛。人们的注意力容易被明亮的光源所吸引，它们会创造出一种愉悦的感觉并且具有振奋精神的效果，而颜色浓烈并且不停移动的光源会让人觉得不太舒服。当我们为就餐的场所选择光照时，首先需要考虑房间的功能，也就是天花板、墙

工作人员在晚宴开始前点燃蜡烛

　　　　　　　　　　　　　　　　　　诺贝尔晚宴

壁、房间形状和材料，这一点非常重要。户外照明也同样不容忽
视，因为它一路伴随着顾客直到他们在餐桌前就座为止。

声　音

　　声音是由耳朵感知到的空气中的机械振动所组成的，因此人们
能够听到两种类型的声音：一种叫音乐，指的是有规律的振动；另
外一种叫噪声，指的是无规律的振动。当一家餐厅播放的音乐节奏
比较快时，会让里面的员工提供更加快捷的服务，这种效应是快餐
连锁店的理念之一。需要注意的一点是，音乐的音量不要盖过顾客
的谈话声音。房间内的音响效果很重要，劣质的音响效果会干扰顾
客，从而影响他们用餐时的整体愉悦度。到达人耳朵的声音里有一
部分是歌声，而其余则是来自墙壁、地板、天花板和家具的回声。
当这些回声没有在同一时间到达耳朵时，就会出现噪声问题。

设　计

　　顾客的行为会受到餐厅设计的影响。吃饭已经成为一种社交及
文化交流手段，这就意味着饮食和艺术两者密不可分。
　　布局、颜色和光照组成了一个整体，共同发挥着感染情绪的功
能。因此，材料、家具、瓷器、玻璃器皿和餐具的选择都很重要，
因为这些掌控了顾客如何运用他们的感官来感知整个房间。正如颜
色有暖色和冷色之分，材料也有冷暖的区别。木头会给人温暖的感
觉而不锈钢则会让人觉得寒冷。在一餐饭里如何设计所使用的瓷
器、玻璃器皿和餐具在整体的用餐体验中扮演了重要的角色。换句
话说，餐具既要具有符合人体工程学的用途，也要具备情感表达的
功能；还要根据不同饮品的类型来选择合适的玻璃杯；等等。

菜　单

在法语里，菜单（menu）的字面意思是"小餐桌"（little table），但是这个"小餐桌"后来就变成了餐厅菜单的意思。菜单是餐厅所提供的所有菜品的一个列表，每道菜后面都有相应的价格。选择单点的顾客可以从这个菜单上随意选择菜品，搭配成自己中意的一餐。单点菜单通常是对当天套餐菜单的补充，为顾客提供更为多样化的选择，但是这些菜品的价格往往要比当天的套餐高很多。形成并印刷出单点菜单会花费较长的时间，上面罗列了厨房能够提供的头盘、主菜和甜品。在规模较大的餐厅，这类菜单的范围非常广泛，几乎可以满足所有的口味。

"*Plat du jour*"这个词指的是今日特色菜，价格低廉而且上菜很快。菜单上的这类菜品能让厨房的工作更加合理和高效，并且主厨可以充分利用菜市场当天供应的食材。菜单上的"*Prix fixe*"一词指的是以一个固定的价格来提供菜品的组合，这个类型的菜单在星期天和晚餐舞会上比较常见。如果一份菜单上印有"arrange"字样，那就是告诉顾客这份餐已经被预订了。这种特殊安排的餐点是通过领班侍者提前预订的。它们会有各种不同的形式，但最简单的类型包括了一道头盘和一道主菜，可以添加到其他任何菜品和饮品中。

菜单上的菜品安排应该尽可能地简单、清晰、系统化和易于阅读。一份菜单上菜品的数量千差万别，但是不管有多少，它们都应该以如下的顺序依次呈现：1）冷头盘；2）热头盘；3）汤；4）蛋类菜品；5）鱼类菜品；6）肉类菜品；7）禽肉类菜品；8）面点类菜品；9）蔬菜类菜品；10）甜品。如果一份菜单里同时有几种鱼类、肉类或家禽类的菜品，它们应该遵循以下黄金法则排列：煮的先于烤的，整只的先于切碎的，以及浅色的先于深色的。

　　　　　　　　　　　　　　诺贝尔晚宴

以上的这些描述表明吃吃喝喝是一件相当复杂的事情，人们在不同的场合选择吃什么喝什么并没有那么简单。在关于吃喝这件事情上，人们已经进行了大量的研究，同时仍有大量研究正在进行中。在上面的内容里，我试着找出那些我认为对饮食选择而言非常重要的因素。简单来说，有很多因素会包含其中：需要、可食性、实用性、人的感官、哲学思想、地理和精神领域、经济学、早期养育、意识形态、社会结构、社会阶层、性别、餐具和享乐。当你意识到由于每个人都身处有限的地理区域，上述因素的含义会因人而异，这就让所有的这些因素变得更为复杂了。本章开篇回顾了与食物有关的词汇，仅仅是这样就已经让我们意识到饮食是多么复杂的一件事。饮食文化同样包含了方方面面的内容，比如日常膳食、粮食作物、烹饪艺术和营养。想到"美食"这个词最原始的含义（胃口的学问或者对食物摄入相关规则的总结），我认为上述千头万绪的内容可以概括为一句话：饮食男女其实都是美食达人。

第三章

各国特色美食

据统计，在1901—2001年期间，总共有48个国家的相关人士获得了诺贝尔奖，其中42个国家派代表到达斯德哥尔摩，并出席了诺贝尔颁奖典礼之后的晚宴。这些国家的代表于不同时间来到这里，但是，所有在世的获奖者都受邀参加了1991年和2001年的庆祝活动。这就意味着在1991年的诺奖成立90周年纪念日，以下这些国家的代表均出席了蓝色大厅的活动：澳大利亚、比利时、中国、哥伦比亚、法国、英国、意大利、日本、墨西哥、荷兰、尼日利亚、巴基斯坦、波兰、苏联、西班牙、瑞典、瑞士和美国。在2001年的百年庆典上，来自阿根廷、澳大利亚、比利时、加拿大、中国、丹麦、法国、德国、英国、印度、爱尔兰、日本、葡萄牙、俄罗斯、圣卢西亚、南非、瑞典和美国的代表同时出席。

考虑到这些国家的美食领域非常广泛，宴会上的餐饮负责人必须制作出适合该范围内所有口味的菜单。即便主菜单在创建过程中已经考虑到了以上所列国家的饮食偏好，还必须做好准备，需要考虑到宗教或者其他意识形态和药物原因，给客人们提供符合他们需求的食物。

本章记述了上面所罗列的这些获奖者国家的精选食物和饮料。因为在1901—2001年间有获奖者是犹太人，犹太食品、犹太洁食（符合犹太教规的食物），以及与之相关的规则会出现在本章的最后部分。自然，以色列菜也有助于更好地理解复杂的犹太菜肴。

本书对各国食物和饮料的描述篇幅各不相同，这并不是因为一个国家的食物和饮料比另一个国家的更有趣或者更激动人心，仅仅是因为我所能获得的信息量不同而已。我在写这一章的内容时，很大程度上会参考烹饪书籍。我所参考的书籍中不仅包含了菜谱，还包含了历史背景资料。可能把菜谱作为参考资料会有些奇怪，因为这些书的作者在收集材料时会按照自己的好恶做一些筛选。虽然我意识到并非所有的内容都适用于这本书，但我最终还是选择以这种方式来搜集信息。

阿根廷

阿根廷似乎是南美洲唯一能够与智利媲美的葡萄酒生产国。在全球葡萄酒主要产地里排名第六位，并且是南美洲最大的葡萄酒生产国。阿根廷葡萄酒产区的范围从北部的萨尔塔省（Salta，靠近玻利维亚和巴拉圭），一直延伸到南部的里奥内格罗省（Rio Negro）。里奥格兰德（Rio Grande）是最大的起泡葡萄酒产区。圣胡安（San Juan）和门多萨（Mendoza）是另外两个重要的省份，这个国家几乎四分之三的葡萄园都坐落在这两个省。门多萨的气候既炎热又干燥，夜晚的温度很低，这就使得葡萄兼具滋味和芳香。通过种植品种稀少的葡萄，和南美洲的其他葡萄酒生产国相比，阿根廷独占鳌头。它所生产的一些最好的红葡萄酒是由马尔贝克（Malbec）葡萄制成。这种葡萄酒的颜色是深红色的，尝起来有李子和黑莓的风味。主要用来酿造白葡萄酒的葡萄品种是赛美蓉（Semillon）和特浓情（Torronte）。

阿根廷的肉牛很出名，几乎每家餐馆都有一个大烧烤架用来烤制各式各样的肉块。牛肉在这个国家的菜肴中占据了主导地位，烹饪方式上受意大利和法国的影响很大。来自这些国家的移民带来了能够适应阿根廷的各种菜式。恩帕纳达肉馅卷饼（empanada）是一种由薄而软的油酥面团卷成的特色面点，里面的馅料填满了牛肉或猪肉，还有桃子、梨之类的水果。一半的面团被折叠到馅料上，边缘被卷起来或压到一起，使其呈现出半月形。还有一种由坚果、南瓜、桃子和玉米慢煮而成的炖菜，被盛放到掏空的葫芦里上桌。

尽管这些菜肴代表了这个国家菜品的主要特色，但是除此还有一些地方上的特色菜肴。阿根廷在地理位置上可以划分为四个不同的区域，在最中心的地区（潘帕斯，Pampas），有一些菜肴是以猪肉为主的。比如，那里有各种香肠，烘烤或者烧烤的肉，以及由各种肉片卷成的肉卷，里面装满了煮鸡蛋、洋葱和香草。这些通常会搭配各式各样的酱料，由大蒜、醋和各种味道浓郁的香草制成。潘帕斯出产的恩帕纳达肉馅卷饼里填满了鸡蛋、肉、橄榄和番茄，人们在平底煎锅里用油将其两面煎至金棕色。此外，也有用牛肉或者鸡肉做的炖菜。其他一些菜肴是以动物舌头为主要原料的，这些菜通常会比较咸。这一地区的经典菜式是用牛肉和各种香肠炖煮在一起制成的，配以煮玉米棒、木薯（树薯）、胡萝卜、鹰嘴豆和葫芦。大量以牛奶为基本原料的甜品也主要来自这个地区。牛奶是用糖来煮制的，同时加上各种口味的香料，比如香草、肉桂和柠檬。当牛奶煮得差不多时，从火炉上挪开并从锅里倒出来，让其冷却，有时候会一边搅拌一边冷却。当它冷却之后，会被制作成各种形状的奶制品食用。另外还有一种甜品是由米饭在牛奶中煮制而成，有点像冷奶油米饭，在瑞典被叫作米布丁（ris à la malta）。还有各种各样用面粉和榅桲（quince，一种阿根廷水果。——译者注）制成的甜食饼干。

阿根廷西北部地区山脉纵横，那里的土壤并不肥沃，但是有很多地域性的水果，可以用来制作果汁。这个地区的人食用大量的鸡肉，但是马铃薯的食用量并不大。这一现象很奇怪，因为当地出产270种不同品种的马铃薯。这里的人非常好客，他们也吃恩帕纳达肉馅卷饼，里面填满鸡蛋、葡萄、阿加（aja，一种味道很冲的香料。——译者注）、洋葱、肉汁、番茄、剁碎的肉，以及各种新鲜水果。他们还喝素甲鱼汤，食用各种用白汁烹制的豆类搭配风味各异的鸡肉。除此之外，还有许多以各种动物的风干咸肉为原料的菜肴。玉米、豆类、烈性香料、大蒜、葫芦、番茄、橄榄和辣椒是烹饪中最常用的。有一道菜叫乌米塔（humita），即把玉米从玉米芯上剥落下来，研磨成粉末，再加入水、香料和盐，混合成糊状物。然后可以往里面加入各种各样的肉、奶酪、糖、肉桂、香草等配料，接着将这团糊状物充分混合，放到折叠好的香蕉叶上。最后，用绳子把这一包东西捆在一起煮熟。那些含有甜味的香料会与甜点搭配食用，其他的则作为主菜食用。土豆主要用来做炖菜。该地区的甜点通常由干果、蜜饯和各种水果糕点组成。

阿根廷东北地区以鸡蛋、奶酪、鱼和各种面粉制成的主食为特色。这里的一些汤是用鸡蛋和奶酪做成的，还有美味的炖菜，里面有肉、马铃薯、番茄和洋葱。馅饼也很常吃，馅料有鸡肉、鸡蛋、洋葱、番茄、牛至、欧芹和辣椒。鱼是一种重要的食材，目前最常用的烹饪方式是烧烤，尤其是在鱼刚捕捞上来的时候。在烤制的过程中，上面会铺一层鸡蛋、胡萝卜和蛋黄酱。除此还有一种烹饪方式是裹上面包屑后煮熟，然后和大量的根茎类蔬菜一起吃。由于该地区有很多条河流经过，物种资源非常丰富。鸡肉是人们最喜欢的食物，可以像鱼肉那样烤着吃，尤其是在火上烤得噼啪响后吃。其他受欢迎的食物包括一种加入动物血液制成的玉米饼，有点类似薄薄的瑞典血面包。这个地区的人们食用大量的白面包，与该国其他地区喜欢吃黑面包有所不同。这里的甜点主要用蜂蜜制成，也出产大量的水果类利口酒。

总体而言，阿根廷的最南部有两种不同的菜系，一种在乡村，另一种在城镇。乡村菜系通常有分量很重的肉类，以及各种家庭自制的果酱。城镇菜系更接近法国的"新菜系"。不管你是在乡村，还是在城镇，很多食物都来自于河流和海洋的馈赠，包括新鲜的鱼类、贝类，还有各种各样的草本植物，比如鼠尾草和龙蒿。这个地区的欧姆蛋卷（omellette）里经常装满了新鲜鱼类和贝类，口味繁多。鱼类往往用来做成法式酱料和各种口味的馅饼，最常见的是大蒜口味。也有一些鱼类和贝类做的菜肴，在黏稠度上介于酱料和汤之间。以贝类为主要食材的菜肴经常会用巨大的贝壳来装，并且会通过快速的烤制让其表层呈现金黄色。米饭最常与这些鱼类和贝类搭配食用，并且常常用藏红花来调味。鳟鱼和鲑鱼是菜单上的常客，炖的时候会经常在里面加入贝类等海洋食材。水果在乡村菜系和城镇菜系中都会出现，像樱桃和草莓这样的水果是由德国移民带入该地区的。在甜点方面，水果馅饼或是某种口味的大蛋糕就很受欢迎，还有各种各样的果冻。阿根廷到处都有喝茶的习惯，搭配由玉米面粉烤制的茴香味的各式糕点。

澳大利亚

和法国、德国这些国家相比，澳大利亚并没有多少酿酒方面的传统可以参考或者借鉴。这就意味着它的葡萄酒生产商为了生产出高品质的葡萄酒会愿意做出各种尝试。这种勇于尝试的精神让澳大利亚生产出了比法国更有风味的葡萄酒，比如，澳大利亚的赤霞珠（Cabernet Sauvignon）葡萄酒是红酒中的佼佼者，霞多丽（Chardonnay）葡萄酒充满了热带水果的风味和一抹香草的芬芳，希拉（Shiraz）葡萄酒则有着浓郁的香辛料风味。

我们在脑海中很难想出一道典型的澳大利亚菜，这也许是因为澳大利亚不管是过去还是现在都是移民大国，土著特色并不鲜明。这种情况在其饮食文化上也留下了印记。尽管如此，还是有一些菜式是澳大利亚所独有的。其中有一道用袋鼠尾巴做的汤（类似牛尾汤），还有一款名为帕芙洛娃（Pavlova）的蛋白奶油蛋糕，是一道热量很高的清爽甜美的甜品。除了这些菜品之外，澳大利亚以户外烧烤而闻名。在正式的活动中，人们可以衣冠楚楚地一边啜饮着香槟，一边等待着用新鲜香料装点的烤全羊；你也会看到人们穿着休闲装和亲朋好友一起围着篝火喝啤酒。土著居民也许是这个国家最早意识到黏土锅烹饪优势的一群人。在很长一段时间里，他们把捕捉到的动物——蜥蜴和蛇，用黏土包起来，放在炙热的阳光下暴晒几个小时，相当于让它们在黏土包里炖煮。那些上了年纪的妇女有一个传统，就是在丰收的季节里尽可能储存各种食物。她们在地窖的架子上一排又一排地放满了各种腌制食物的罐子。有些妇女甚至带着空罐子去郊游或露营，以便能够保存刚捕获的鲜鱼。但是年轻人则更喜欢用冷冻的方式来储藏食物，而不是用这种耗时费力的古老方法。保存和冷冻食物是非常必要的，因为人们在后院里种的葡萄柚、柠檬、豆子、辣椒、番茄、花椰菜、玉米棒子和马铃薯太多了，一个家庭在常规时间内根本消耗不完。到了圣诞节的时候，会有传统的英式午餐（因为很多人曾经从英国移民到澳大利亚）——虽然那个时候是澳大利亚的夏天。澳大利亚菜单上也许还有烤羊肉、鹅肉、小馅饼和圣诞节布丁。

在19世纪，澳大利亚像其他很多英国殖民地那样，开始生产英国的奶酪。切达奶酪（Cheddar）是最常见的品种，在南部地区大规模生产。最好的一些奶酪出产自玛格丽特（Margaret）河区。半熟的切达奶酪存放时间为三个月左右，成熟的切达奶酪存放时间为6至12个月，而重口味切达奶酪的储存时间则长达两年。此外还有香蒜、香菜、熏肉和坚果的调味品种。尽管切达奶酪独占鳌头，澳大利亚同样也出产了世界上最受欢迎的一些奶酪，从埃曼塔尔（Emmentaler）和高德（Gouda）到林堡（Limburger）和戈尔根朱勒（Gorgonzola）。这些奶酪大部分是由牛奶制成的，而澳大利亚有着由国家监管的超大型养牛场。

加拿大

加拿大的特色葡萄酒是冰酒（icewine），这种酒在德国和奥地利最广为人知。现如今冰酒由安大略省（Ontario）和不列颠哥伦比亚省（British Columbia）定期出产。加拿大的大部分葡萄酒行业都很年轻，只是在20世纪后期才开始发展。魁北克省（Quebec）和新斯科舍省（Nova Scotia）也出产少量的葡萄酒。由于气候恶劣，加拿大的其他地区不适合种植葡萄。安大略省种植了混合葡萄品种，像黑巴克（Baco Noir）、马雷夏尔福煦（Maréchal Foch）、赛伯拉（Seyval Blanc）和威代尔（Vidal），最好的冰酒是用最后一种葡萄酿造的。霞多丽、琼瑶浆（Gewurztraminer）和雷司令（Riesling）是最主要的葡萄品种，红葡萄酒由品丽珠（Cabernet Franc）、赤霞珠、佳美（Gamay）、梅洛（Merlot）和黑皮诺（Pinot Noir）酿造而成。

不列颠哥伦比亚省的葡萄园位于比安大略省更北的地方。这个地区雨量少，夏季气温高，但是全天温差很大，夜晚气温较低。所有这些因素对于出产香味浓郁的葡萄而言，至关重要。雷司令是最主要的葡萄品种，但人们也会采用欧塞瓦（Auxerrois）、霞多丽、白皮诺（Pinot Blanc）和琼瑶浆制造葡萄酒。

葡萄酒就介绍到这里，但是加拿大可能更出名的是它出产的威士忌。这种威士忌通常比较清淡，带有橡木桶的香气，再加上一抹轻微的、来自梅子酒那样的果香。它是由几种谷物制成的：黑麦、大麦、小麦和玉米。玉米在当今的生产中占据主导地位，而且这种调和的威士忌中通常含有70%—90%的玉米酒精，通过大型的塔式蒸馏器（column stills）连续不断地蒸馏提取。至于其他的混配方式，所谓的风味威士忌（主要指的是口味。——译者注），使用的是小型的塔式蒸馏器或壶式蒸馏器，就像苏格兰生产麦芽威士忌那样。调和威士忌的风味数量越多，它的特征就越强烈。这通常与它的年代有关，有10—12年历史的调和威士忌通常含有更多风味，并作为昂贵的优质威士忌出售。在制作所有的威士忌时，各种不同类型的烈酒在混配之前会分别蒸馏。混配本身发生在熟化之前还是之后，各个制酒商处理的方式不尽相同。一种名为"混自新生"（blending at birth）的威士忌是将新蒸馏出来的烈酒立即进行混配，然后熟化制成的。其他类型的威士忌都是用传统方式酿造的，也就是说，当所有的酒都熟化完毕，然后再进行混配，和苏格兰生产的威士忌没什么差别。有些生产商会在他们的威士忌里加一点雪利酒、波特酒或梅子酒。

加拿大并没有特别统一的菜式，口味因为地区不同而有所区别。欧洲人首次抵达加拿大的地方是今天的大西洋省区（Atlantic Canada）。他们最先登上的纽芬兰岛（Newfoundland）是一个被冰山和冰冷的海水包围的岛屿。第一批欧洲人能制作的食物是斯巴达式的，依靠的是狩猎、耕种和采集所获得的食物。当地的菜肴仍然呈现出各种各样的组合形式：以鱼类为主的菜式（比如鳕鱼舌），根茎类蔬菜，肉类（炖菜），浆果馅饼和小馅饼。这些菜肴与龙虾，以及肉鸟炖煮的清汤之类分庭抗礼。原则上来说，新斯科舍省四面环海，因此它的菜肴中一直包含着丰富的海鲜元素。其他常见的食材是各种各样的新鲜水果和蔬菜。在新不伦瑞克省（New Brunswick）的蒙克顿（Moncton），食谱一代又一代地口口相传，因此非常古老。这里的食物通常口味很重，采用大量的糖蜜、糖浆、贻贝和龙虾制成。在加拿大的这一地区，龙虾长期以来被认为是穷人的食物。在新不伦瑞克省南部，有一个名为海边圣安德鲁斯（St. Andrews-by-the-Sea）的小镇，以其种类繁多的新鲜草药和白色草莓而闻名。除此之外，还有多汁的鲑鱼、生蚝、蓝莓和其他可以选择的食物。在这里，人们喝加了杏仁白兰地的苹果茶，还有加了黑醋栗甜酒的红茶。爱德华王子岛（Prince Edward Island）是加拿大最小的省，拥有全国最好的贝类养殖场。墨累河（Murray River）的蓝色贻贝和马尔佩克（Malpeque）的生蚝以其美味闻名于世。这个岛也出产很多浆果酒。

自古以来，魁北克是加拿大最有活力的美食区，这可能是由于它的法国传统，因为大多数来自诺曼底（Normandy）、布列塔尼（Brittany）和普瓦图（Poitou）的法国人移民到这个城市。据说是他们的口味和传统创造了独特而精致的食物，这些人现在被称为法裔加拿大人。馅饼在菜系中发挥了重要作用，其中最有名的是用火腿做的馅饼，只在平安夜享用。各种用鸡肉做成的菜品也是这种菜系所独有的。另一种扮演重要角色的动物是猪，它的所有部分都可以被做成食物。在安大略省，鹅是特色食物，尤其是填满馅料的那种。加拿大最后被殖民的地区是西部草原诸省。这里的烹饪风格非常多样化，苏格兰、乌克兰、俄罗斯和德国的食物在这里百花齐放，和谐共处。在这个国家最西部的省份不列颠哥伦比亚省，下午茶仍然沿袭着英国的传统。这个省还产有丰富的鱼类和各种不同种类的浆果。该国遥远的北部是育空省（Yukon），那片未开垦的处女地上满是驯鹿、驼鹿、雪雁、野兔、海豹、鲑鱼和野生浆果。

中　国

中国要用地球上7%的可耕种土地养活世界上22%的人口。中国到底有多少地方菜系还没有达成一致的观点，但大多数美食专家将中国菜肴区分成四大菜系[①]，下面我们分别来说一说。广东菜，其所盛行的地区在广东省南部及香港；川菜，在西南地区的成都和重庆这两大城市占据了主导地位；河南菜（又称中原菜系或豫菜），在中国东部的江苏、浙江和上海也比较流行；还有北京菜，也被称为北方菜系，其灵感主要来自东部沿海的山东省。也许还会增加第五个省份的菜系，即东南沿海的福建省。所有的这些省份都使用各种形式的姜、大蒜、葱、酱油、醋、糖、芝麻油和豆瓣酱，但它们以完全不同的方式组合在一起。各大菜系之间的差异不仅仅体现在烹饪方式上，还在于这些作料的变化和组合。

广东菜的特点是菜品种类繁多，原料新鲜，酱料制作精良，厨师乐于尝试新的异国风味，如柠檬、咖喱和辣椒酱。这些厨师擅长烘烤和烧烤各种肉类（鸭肉、鹅肉、鸡肉、猪肉），以及作为早

---

① 关于中国四大菜系的叙述，与中国饮食文化的实际情况有出入，体现了本书作者对中国饮食文化的隔膜。为保持原书内容的准确呈现，故不做修改，只做注来说明。——编者注

餐或午餐用来搭配茶的各种菜品（中式点心）。这些点心可以是甜的、咸的、蒸的、烤的、煮的或炖的，用单独的竹制蒸笼或者盘子装着吃。吃这些点心就像喝茶一样（喝早茶）。在专门喝早茶（yum cha）的茶餐厅，服务员会推着小车或拿着托盘走来走去，用各种美味的点心招揽客人。茶餐厅是重要的社交场所，当地人可以在这里谈生意、社交，或者只是看看报纸。

以麻辣食物著称的省份是四川。这个内陆大省拥有极其肥沃的土地和近9000万的人口。他们对浓烈香料的喜爱，据说和当地的气候密不可分。这里的降水量如此之大，以至于在该地区的许多地方都能收获两季的稻谷。强烈的香辛料在潮湿、寒冷的气候中有滋补身体的作用，同时也可以作为防腐剂来使用。辣椒和花椒是最受欢迎的，用醋、糖和盐来调味。然而，这个地区也有一些菜品和麻辣不沾边，比如著名的樟茶鸭，它采用茶叶和樟树叶熏制而成。

河南菜的核心在淮南、扬州等地，这个地区的食物以新鲜为主要标准。比如，"鲜"这个词的意思是，鱼在离开水一小时之内即可上桌，这样一来，鱼可以保持它天然的味道，肉质软嫩而不会烹煮过头。"鲜"也意味着原材料的天然味道不应该被酱汁掩盖。这个地区的很多菜品都是蒸或炖的，要花很长时间或者用低温烹煮的方法才能做好，比如栗子鸡、荷叶蒸肉和八宝鸭。这个地区的鱼和贝类最为出名。

北京菜是最受外来美食理念影响的一种菜系。羔羊肉是在元代（1271—1368）时引进的，是蒙古族人炖菜的主要原料。炖菜是北京秋冬时节最受欢迎的食物。满族人在清代引入了各种烹煮猪肉的方法，但是最重要的影响来自孔子的故乡山东。烹饪时，来自山东海岸的海鲜，比如贻贝、章鱼（干的或新鲜的）、海参、螃蟹和鱼翅，经常和大葱、大蒜搭配在一起。著名的北京烤鸭的灵感来自中国各个烹饪区域，以及首都本身的影响。烤鸭的做法出自河南菜系，而薄饼、葱丝和甜面酱则是山东人的典型吃法。北京出名的还有它的蒸饺和水饺，有猪肉白菜馅的、猪肉大葱馅的，还有韭菜鸡蛋馅的。

在中国，早餐可能包括一个裹着鸡蛋的煎饼、一片大而圆的炸馒头片、面条、米糕、豆腐脑、豆浆等。如果你不着急买菜回家做饭，午餐和晚餐通常是找个小摊吃碗面条就搞定了。中国的每个地方都有自己的小吃和美食街，通常都很便宜并且各具特色，比如北京的爆肚配香菜、富含淀粉和大蒜的炸灌肠、豆汁和猪肉韭菜水饺。上海以其热气腾腾的酒酿圆子而闻名，这道甜品由八种食材混合糯米制成，包括水果、坚果、浆果等应季的食材，以及富含酵母的酒糟。四川有麻辣口味的担担面，搭配浓郁的酱汁和凉粉，而广州早茶本身就是一种美食。大部分居住在城镇的中国人把晚餐作为一天中最重要的一餐。这顿饭通常包括基本的主食，像米饭或面条，配上一两道菜，通常会有鱼或者肉，以及一道汤。在北方，人们吃面比吃米要多，通常吃热气腾腾的春卷、炒面或牛肉汤面。

大米是中餐的重要组成部分，尤其在南方地区。这里种植了大量各个品种的水稻，同时还有在所有大城市出售的价格昂贵的泰国大米。在南方，人们更喜欢吃长粒大米，因为这种大米的口感不那么黏，而且在热腾腾刚出锅时，会有轻微的木头香气。中国人总是把他们的食物分成两大类：米饭和最普通的五谷杂粮（饭）；肉和蔬菜（菜）。谷物和熟食的均衡搭配一直以来是中餐的理想选择。同时还必须考虑到食物冷却和升温性能之间的平衡。不同种类的谷物和菜肴的比例取决于人们的经济状况和节日的欢庆程度，节日气氛越浓，谷物越少，菜肴越多。这是一个在大型宴会上保留下来的非常古老的传统，饕餮盛宴之后，会有一碗普通的白米饭作为象征性的结束。

米饭可以是煮熟的，也可以是炒饭（煮熟之后），或者是米粉制成的粉条，也可以加大量水煮成粥。粥作为早餐或者夜宵，很受欢迎，通常搭配更多美味的小菜。吃米饭的时候，人们一只手拿着碗靠近嘴边，另一只手用筷子把米饭快速送进嘴里。中餐是分享式的，通常由三到四道菜、饭和一道汤组成，宾客们会一起分享这几道菜。每道菜都应该有一种主要原料，比如，一道肉、一道鱼、一道蔬菜。每道菜还需要在味道、相容度和气味方面与其他菜相辅相成，从而让这一桌菜的总体效果达到色香味俱全。人们通常在饭前或者饭后喝茶，很少会在吃饭的过程中喝茶。家里日常饮用的酒是啤酒。一般来说，白酒是为重要的场合准备的。和美食搭配的一种美酒叫茅台，酒杯通常是小玻璃杯或者是一口能喝完且不带把手的杯子。因此，中餐是非常重要的社交场合，婚宴和生日宴上会准备特别的菜单。在重要的节日中国人也有自己传统的菜肴和装饰。

葱、姜、蒜在中国菜中必不可少，搭配酱油、米酒、辣椒酱和芝麻酱这些必不可少的调味品。豆瓣酱和竹笋是万能配料，不管是爆炒还是煲汤都能用到。芝麻酱会用作蘸料，花椒能够给菜肴带来微妙的温暖度，冰糖也会用到炖菜中。吃饭的时候千万不要用筷子指指点点，也不要把筷子插到饭碗里，呈现出竖直或者交叉的样子。另外，也不能用筷子在菜盘里挑挑拣拣，翻找最美味的那一口。你应该看准想吃哪一块，然后直接用筷子夹住，而不触碰到其他食物。如果你想在正式的宴会上享用一杯葡萄酒，你必须先和其他客人碰一下杯，不管对方是否回应。如果别人和你碰杯，而你并不想喝，你把杯子举到嘴边示意一下即可。在招待客人的时候，主人往往会提供比客人实际所需更多的美食，这也是待客之道的一部分。这就意味着食物往往是过量提供的。宴请客人的礼仪就是让贵宾享用最美味的几口美食，比如，鱼鳃旁边的那块鱼肉，主人会用公筷夹给客人，或者用筷子的另外一头来夹取。

哥伦比亚

哥伦比亚的美食是本土美食和西班牙美食的混合体。大部分食物都会加入很辛辣的调味料，但并不意味着桌上一直放着的辣椒酱会时时用到。实际上，辣椒酱只会少量地使用。这个国家长长的海岸线为其提供了丰富的鱼类和贝类的菜肴。其他重要的菜肴还包括那些用椰奶做的美食，比如将米饭和葡萄干一起用椰奶煮制。这道菜的一个变式是椰奶和葡萄干炒米饭。山区的一些特色美食和这些米饭类的菜肴有所区别，这些地区的菜肴包括奶酪酱配土豆和酿肉。

果汁是很受欢迎的饮料，这一地区自来水的水质并不足够好，因此需要把水煮开之后才能喝，或者是拿来制作果汁。用来制作果汁的水果包括橙子、柑橘、酸橙、柠檬，此外还有蔬菜番茄。这里要特别提到一道风靡全国的菜——盐渍土豆：当土豆被端上来的时候，会在土豆表皮撒上很多盐。用番茄、生菜和黄瓜之类的新鲜蔬菜做成的沙拉并不是很常见。各种形式的大蕉倒是更为常见，而香蕉却并不那么受欢迎。当大蕉的颜色由绿变黄，并且变得越来越甜的时候，会被在表皮开一个口子，往里面装上巧克力或奶酪，然后放到烤箱中低温加热，直到变软。

和在阿根廷一样，除了上面提到的沿海菜肴之外，这里还有一种以混合了肉和盐的玉米粉为主的菜肴。用香蕉叶子包裹起来，煮熟之后，热气腾腾地上桌。鱼会以多种形式来供应，并且采用不同方式来烹饪，烧烤或者炖煮都有。小鱼会整条放到锅里炖煮。另外一道非常受欢迎的菜是用油略微煎过的大蕉切片。当油脂沥干之后，切片被压平，然后再次油炸之后上桌。在哥伦比亚，贝类的消耗量非常大，包括贻贝、牡蛎和各种软体动物。它们像鱼类一样，在各种菜肴中都会出现。各种新鲜水果也很受欢迎，比如菠萝、椰子、甜瓜、木瓜、杧果和奇异果。

在圣达菲（Santa Fé）和波哥大（Bogota）周围，人们会吃各种阿吉斯（ajis），这是一种以各种原料为基础做成的味道浓郁的辣酱。在这个地区，还有各种熟肉制品，比如牛肉和羊肉香肠、烤火腿、烤肉片等。汤类的食材是由鸡肉和各种蔬菜组成的。甜点的甜度很高，把梨和桃等水果煮熟之后，放在糖浆里保存。还有一些小小的、非常甜的蛋糕，比如蛋白糖饼和麻花酥饼十分受当地人欢迎。在这两座城市周边地区，人们会用米饭、西红柿和大块的肉，烤制和油炸的鱼肉、鸡肉，以及整只烤熟的豚鼠做成美味的炖菜。他们也会按照前面所描述的方式制作玉米包，但是里面的填充物是甜味的，作为一道甜点来食用。吃的时候，舌头经常会被各种酱汁烫到。大蕉是常见的食物，可以采用煮或烤等多种不同的方法烹调。当它们因为熟透而甜度过高时，会被切开用奶酪填充，然后烤着吃。在亚马孙河流域，人们经常用黏土包做饭。比如，如果你有一只新鲜的鸟，你可以用黏土把它包起来，放在小火堆里，直到煨熟。然后把黏土敲开一个洞，拔掉鸟身上所有的羽毛，就可以直接吃了。在这个国家的某些地区，还有一道不同寻常的菜肴叫作油炸蚂蚁，即把一种身形巨大的蚂蚁放到油里油炸而成。

丹 麦

丹麦的日常午餐都不是大餐。如果你是上班族，通常会有30

分钟左右的午休时间。大部分人会带着自己的食物去工作，往往是某种黑麦面包三明治。但是，现在越来越普遍的情况是，大家开始把黑麦面包替换成皮塔面包或面包卷。周末或是派对上的午餐就有所不同了。如果你要宴请宾客，通常要准备三道菜，鱼虾（各种腌或卤的鲱鱼、油炸鱼和虾）、肉（比如五香肉丸、香菇土豆泥排骨、培根肝酱和红菜头炖腌肉）和奶酪（所有种类，从松软干酪到全熟硬质干酪，搭配饼干、水萝卜、葡萄和巧克力酥卷）。饮料一般是啤酒和杜松子酒。在圣诞节、复活节和降灵节，午餐也可能只包括与这些场合相配的菜肴。比如圣诞节吃的腌制猪肉搭配各种形式制作的卷心菜，复活节吃的传统鸡蛋菜肴，等等。丹麦的特色菜是斯墨瑞博洛德（smorrebrod，也被称为开放式三明治。——译者注），就着啤酒和杜松子酒吃。这种丹麦特色三明治由不同的馅料组成。其中最受欢迎的是涂抹了蛋黄酱的鱼片加柠檬片、烟熏鳗鱼搭配生鸡蛋和韭菜、烤猪肉搭配红叶卷心菜和一片橙子的三明治。像这样的一顿饭总是以一片奶酪来完美收尾。

早午餐（Brunch）从美国传到丹麦，一开始是作为周日的一项活动，人们会在周日选择睡懒觉，不吃早餐。现在就变成可以在上午11点到下午3点之间在某些餐馆吃早午餐。如果你邀请了客人一起吃早午餐，通常从一杯血腥玛丽开始，里面包括伏特加、番茄汁、柠檬、辣椒酱、塔巴斯科辣酱、盐和胡椒，配以冰块和柠檬片。如果你不想喝伏特加也没关系，那就用无酒精玛丽替代。之后会饮用咖啡和（或）茶，以及各种果汁。在更加喜庆的场合，这些饮料会被香槟或起泡酒代替。早午餐总是包含各种各样以鸡蛋为原料的菜肴，就着不同种类的面包一起吃。熏肉、小香肠、剁碎的牛排和菠菜也可以和鸡蛋一起搭配食用。由于早午餐的发源地是美国，其中也会有美国的枫糖浆煎饼。然后，紧接着吃奶酪，在这之后会有一碗新鲜的水果上桌。但是晚餐才是一天中的主餐,通常在工作日的下午5—7点吃,包括一道菜和一份沙拉。煮土豆、沙司、蔬菜和肉类在工作日的晚餐中很常见。由于意大利、希腊和法国等国家的影响力越来越大,土豆已经被大米和意大利面所取代。如果节假日期间的晚餐变成了晚宴的话,通常会有三道菜,搭配白葡萄酒、红葡萄酒,以及和甜品一起供应的马德拉酒。第一道菜可能是汤或是鱼肉;如果是汤的话,那就是里面有肉或者肉丸的清汤,或是芦笋汤。如果供应的是清汤,那么在主菜上来之前,通常会配上鸡肉或是芦笋馅饼。以鱼肉为主料的第一道菜,可以是水煮新鲜鲑鱼配蛋黄酱和虾,或者是同样配料的白葡萄酒煮鱼片。要是第一道菜是汤的话,主菜通常包含用于做汤的牛肉,还有土豆、糖醋酱和面包。其他典型的主菜包括烤小牛肉、烤牛肉、蜜汁火腿和烤猪肉。煮土豆和各种酱汁总是和主菜一起上桌,配以花椰菜、豌豆和菜豆这样典型的丹麦蔬菜。这类晚餐的甜点通常是以牛奶为原料的奶冻或是慕斯,或者人们也会用冷冻的水为原料做成雪葩。上甜点的时候,房间里的灯常常会关掉,甜点会伴随着音乐和蜡烛一起被端进来。举行招待会的时候,因为比鸡尾酒会更加正式,供应的菜品种类也会比鸡尾酒会更多。比如,接待菜单可能包含:新鲜生蚝、腌制鲑鱼、莳萝芥末裹梭鱼、鸭肝慕斯、酸橙火鸡、椰子鹌鹑蛋、蘑菇酱牛肉片、有机丹麦奶酪和各种水果馅饼,并且会全程供应香槟。

一般来说,丹麦的所有葡萄酒都是进口的,其中90%来自法国[阿尔萨斯、博若莱、波尔多、勃艮第、香槟、罗讷河谷(Côtes-du-Rhone)、汝拉(Jura)、朗格多克-鲁西永(Languedoc-Roussillon)、卢瓦尔河谷、普罗旺斯、萨沃伊(Savoy)]、意大利[瓦莱达奥斯塔(Val d'Aosta)、皮埃蒙特(Piedmont)、伦巴第、弗留利

（Friuli）、威尼托（Veneto）、利古里亚（Liguria）、托斯卡纳、艾米利亚-罗马涅（Emilia-Romagna）、翁布里亚（Umbria）、马尔奇（Marches）、拉齐奥、阿布鲁佐（Abruzzo）、莫里西（Molise）、坎帕尼亚（Campania）、阿普利亚（Apulia）、巴西利卡（Basilicata）、卡拉布里亚、西西里岛、撒丁岛］、西班牙［里奥哈（Rioja）、纳瓦拉（Navarre）、佩内德斯（Penedes）、博尔哈（Campo de Borja）、卡里涅纳（Cariñena）、塔拉戈纳（Tarragona）、里比耶拉（Ribiena）、瓦尔德奥拉斯（Valdeorras）、瓦尔德佩纳斯（Valdepeñas）］、葡萄牙［阿尔加维（Algarve）、阿伦特霍（Alentejo）、克拉雷斯（Colares）、布塞拉斯（Buselas）、百拉达（Bairrada）、达沃（Dão）、杜罗（Douro）、青酒产区］和德国［阿赫（Ahr）、密特海姆（Mittelrhein）、莱茵高、莱茵黑森、赖普法兹（Reinpfalz）、伍尔特伯格（Württenberg）、弗兰肯（Franken）、黑森山区、纳赫（Nahe）、摩泽尔（Mosel）、萨克森］。在这90%进口的葡萄酒中，大约有65%来自法国。除这90%以外，丹麦其他的进口葡萄酒来自东欧、希腊、摩洛哥、突尼斯、阿尔及利亚、北美和南美、澳大利亚和新西兰。至于哪种酒搭配哪种食物，经典的规则是白葡萄酒配鱼肉，红葡萄酒配红肉，但是这些规则似乎越来越少了，鱼肉搭配淡红葡萄酒也并不罕见。当然，除了葡萄酒之外还有其他饮料，咖啡是最受欢迎的。人们可以在一天中的任何时段喝咖啡，其可以称得上是全国性的饮料，因此，人们相约着在下午或者晚上喝咖啡，也就不足为奇了。午后咖啡大约在3点供应，晚间咖啡大约在9点供应。如果有朋友请你喝晚间咖啡，那通常是咖啡配蛋糕。在20世纪中叶，配咖啡的至少有十种不同的饼干和蛋糕。现如今，蛋糕的数量和种类变得更加丰富了。依照传统，晚间咖啡由面包和黄油、奶酥卷、海绵蛋糕开始，然后是涂满奶油和加上水果的精美蛋糕，最

克莱斯卡卡蛋糕

后是花式饼干。过去，以咖啡和这样的蛋糕来结束一顿丰盛的晚餐是很常见的，但到了今天，就只有咖啡和饼干，可能还有克莱斯卡卡（kranskaka），这是一种丹麦特色蛋糕，上面会用杏仁蛋白软糖和糖衣来做各种点缀。如果你受邀喝早间咖啡，就不会有蛋糕和饼干，取而代之的是三明治之类的食物。过去，早间咖啡是已婚女性不带丈夫和孩子，进行闺蜜聚会的一种方式。在丹麦，茶叶爱好者不如咖啡爱好者那么普遍。喝茶而不喝咖啡的人们会在下午3点左右喝下午茶，搭配柠檬和牛奶。喝茶配柠檬的习俗来自俄罗斯，而喝茶配牛奶的习俗来自英国。喝茶时不会像喝咖啡那样供应蛋糕，而是提供吐司配果酱或奶酪。皇后蛋糕、烤饼，或是丹麦糕点也很常见。

法 国

在法国，食物备受尊重，可以说在社会的各个层面，人们对食物本身，以及食物的特点都保持着一种与生俱来的感觉和欣赏。

法国的乡村菜肴和世界上大多数地区的乡村菜肴一样，主要以农场出产的产品为食材，包括蔬菜、鸡蛋、牛奶、兔肉和猪肉，偶尔也会有家禽和季节性的野味。一般而言，农夫的妻子有很好的烹饪水平，知道好的食物对于田间的好收成而言十分重要。此外，她们也知道食物是法国人每天的乐趣之所在。她们所采用的食谱是一代代传下来的，大多数的日常食物是那种可以在一大早就准备好开始煮的，这段时间农夫的妻子就可以在农场工作。但是在节假日和周末，则会准备更丰富的菜肴。菜单上会包括一道肉馅饼，还有替代新鲜水果的水果馅饼。当有家庭庆典时，当地的女厨师（每个村庄都有一个）会被叫来筹备宴席。值得一提的是，乡村婚礼上的女厨师做的菜是法国最好的。像这样的宴会需要提前几周计划好，一家人花在和厨师讨论菜单上的时间要比花在挑选衣服上的时间还多。

普罗旺斯是法国一个历史悠久的地区，由罗讷河口省（Bouches-du-Rhône）、瓦尔省（Var）、滨海阿尔卑斯省（Alpes-Maritimes）、沃克吕兹省（Vaucluse）和下阿尔卑斯省（Basse-Alpes）的部分区域合并而成。尼斯（Nice）这座城市在地理位置上属于普罗旺斯，有着自己独有的历史。和马赛一样，它由希腊人建立，直到公元1世纪仍然是希腊的港口。当时，古罗马人以尼斯为首都，把这个地方变成了殖民地。在随后的几个世纪里，这个地区饱受战火摧残。直到1860年，这座城市成为法国的一部分，一直持续到今天。就像其他许多情形一样，这些事件也在这个城市的美食上留下了印记。橄榄油和葡萄酒是腓尼基人（Phoenician）带来的，干鳕鱼的制作可以追溯到葡萄牙占领时期，而鳕鱼干则是挪威人的特产。古斯古斯来自阿拉伯人的前北非殖民地，意大利面和意大利饺子则来自意大利。

尼斯的菜肴很容易与其他法国菜区分开来，在这里，人们用一种几乎是东方人的方式来烹饪蔬菜，用咸的和酸的食物进行奇怪的混合（如菠菜加葡萄干，甜洋葱加凤尾鱼，胡萝卜加大蒜，鸡肉加无花果，等等）。尼斯的一些菜肴必须用当地的食材烹饪，这意味着由它们制成的菜肴不会在其他地方出现，换句话说，有些特产只在这个地区才有。珀汀鱼（poutin）就是其中之一，这是一种相当厚实且多肉的鱼，已经在昂蒂布（Antibes）和芒通（Menton）之间的海岸上被捕捞了100多年。每一艘渔船只能捕到100公斤的这种鱼，而且每年只捕一个月。另外一种同类的鱼叫诺娜特（nonat），它几乎是透明的，体形比珀汀鱼稍大一些，可以用各种方法制作：蘸面粉后油炸，搭配上柠檬汁一起吃，或者直接油炸。它也可以和辣椒、大蒜、鸡蛋、奶酪、蔬菜一起成为其他菜肴的一部分，还可以在黄油中油炸或者做成汤。珀塔古（poutargue，也叫作乌鱼子。——译者注）是一种只有在普罗旺斯地区才能找到的鱼卵，每年7月15日至8月底，人们都会在马赛附近的贝尔池塘（Berre Pond）平静的水面下采集这种鱼卵。经过反复清洗后，鱼卵会经过四天的烟熏，然后被蘸着油和一点红酒醋一起吃。尼斯产的蜗牛比较小，呈现出淡灰色或者条纹状。这些蜗牛在养殖的时候会被喂食茴香和百里香，然后被人们收集起来进行烹煮。一般流程是首先把它们取出来放到香草调味的高汤里煮，然后再加入浓郁的香料调味汁，最后再把它们放回壳里。

这个地区的一个特色菜是羔羊头，把它切碎，洗净，用土豆片和各种香草烤制后食用。人们认为羊脑和羊脸是羊身上最好的部位。山羊头也用同样的方法进行烤制，香料包括欧芹和大蒜。在番茄酱和少量酒中炖小牛头是另外一种美味。还有在猪头里塞满洋葱、百里香、切碎的胡萝卜块，以及切碎的动物舌头和火腿，同时加入白兰地或者白葡萄酒调味。先腌制猪头，然后将其在白葡萄酒中煮8个小时。另外一些特色菜是羊的肾脏、肝脏、心脏和肺，与橄榄、野蘑菇、鸡冠、羊睾丸一起炖煮。羊的睾丸被切成薄片后油炸，然后与柠檬和欧芹一起食用。醋腌凤尾鱼是这个地区菜肴的一个重要食材，当地所有的家庭主妇都自己做凤尾鱼。另一种特产是用新鲜沙丁鱼做成的鱼酱。再如，在小画眉鸟和云雀的肚子里塞满黄油、杜松子浆果和葡萄，外面裹上薄薄的咸猪肉片，然后把它们放在白葡萄酒里煮，加入切碎的杜松子浆果，配上小面包块一起吃。它们也可以被穿在烤肉叉上，放在松果、迷迭香的树枝还有葡萄藤点起的火上烧烤。烤熟前在它们下面放上大块的面包，用来接滴下来的肉汁，然后会搭配一串豆苗一起上桌。

不仅普罗旺斯的菜肴有地方特色，其他地方也不逊色，以下是对其他法国特色菜的快速浏览。阿尔图瓦（Artois）位于法国北部，与比利时接壤。那里的人们喜欢喝啤酒，餐馆也不多。再往东，沿着德国边境，就是阿尔萨斯区（Alsace），这里以猪肉熟食店、淡水鱼和斯特拉斯堡（Strasbourg）的鹅而闻名。像雷司令和西万尼等淡阿尔萨斯葡萄酒会与李子、樱桃和黄香李（mirabelle）酿的酒争夺人气。在这个区的西南方向是勃艮第区（许多人认为勃艮第是法国的美食中心），这里出产法国最好的葡萄酒，比如沙布利（Chablis）、夜丘（Côtés de Nuits）、博讷（Beaune）、马孔（M̂acon）和博若莱（Beaujolais）等地出产的葡萄酒。该区还出产丰富的食材，如贝森（Bessem）鸡肉、各种野味、淡水鱼、蜗牛、蘑菇和其他食用菌。我们前面已经介绍了普罗旺斯，接着我们再来讲讲朗格多克-鲁西永和南部-比利牛斯区，这是两个用当地原材料制作菜肴而闻名的地方：海边的塞特港（Sète）和蒙波利埃（Montpellier）的鱼汤，图卢兹（Toulouse）和更远的内陆城市卡尔卡松（Carcassonne）的卡苏莱（Cassoulet）豆焖肉砂锅。另外，牧羊在这里也十分重要。羊奶主要用于制作奶酪，尤其是洛克福（Roquefort）羊乳干酪。

地处法国西南角的加斯科涅省（Gascony）生长着一种有香味的野生植物，使那些带兔肉和蜗牛的菜肴有一种特殊的味道。在该省的南部，葡萄园一个挨着一个，为这个国家供应美酒。在西班牙边境的巴斯克人（Basque）的家乡，有一种法国和西班牙烹饪的奇特混合。辣椒在很大程度上会被用大油或者鹅油进行煎炸，这个地区最有名的食物应该是巴约讷（Bayonne）火腿，它可以生吃，也可以切成薄片，或者切厚一些然后烹炸。以葡萄酒闻名的波尔多（Bordeaux）位于法国西部，出产苏玳（Sauternes）白葡萄酒和梅多克（Medoc）等红葡萄酒，雅文邑（Armagnac）白葡萄酒也产自于此。在阿基坦区的多尔多涅省（Dordogne），每家肉食店都会自己制作鹅肝罐头并且提供松露。卢瓦尔河谷会出产淡安茹酒（Anjou wines），包括麝香葡萄酒和武弗雷葡萄酒。这个山谷也以产淡水鱼而闻名，例如鲑鱼、丁鲷和鲷鱼。沿着北海岸的是布列塔尼和诺曼底，这两个地区都以鱼和贝类闻名于世，诺曼底也生产牛奶和奶油，用来制作当地的奶酪，如卡蒙贝尔奶酪（Camembert）和蓬莱韦克奶酪（Pont-l'Évêque）。那里还有很多果园，可以用来制作苹果酒和卡尔瓦多斯（calvados）。诺曼底也以熟食闻名。

葡萄酒几乎是法国的代名词，所有的经典葡萄酒都产自法国，它们来自12个大产区：波尔多、勃艮第、香槟、卢瓦尔河谷、阿尔萨斯、罗讷河谷、汝拉、萨沃伊、普罗旺斯、西南部山地、朗格多克和鲁西永。这些地区出产的红、白、玫瑰葡萄酒从静止到气泡酒，从非常干涩到甜腻的口感都包含在内。在这里，香槟地区是唯一允许生产香槟的地区，但也会生产干邑白兰地和阿马尼亚克酒。

　　法国葡萄酒非常适合搭配各种食物，美酒和佳肴总是相辅相成。某些食物和葡萄酒的搭配是令人难忘的，比如一款好的勃艮第葡萄酒搭配动物肾脏，加了丰富白葡萄酒酱汁的多佛鲽鱼配上优质勃艮第白葡萄酒，或者利口酒舒芙蕾（Soufflé，即蛋奶酥，是一种源自法国的甜品。——译者注）配上滴金庄园贵腐甜白葡萄酒（Chateau d'Yquem）。在甜口的白葡萄酒中（不包括香槟），苏玳的白葡萄酒可能是最有名的。这种酒可以非常尊贵、饱满，或者相对较淡，取决于它们的产地和年份。这些类型的优质葡萄酒适合搭配甜品，比如舒芙蕾和馅饼。苏玳白葡萄酒搭配鹅肝酱和鸡肝酱也很不错。甜味的葡萄酒则搭配牡蛎、冷的和热的贝类、炸鱼、冷肉和鸡蛋菜肴。典型的葡萄酒是来自阿尔萨斯、密斯卡岱（Muscadet）和桑塞尔（Sancerre）的雷司令，另外大多数的葡萄酒来自普伊–富赛（Pouilly-Fuissé）产区和沙布利产区。味道浓郁的干白葡萄酒会搭配鱼肉、家禽和奶油酱小牛肉。勃艮第白葡萄酒搭配鹅肝也很不错。玫瑰葡萄酒可以搭配任何类型的食物，不过通常会搭配冷盘、馅饼、鸡蛋和猪肉。典型的淡红葡萄酒是从梅多克和格拉芙（Graves）产的波尔多葡萄酒，可以搭配烤鸡、火鸡、小牛肉、羊肉、牛肉、火腿、肝脏、鹌鹑、野鸡和鹅肝。这类佐餐酒适合简单的菜肴，例如炖羊肉、炖锅牛排、浓汤、肉饼。醇香的干红，像所有的勃艮第和罗讷葡萄酒那样可以搭配鸭、鹅、动物肾脏、风干野味和红酒腌肉一起食用。这些葡萄酒与风味浓郁的食物总是很相配。香槟可以作为开胃酒或在傍晚时饮用。如果是干香槟酒，也可以在整个用餐过程中饮用；中干香槟酒可用作开胃酒或搭配贝类、鹅肝、坚果和干果；中甜或者甜香槟通常搭配甜点和糕点。

　　法国另一种很出名的食物就是奶酪，当然，法国人在吃奶酪的时候会喝葡萄酒，奶酪和葡萄酒的完美结合有时被戏称为世界上最成功的婚姻。真正的美食家在吃奶酪时会拿出最好的波尔多葡萄酒或者勃艮第葡萄酒作为搭配。通常来说，博若莱淡红葡萄酒的酒香浓郁，带有一些葡萄的香甜，一般推荐搭配布里（Brie）奶酪和卡蒙贝尔（Camembert）奶酪，而蓝纹奶酪如罗克福尔（Roguefort）奶酪和布雷斯（Bresse Bleu）奶酪需要搭配更浓郁的葡萄酒或者波特酒。格鲁耶尔（Gruyére）干酪和琼瑶浆是很好的搭配，后者同样适用于山羊奶酪，勃艮第白葡萄酒也是如此。像利瓦若（Livarot）、芒斯特（münster）和马鲁瓦耶（Maroilles）等红莓奶酪需要与浓郁酒香的红酒搭配，例如圣埃美隆（St-Émilion）或者格拉芙。山羊奶最适合搭配有葡萄味道但没有任何甜味（very dry）的白葡萄酒，或者和奶酪产自同一地区的葡萄酒。像圣宝兰（St Paulin）和多姆（Tomme）这样的中软奶酪需要搭配口味清淡且精致的白葡萄酒，以及带有葡萄口感的玫瑰葡萄酒，例如勃艮第白葡萄酒或者安茹白葡萄酒。鲜奶酪最好搭配上淡白葡萄酒或者玫瑰餐桌酒。像孔泰（Comté）奶酪这种干的硬质奶酪最适合搭配干白或者醇香的干红，加工过的奶酪则需要搭配以上三种类型里所有的清淡干型葡萄酒。

　　法国人不仅喝酒，还经常在烹饪中用到酒。在烹饪中使用葡萄酒时，重要的是食物中残留的葡萄酒芳香，而不是被蒸发掉的酒精。这就是为什么要求葡萄酒和其他用于烹饪的料酒要有较好口味的原因。如果一瓶葡萄酒果味或者酸味太浓，尝起来不尽如人意，

　　　　　　　　　　　　　　　　　　　　　诺贝尔晚宴

那么这种感觉最终会反映在菜肴上。这就是为什么法国人（估计其他地区的人也一样）在烹饪时会用浓烈、没有甜味、不含酸性或果味的白葡萄酒，这时候用白皮诺或霞多丽葡萄酿造的马孔白葡萄酒就是很不错的选择。当使用红酒时，应该是新鲜的、浓郁的、甜的。比如马孔葡萄酒，波尔多圣埃美隆葡萄酒都是不错的选择，因为它们都具备很高的品质。其他像朗姆酒和利口酒这样的烈酒也会用到，例如像君度酒（Cointreau）、柑曼怡（Grand marnier）、库拉索烈酒（Curaçao）这样的橙底酒。马德拉酒和波特酒一般用来给酱汁调味。白兰地是法国烹饪中最不可缺少的烈酒，从甜点到酱汁、从肉汤到火烧（flambé，在食物上浇上白兰地等酒之后点燃上桌。——译者注）食品等各种菜品都有它的身影。

德　国

在德国北部，柏林白啤酒曾经红极一时，它是一种小麦啤酒，经过了乳酸菌的二次发酵，会有一种略酸的口感，人们经常给它加一点"舒斯"（Schuss）——这个词的含义复杂，一般指红的覆盆子糖浆或绿色的甜味车叶草汁。这种啤酒没有添加香料，但酵母与小麦发生反应产生了一种香味，可以让人联想到苹果、李子、香蕉和丁香。小麦啤酒经常保留其酵母沉淀物，看起来有些混沌，也会让其更加美味。标签上的"Hefe"（酵母）字样就指出了这一点。而"Kristall"（克里斯托）这个词则出现在过滤过的啤酒瓶子的标签上。小麦啤酒搭配正餐是一个不错的选择，因为它不是很苦，啤酒酿造者不会像制作大麦麦芽啤酒那样，在啤酒中加入太多的啤酒花。小麦啤酒有甜味、酸味和类似葡萄酒的品质。小麦麦芽比大麦麦芽拥有更多风味。德国生产的酒精饮料不仅仅有啤酒，还有葡萄酒。德国葡萄酒的特点是轻盈、精致、香气浓郁，且酒精含量低。摩泽尔（Mosel）葡萄酒是非常独特的，甚至雷司令在这个国家的葡萄酒品类里也有特殊的地位。德国主要生产白葡萄酒，而且埃斯维（Eiswein，是德国冰葡萄酒的叫法，也叫冰果酒、冰酒。——译者注）是绝对的特色。

从古罗马人到拿破仑，德国的美食一直受到外界的影响，通过对比形成了自己的特色。德国人在烹饪中混合了甜味和酸味、热菜和冷盘（例如，把热的水果酱倒在冷的冰淇淋上），还用鲜亮的颜色给食物上色。许多菜肴将肉和鱼与水果、醋、糖结合在一起。德国保留了古代欧洲人在餐前喝汤的习惯，经常配着主餐一起，还有酸味面包。在德国北部，这些汤很浓，由干豆子或豌豆、肉或香肠制成，里面会有土豆和饺子。猪肉（例如切碎的猪排和加洋葱酱的孜然炸肉排）和野味也很常见。在北部的沿海地区，人们大量捕捞鲱鱼，新鲜的、腌制的或熏制的都很受欢迎。在河流和湖泊中，主要捕获的是梭鱼和梭鲈鱼。德国也因其当地生产的熟食而闻名，这种熟食的形式包含许多不同种类的香肠、肉饼和面团。

印　度

印度幅员辽阔，分为许多邦。南北向上，从印控克什米尔，一直向南延伸到郁郁葱葱的喀拉拉邦（Kerala）。东西向上，从干旱贫瘠的沙漠之邦拉贾斯坦邦（Rajasthan）向东延伸到缅甸边境上的阿萨姆邦（Assam）。在寒冷的北部地区和印度中部，以及东部的恒河平原，大米和小麦是那里的主食。在拉贾斯坦邦和古吉拉特邦（Gujarat）的沙漠中，人们主要种植小米和玉米。大米也是印度东部的主食。在喀拉拉邦沿海地区，鱼和肉是最重要的食物。印度烹饪的核心——香料，在大多数地区都有大规模的种植。小豆蔻、丁香和胡椒主要种植在南部。拉贾斯坦邦、古吉拉特邦以姜黄和红辣椒而闻名。印度境内的克什米尔地区也生产一种用来制造世界上最昂贵香料的花——藏红花。印度菜中最重要的香料是小豆蔻、香菜、肉豆蔻、肉桂、茴香和葫芦巴。新鲜的或干的红辣椒经过切片或者研磨后，与大蒜、洋葱和生姜混合，制成各种香料糊。小扁豆、豆类和印度香米通常混合大量的咖喱一起吃。酸奶在主菜和甜品中都会出现，而且它也是拉西（lassi，一种印度酸奶制品。——译者注）的主要原材料。

从烹饪的角度看，印度的香料包括干燥的种子、浆果、树皮、根、花、椰子和果实。这些可能是干燥的或者新鲜的，选取豆荚或者种子进行烘烤，浸泡在油中，使味道散发出来。有些香料是整株取用，其余的则通常采用根部；有些适合搭配着肉烹饪，因为它们和一些更精致的食材，例如鱼或者蔬菜搭配时，味道过于冲突了。玛萨拉（Masala）这个单词的意思是香料混合物，最著名的是格拉姆玛萨拉，它是一种芳香的混合物，包括藏红花、肉豆蔻和肉豆蔻干皮。这些香料与姜新鲜的根和叶、蒜、姜黄、薄荷、红辣椒混合在一起。另外，人们在烹饪的时候经常会考虑到香料的医疗保健特性，以及对菜肴中所加入的蔬菜或豆类的影响，同时也会考虑香料本身的固有属性。

印度人的厨房非常简洁，有灶（通常是燃煤的），还有一些炊具，例如一个锅状的碗、直边的平底锅和几个煎锅。一般来说，菜单会受到气候、营养均衡和宗教等因素的影响。食物通常很简单：大米和面包是最重要的组成部分。每个地区、家庭和个人都为烹饪蔬菜、肉类和鱼提供了自己的特殊方法，而且每个人都有一套自己的腌菜和酸辣酱食谱。每顿饭都会有米饭或者面包或者两者都有，在较为寒冷的北方乡村地区，面包更为常见，而米饭则更常见于南方地区。食物经常被放在香蕉叶上食用。饭前洗手也是一项很重要的礼仪，因为人们吃饭时通常会蹲坐在厨房的地板上，然后用手直接抓取食物。在一个家庭里，除了准备食物的母亲或者妻子，剩下的一家人会一起用餐。在中产阶级家庭中，通常是女仆准备食物。吃饭的人坐成一排，会有女仆在他们吃饭的时候不停地往盘中添加菜品。所有的食物都会同时被放在香蕉叶上，但是菜肴会按照一定的顺序吃。吃第一口米饭的时候要配上酥油或酸辣酱，或者其他类似的辣酱。达尔（dhal，印度豆子汤。——译者注）是一种扁豆或者其他豆类的菜肴，配上各种各样煮熟的蔬菜，佐以各种香料和配料调味。印度炸圆面包片（Poppadum）和配菜可以随时供应，大米和达尔也一样。用餐的客人总会吃到最好的鱼或者肉。在北方地区，未经发酵的面包是最常见的，会搭配达尔和蔬菜一起吃。一顿饭的最后一道菜通常是加了牛奶的甜品，但在南方地区通常是在米饭中加入凝结的牛奶块，这种做法是为了在吃下一顿辛辣的饭菜之后舒缓肠胃。接下来是非常具有印度特色的做法：在平底锅或者槟榔叶子上涂满香料。这种叶子可以和一枚槟榔、几滴酸橙汁，加入树液做成的一团糊状物一起咀嚼。这样的咀嚼有几个功能：它象征着好客、道德和法律承诺，能够促进消化，并且是一种带着慷慨之心的餐后冥想方式。

在喜马拉雅山脉地区，食物微妙地混合了芳香的草药，具有了浓郁的味道和丰富的营养。最受欢迎的菜肴之一是用酸奶腌制的羔羊肉，加入牛奶和肉豆蔻一起炖煮；丰富的咖喱肉菜也很受欢迎。在恒河沿岸地区，米饭之后是加入香料油煎的蔬菜、达尔，以及无发酵面包、酸奶和甜点；酸辣酱和泡菜很常见。西孟加拉邦（Bengal）是印度唯一一个每道菜都分开上的地区，这个传统是基于古代关于食材如何影响消化的观念。鱼扮演了重要的角色，大米、达尔和酸辣酱也一样。在南方地区，作为主食的大米会以各种形式出现，包括蒸、膨化、做成薄如纸的煎饼，这种米饭可以搭配各种酸辣酱、蔬菜和清淡的汤。在印度中南部的卡纳塔克邦（Karnataka），蔬菜是主要食物，与多塞（dosai，一种印度煎饼。——译者注）、伊德里蒸年糕、蒸米饭一起食用。黄瓜和类似的东西，以及茄子都很受欢迎，经常在主菜之间配上有丰富香料的开胃菜一起上桌。果阿邦（Goa）地区经常会用到醋和山竹，这地方也以火辣的辣椒而闻名。

印度虽然种植大量的葡萄，但是葡萄酒却很少，只有一小部分葡萄用于酿酒。印度最有名也最受欢迎的葡萄酒是奥马尔海亚姆（Omar Khayyam），是一种在瓶中发酵的起泡酒。

爱尔兰

爱尔兰烘焙囊括了面包（包括烤饼）和蛋糕。无论是面包、小圆包还是蛋糕，都会搭配黄油、果酱和鲜奶油。爱尔兰烹饪的特点在于它的简单性。家常菜以农业出产的最佳农产品为基础，例如卷心菜、土豆、韭菜、胡萝卜和洋葱制成的营养汤，里面还放有羊肉或者培根。在许多爱尔兰家庭，土豆是烹饪的基础，人们常把它们和其他最受欢迎的食材结合起来，例如白色卷心菜、韭菜和黄油。其中一个例子就是爱尔兰的土豆泡芙，是把老土豆做成泥，和切达（Cheddar）奶酪、黄洋葱、各种香料、鸡蛋混合在一起，然后捏成球状放到热油中炸成棕色。另外一道很受欢迎的蔬菜类菜肴是奶油酱韭菜。韭菜被切成四段，绑在一起，放入水中氽一下，放上柠檬皮和月桂叶调味，然后把韭菜从锅中取出，把水沥干，放入盘中浇上奶油酱，再撒上金褐色的面包屑。爱尔兰一道传统的蔬菜类菜肴叫作科尔坎农（colcannon），主要的食材是煮熟的土豆，先把熟土豆用叉子捣碎成土豆泥，切碎的白色卷心菜稍煮一下，和小洋葱一起在油中烹炸一分钟后加入土豆泥中。最后在菜肴上面撒一些切碎的欧芹。

至于鱼和贝类，爱尔兰有一道著名的海鲜菜肴，里面有都柏林对虾；另外一道真正经典的爱尔兰菜肴是裹满面包焦层的白鲑鱼片，烤鱼和烘焙鱼也都很受欢迎。我们再来看看肉食，爱尔兰家禽、牛肉和羊肉都有很好的品质，不管是在乡村还是城镇，都会运用各种充满想象力的方式来烹饪它们。一道著名的晚餐是爱尔兰炖肉，用整只小羊羔或者羊排加入土豆、韭菜、培根和胡萝卜一起烹饪。另一种炖肉使用的是牛肉，再加入吉尼斯（Guinness）黑啤酒。有一道很受欢迎的菜肴是用肉汤烹煮一种加了大蒜的羊肉卷，汤中放入柠檬、月桂叶、洋葱和胡萝卜，搭配上水瓜柳（caper）酱。烟熏猪肉配威士忌酱，兔子配芥末酱，鸡肉派和烤鸡也是一些受欢迎的菜肴。

经典的爱尔兰甜品会装饰上好吃的东西，例如奶油、水果、葡萄干和威士忌，也经常会加一些芳香的利口酒和吉尼斯黑啤酒进去。一个很好的例子是爱尔兰混合酒奶油（Irish Mist Cream，通常会在食用的前一天做好）。这道甜品里含有牛奶、蓖麻糖、蛋黄和明胶，把它们放在水中进行搅拌，然后将爱尔兰混合酒（Irish Mist）倒入混合物中，加入打发的蛋清和搅打过的奶油。最后在上面倒入更多搅打过的奶油和碎坚果或者巧克力。味道更重的甜品有吉尼斯黑啤布丁配威士忌酱，搭配苹果土豆派。

爱尔兰最著名的吉尼斯黑啤酒于1975年首次酿造。它由水、麦芽、啤酒花和酵母酿造而成。爱尔兰混合酒是一种以威士忌为基酒的利口酒，可以追溯到1300年前，它的酒精含量约为36%。爱尔兰威士忌是用大麦芽酿制的，要在桶中成熟七年才供饮用。

以色列

《摩西五经》(*The Books of Moses*)描述了以色列人在长达40年的沙漠之旅中，有多么怀念埃及的美味佳肴，比如西葫芦、西瓜、洋葱和大蒜。从那个时候开始，以色列就有小扁豆和豆类菜肴了。以色列是一个融合了许多民族的国家，这意味着它的烹饪受到了世界上许多地区，还有该国的三个宗教的影响：犹太教、基督教和伊斯兰教。也许最著名的一顿饭就是在这里发生的：在耶稣被出卖逮捕并被钉上十字架之前，和他的门徒一起吃的最后的晚餐。虽然这顿饭广为人知，也经常被艺术作品描绘，但没有人知道这顿饭具体的菜肴是什么。然而，我们没有理由相信这顿晚餐和当时其他的犹太食物有什么不同，无论是在菜肴上，还是在后厨服务上。当耶稣和他的门徒坐下吃饭的时候，桌子上也许已经摆放好了所有的盘子和酒杯，客人们带着自己的刀具切肉，但他们也可能会用手指抓取食物。那样的话，手指就变得黏糊糊的，因此很可能有仆人拿着一碗水站在旁边，以便客人在用餐时洗手。这顿饭大概会从简单的蔬菜汤开始（传统上直到今天也是如此），接下来的菜肴完全取决于主人的经济状况，因为耶稣和他的门徒都是尊贵的客人，所以就这顿晚餐主人也许为他们准备了最好的食物——烤羊羔肉。传统上来说，餐后不提供甜品，但在节日晚宴的最后，客人们会吃放在桌子上起装饰作用的水果和坚果。除了上面提到的菜肴，桌子上可能还有没发酵的面包、酒、盐、水和一碗苦草药，例如迷迭香、香菜和百里香。

犹太教对什么食物可以混合、什么食物不能混合有严格的规定，然而，基督教对于什么能吃，或者什么食物能混在一起吃没有相关的限制。以色列的基督教徒遵循每年宗教节日传统的程度要比北欧人严格得多；和犹太教一样，伊斯兰教教规也禁止人们吃猪肉，而且不允许以任何形式饮酒。这项禁令甚至会用在信奉其他宗教的客人身上。《古兰经》还禁止人们食用自死物，以及"诵非安拉之名而宰的动物"、还有被勒死（窒息而死）的、被（猛力）捶死的、由高处落下跌死的、被（用角）抵死的及野兽吃剩的动物，换句话说，就是没有在正确的时间被宰杀的所有动物。

纵观历史，这个国家经历了大量的移民，导致人口组成非常复杂。它的美食也受到了许多国家的影响，包括中东国家。比如，受到叙利亚的影响，菜肴中出现了橄榄、凤尾鱼和大蒜汤等菜式。伊朗颇具特色的多尔马也在这个国家被人们广泛食用（dolmas，类似中国的粽子，是用葡萄叶包米饭和菜等制作而成的。——译者注），从伊朗传过来的还有鸡肉配鹰嘴豆、海枣和橘子沙拉，以及辛辣的鱼汤。豆饼和山核桃汤等菜肴也是受到了埃及的影响。马格里布（Maghreb）地区的菜肴包括蜂蜜奶油和鱼配意大利瓜酱（源自突尼斯），五香茄子、烤鸭和香辣桃子（源自阿尔及利亚），以及香辣香肠和腌制鹰嘴豆（源自利比亚），还有油炸橄榄配蘑菇和鸡肉配杏仁（源自摩洛哥）。来自地中海国家的土耳其人在很多菜肴上留下了印记，例如鸡蛋酸奶、烧酒蛋糕和坚果米饭，另外希腊人也贡献了芦笋鸡蛋和酸橙酱、豆子汤、坚果蜂蜜蛋糕。从一些菜肴中也可以看到中欧和东欧的影子，例如冷芦笋配核桃、葡萄酒酱舌和黄瓜沙拉（源自匈牙利），鸭子配小萝卜、土豆煎饼和米布丁配水果（源自波兰），腌蘑菇、菠菜汤和鱼搭配芥末酱（源自罗马尼亚），最后，还有卷心菜汤和奶酪棒（源自俄罗斯）。除了这些影响，以色列的烹饪也受到贝都因（Bedouin）人的影响，比如放在葡萄叶上食用的羊羔肉和炖羊肉，另外还有埃塞俄比亚的影响，包括五香鸡翅、羊肉汤、花生四季豆、鸡肉配核桃酱、杏脯火鸡和李子酱红豆。舶来的食物中还包括来自美国佐治亚州的奶酪面包，以及来自也门的羊肉丸、没有发酵的面包和辣酱烤肉，等等。

以色列也和埃及一样食用梅泽（meze，地中海及巴尔干地区配合开胃酒或其他饮料食用的前菜，即开胃菜。——译者注）。这些开胃菜包括：甜瓜火鸡沙拉、焦糖沙拉（一种用煮鸡蛋、牛油果和生菜做成的沙拉）、白卷心菜沙拉和填满辛辣馅料的牛油果。用煮过或炸过的蔬菜做成的梅泽包括腌茄子、洋葱多尔马、沙拉三明治（用的鹰嘴豆）、耶路撒冷洋蓟（一种带刺的植物，呈灰绿色）、甜菜根沙拉、胡萝卜沙拉和炸茄子片。其他作为梅泽的奶油沙拉是茄子牛油果沙拉，以及沙丁鱼沙拉和素食馅饼。派和奶油烤面包也很受欢迎，例如茄子奶酪派还有炸面包裹骨髓。

汤是一道很受欢迎的菜，就像在埃及一样，食用时最好配上美味的全麦面包。常吃的有蔬菜汤、汤饺、芹菜汤、冷牛油果汤和冷番茄汤，还有一种汤叫加斯帕朔（gaspacho），可能来自西班牙，但不同于西班牙冷菜汤，在以色列的版本中，汤的主要成分是西红柿。在酱汁、蘸酱和香料混合物的类别中，牛油果酱汁可以搭配沙拉、酸奶、芝麻酱和牛油果蘸酱。

鱼通常是节假日吃的食物，例如水煮鱼饼。鱼类菜肴的烹饪方法因人而异。但是像炸金枪鱼饼这种菜肴也可以平时作为午餐或者晚餐食用。另外一些流行的鱼类菜肴有炸鱼配小洋葱、咸黄油烤鱼和腌鲱鱼等。和埃及一样，羊肉和羊羔肉在以色列也很常见。主要是因为犹太教和伊斯兰教教规都不允许信众吃猪肉。除了葡萄叶多尔马，还有用剁碎的羊肉或者羊羔肉填充的卷心菜多尔马，这种碎羊肉还和碎牛肉混合，做成五香烘肉卷，并加入了肉桂、丁香和多香果。肉类也会以炖品的形式端上餐桌，尤其是在犹太人的安息日。另外，烤火鸡胸很受欢迎，鸡肉常常与橙子一起烤着吃。鸡肝可以做成肉饼或者切成块之后炸着吃。

糖果和蛋糕通常是用芝麻做成的，应该是甜味的。但芝麻并不是唯一的配料。以色列传统的节假日蛋糕是蜂蜜蛋糕，而芝士蛋糕是这个国家最受欢迎的蛋糕之一。另外的用于烘焙蛋糕的原料是新鲜和晾干的海枣。橙子制作的糖果也非常受欢迎。

由于以色列有很多移民和不同的宗教信仰，在各种各样的节日里会供应各色菜肴，这些节日包括通常举行大型聚会的传统犹太新年，新年的食物包括豆子汤、小牛胸肉，以及填满葡萄干和坚果的烤苹果。在基督教的圣诞节庆祝活动中，餐食可能包括洋蓟派、菠菜汤配酸奶油、香草鳟鱼，还有鸡肉配蘑菇及奶油苹果。在复活节，蔬菜汤、无酵粉面包和烤羊肉是不错的选择。一般来说，当地的穆斯林用祈祷和一顿大餐来庆祝新年，菜品包括五香橄榄、茄子、扁豆汤、鸡肉、胡椒沙拉和由石榴、无花果做成的甜品。

以色列还生产大量的葡萄酒，有些葡萄酒让人辣眼睛和烧喉咙，发展到现在，已经能在世界葡萄酒版图占有一席之地。目前，已经有一些红葡萄酒和白葡萄酒可以与来自美国加利福尼亚和澳大利亚的葡萄酒竞争。在以色列，每人每年的葡萄酒消费量为6—6.5升。

意大利

世界上最早印刷出来的烹饪书来自意大利，这本书的作者名叫普拉提那（Platina），书名是《论正确的快乐与良好的健康》（*De*

Honesta Voluptate et Valetudine）。这个书名译成英语后的意思是"关于快乐和健康"。普拉提那是梵蒂冈的一名图书管理员，他的这本书第一版于1470年出版，第二版发行于1472年，第三版则在1480年。而这个国家的美食深受古罗马、古希腊和阿拉伯文化的影响。由于有丰富的蔬菜和水果供应，意大利的食物无疑比欧洲大陆其他任何地方都更加多样。在16世纪，佛罗伦萨周围的地区被认为是欧洲的烹饪中心。当凯瑟琳·德·梅第奇（Catherine de'Medici，法国王后，后来成为王太后。——译者注）从意大利来到法国嫁给当时的法国储君，也带去了她自己的厨师，教法国人如何烹饪食物。

直到1861年，意大利还是一个由一些独立的国家组成的联合体，这些国家有自己的法律、习俗和传统，而且在烹饪上及其他地方都留下了痕迹，并延续至今。意大利北部和南部的差异尤为明显，例如在该国北部，意面是扁平的，由新鲜鸡蛋做成，烹饪中经常使用的是黄油。而在该国南部，圆形的面食占主导地位，黄油被橄榄油取代，而且烹饪的味道要比北方更浓也更明显。该国北部著名的意大利面食是拉维奥利（ravioli，意大利小方饺子。——译者注）和米奈斯特罗纳（minestrone，用蔬菜、大麦、通心粉等煮成的蔬菜通心粉汤。——译者注）。在威尼斯附近的大米生产区，种植了阿尔博里奥大米（arborio rice，意大利出产的一种大米。——译者注），这是一种很容易吸收液体的特殊品种，而这种米正是里曳托（risotto，用蔬菜和肉类烹制的意大利烩饭。——译者注）选用的米。意大利北部的帕尔玛（Parma）盛产帕尔玛火腿和帕尔玛干酪。帕尔玛干酪成熟后放置两年味道最佳。在大多数地区，鱼是菜肴的主要特色。威尼斯以章鱼、虾、贻贝，以及红色和灰色的鲻鱼而闻名。在北部，来自伦巴第湖的丰富鱼类很受人们欢迎——主要是鳗鱼。在西西里岛和意大利南部海岸附近，金枪鱼、

Dîner du 11 décembre 1912.

Consommé portugaise

Vol-au-vents mignons forestière

Zéphirs de turbotin amiral

Carré de veau Grandseigneur

Barquettes de faisan Buloz

Gélinottes rôties, salade cœurs de céleri

Tomates Argenteuil

Parfait de glace nationale

Friandises

Dessert.

Déjeuner
Ägelpuré i koppar
Anjovisströmming, potatis
Fårfileter, grönsaker
Kompott, sockerbröd

1912 年宫廷晚宴的手写菜单

已烹饪好并装盘的龙虾

沙丁鱼、剑鱼和贝类是主要捕获对象。在南方，食物的特色香味来自当地大量种植的西红柿、大蒜、香草和凤尾鱼。那不勒斯（Naples）被认为是南部烹饪的中心，号称比萨和冰淇淋的故乡。意大利是世界上主要的葡萄酒生产国之一，几乎每个地区的葡萄酒出口量都很大。

意大利烹饪中最重要的成分（忽略了各个地方的差异）有阿玛雷蒂（amaretti）、面包屑和肉汤。阿玛雷蒂是一种硬硬的、脆脆的饼干，它的原料是杏仁、糖、蛋清和碾碎的杏仁渣——这会让饼干略带一些苦味（所以它也可以译成"意大利苦杏仁味脆饼"。——译者注）。它们可以直接吃，也可以磨碎后做成甜品。面包屑是将白面包在烤箱里烤过后制成的。肉汤是由小牛肉、牛肉和鸡肉煮制而成，可以用在各种菜肴中。

当意大利人使用巧克力作为烹饪配料时，他们会选择高质量的，可可也是如此。小牛肉在意大利很受欢迎，这里说的牛一般分为两种，一种是从小用牛奶喂养的牛，另一种是用草喂养长大的牛。用牛奶喂养的牛，其肉呈淡粉色，鲜嫩，脂肪呈乳白色。使用刺山柑时，要选取大而光滑的品种，而不是泡在醋里的小刺山柑。香肠有很多品种，最受欢迎的有萨拉米（Salami）、拉冈奈冈（Luganega，一种细长的、新鲜的香肠）、摩泰台拉（Mortadella）和赞博（Zampone，一种压缩香肠）。不管是绿橄榄还是黑橄榄，都在本地种植，都会用于烹饪。在西西里岛，人们种植的橄榄大小不一，呈椭圆形，被用石头和盐水按压浸泡，加入牛至、辣椒、茴香和大蒜调味，橄榄油是唯一用于烹饪的油。

所有的烹饪都会用到奶酪，把它磨碎后撒在意大利面或汤上，或者和意面、肉还有蔬菜混合在一起，再配上水果和葡萄酒。芳缇娜瓦尔多斯塔（Fontina Valdostan）是意大利北部一种很有特色的奶酪，吃起来有松露的味道，外表呈棕黄色，有些小洞，当它成熟四个月后口感最佳。最好的马苏里拉（Mozzarella）奶酪是用水牛的奶制成的，而真正的帕尔玛干酪被称为帕尔玛吉亚诺-雷焦亚诺（Parmigiano-Reggiano），产自帕尔玛、雷焦、摩德纳、曼图亚和博洛尼亚地区。它是一种微微潮湿的，里面带有一些小颗粒且咸咸的黄色奶酪，根据传统流程手工制作。佩科里诺罗马诺（Pecorino Romano）奶酪是一种由羊奶制成的硬奶酪，具有独特的风味，它有几种风味类型：味道较淡的、较浓的，软的和硬的。里科塔（Ricotta）奶酪是一种松软的乳清奶酪，味道较淡没有加盐，经常被用作意面的馅料，也可以直接作为一种甜品，撒上糖、磨碎的咖啡粉、肉桂和碎巧克力，或者加一点桑布加酒（Sambuca）食用。意面一般是用鸡蛋和细磨的硬质小麦做成的，有多种形式。

欧芹的使用也十分普遍，平叶欧芹比卷叶欧芹更受欢迎，因为它的味道更浓。其他常见的香料和配料有：红辣椒，蒜（新鲜的），罗勒（不可或缺），月桂叶，马郁兰，牛至，迷迭香，鼠尾草，藏红花，醋（用葡萄酒制成），西红柿，番茄泥和松仁。意大利培根不是熏制的，而是用盐和香料处理了一下，它味道温和，不像普通培根那样油腻。松露也很受欢迎，最受追捧的是白色的松露，一般在每年10月上市，非常昂贵且罕见。

以下是一些常见的应季菜肴：

春 季

家庭晚餐：意面舒芙蕾，含小牛排的肉汤，芦笋配香草酱，巧克力馅饼。

复活节晚餐：萨拉米配煮熟的鸡蛋、豆子和山羊奶酪，复活节比萨（Easter pizza）加火腿和熟奶酪，莳萝脱骨羊羔肉加鸡蛋柠檬酱，迷迭香土豆，雏菊沙拉配芥末卷心菜加凤尾鱼酱，柠檬雪葩。

日常晚餐：米饭沙拉配熏鲑鱼，烤小牛肉配松露酱，火腿豌豆，香草冰淇淋配橙汁。

夏 季

晚餐冷盘：祖母的酿青椒，米兰炸猪排（冷），甜菜根和洋葱沙拉，萨芭雍（Zabaglione，一种意式甜品。——译者注）。

午餐：蘑菇，帕尔玛奶酪配芹菜沙拉，香辣鸡胸肉配脆面包片，煎西红柿配迷迭香，意式马卡龙布丁。

夏季冷盘：章鱼沙拉，番茄填米饭，火腿配金枪鱼酱，油炸辣椒，卤牛肉，腌意大利青瓜，混合意大利沙拉，条纹水果雪葩，杏仁蛋糕。

秋 季

工作日晚餐：带月桂叶的意大利细面，煎小牛肉片配柠檬，菠菜配葡萄干和松仁。

秋季自助餐：野鸡派，猪腰配蓝莓酱，炖洋蓟，小洋葱配朗姆酒。

秋季晚餐：米兰烩饭，填满洋蓟的小牛肉卷，炖小茴香，水果蛋糕。

冬 季

非正式的冬季晚餐：意面和豆子汤，茴香和小洋葱炖火腿，柠檬派。

圣诞晚餐：意大利小方饺配菠菜，里科塔奶酪，黄油和鼠尾草，火鸡和热水果，蔬菜沙拉，冰淇淋和蜜饯栗子——一款圣诞甜品。

乡村午餐：烤面包丁，野猪肉配酸甜酱，芹菜和茴香沙拉，蜂蜜焦糖核桃和月桂叶。

意大利每年生产大约17亿加仑（约合7700万升）的葡萄酒。凭借这一销量，它在葡萄酒生产联盟处于领先地位，击败了法国、俄罗斯和西班牙等国。事实上，意大利占全球葡萄酒产量的四分之一。平均而言，意大利每人每年要喝掉82升葡萄酒。普林尼（Plinius，古罗马时期的一位作家）描述过91种葡萄；如今，意大利生产200余种不同的葡萄酒。由于土壤和气候的多样性，意大利适合多种葡萄生长，每一种葡萄都能适应它所生长的地区。某些品种在同一个地区已经种植了几千年，比如蓝布鲁斯科（Lambrusco）葡萄，自埃特鲁斯坎人（Etruscans）和古希腊人生活的时代起，人们就在意大利南部地区种植它用于酿酒了。

来自托斯卡纳地区的葡萄酒（基安蒂酒）由桑娇维塞（Sangiove）、卡内奥罗（Canaiolo）、特雷比奥罗（Trebbiano）、莫瓦西亚（Malvasia）和科罗里诺（Colorino）葡萄酿造。在皮埃蒙特地区，弗雷伊萨（Freisa）葡萄是最常见的品种，它多生长在高海拔、干燥的土壤。由多姿桃（Dolcetto）葡萄酿成的葡萄酒是一种带果味的甜葡萄酒，这些葡萄比内比奥罗（Nebbiolo）葡萄早四个星期采摘。这些葡萄酒不适宜久放，更适合在年份少的时候饮用，就像巴贝拉（Barbera）这样的餐桌酒。内比奥罗葡萄酿的酒一般是用来庆祝节日时饮用的。在伦巴第地区，特别是瓦尔泰利纳（Valtelina），到处种植的都是内比奥罗葡萄，在那里这种葡萄被叫作查万纳斯卡（Chiavennasca）。卢戛纳（Lugana）葡萄酒是用特雷比奥罗葡萄和维奈西卡（Vernaccia）葡萄酿造出来的。这里还出产雷司令、黑皮诺、博纳尔达（Bonarda）和巴贝拉等葡萄酿制的葡萄酒。维尼塔（Veneta）地区的葡萄酒包括六种类型的葡萄：罗蒂内拉（Rondinella）、莫利纳拉（Molinara）、罗西诺拉（Rossignola）、奈格拉拉（Negrara）、科维诺尼（Corvinon）和裴拉让（Pelara）。朱利亚（Giulia）、威尼斯（Venezia）和弗留利（Friuli）地区以其由赤霞珠、墨尔乐（Merlot）和莱弗斯科（Refosco）葡萄酿制的红葡萄酒而闻名。最后要介绍的一种葡萄是在法国发现的一种本地的变种，名为蒙杜德萨瓦（Mondeuse de Savoie）。白葡萄酒是由拉米纳（Raminer）、雷司令、赤霞珠、霞多丽、灰皮诺（Pinot Gris）和黑皮诺等葡萄酿制而成的。产自艾米利亚·罗马涅的白葡萄酒，使用的是具有特色的长相思（Sauvignon Blanc）、灰皮诺和黑皮诺、托卡伊（Tokay）和雷司令葡萄。而红葡萄酒则是由墨尔乐、赤霞珠和黑皮诺葡萄酿造的。翁布里亚（Umbria）地区出产由维蒂奇诺（Verdicchio）葡萄酿造的葡萄酒，这种葡萄自14世纪以来就一直生长在该地区，这是一种气泡型葡萄酒。在阿布鲁奇（Ambruzzi）地区，白葡萄酒主要是由阿布鲁佐（Abruzzo）产区的特雷比奥罗（Trebbiano d'Abruzzo）白葡萄酿制的，而红葡萄酒则是由阿布鲁佐产区的蒙特布查诺（Montepulciano d'Abruzzo）葡萄酿制的。这个地区出产的玫瑰葡萄酒是由阿布鲁佐产区的瑟拉索罗（Cerasuolo d'Abruzzo）葡萄酿制的。上面提到的这些葡萄品种只是意大利丰富的葡萄栽培品种的一小部分。

日　本

一顿标准的日本餐可以分为三个部分：开始、中间和结束。开始时有开胃菜、清汤和生鱼，中间部分通常是用烤、蒸、煮、油炸或腌制（醋沙拉）等方式烹饪的鱼、贝类、肉、家禽和蔬菜，结束部分包含米饭、酱汤、酱菜、绿茶和水果。为了确保每餐的中间部分是多样化的，每种烹饪方法只使用一次是非常重要的。例如，如果鱼是用煎炸的方式，那么肉就会用煮来烹饪，蔬菜则用蒸的方式。中间部分的那些不同菜肴，也可用将蔬菜、鱼、肉、豆沙、面条混合在一起的日式火锅（nabe）代替。菜肴的选择取决于供应情况、季节，以及准备一顿饭的时间。日本人对食物的分类不是根据原材料的使用情况，而是根据制作方法，因此可分为烤、蒸、煮、油炸和醋腌等。在日本的家庭和餐馆里，所有的菜都是同时摆上桌的。然而，在正式的晚宴上，会先上开胃菜，然后上根据烹饪方式确定的主菜盘。食物的选择和服务本身就是一门艺术，会真正考验厨师的创造力和艺术天赋。至于瓷器餐具的选择，季节和菜肴是决定因素。一般来说，如果食物是圆形的，例如，肉丸、莲藕片，则是放在方形或者长方形的盘子里，而"方形"的食物通常被放在圆形的盘子里，形成视觉反差。另外日本还有很多六角形、半圆形、扇形、叶形和贝壳形的菜肴和盘子。在大多数情况下，辅料也可以食用。

日本料理中最重要的调味品是干鲣鱼、干水藻和昆布，这些都是在清鱼汤（肉汤）中必须使用的。含有豆瓣酱、海藻或者紫菜的美味酱汤是一种可以快速准备好的汤。姜、清酒和黄豆是常见的香料，甜米酒和米醋混合在一起可搭配寿司食用，芝麻酱经常被作为蘸料使用。

每道菜都有属于自己的独特季节，所以抓住食材的供应季节十分重要。在日本，最重要的季节性美食是御节料理（osechi ryori），一般在新年的第一周供应。在有好几层的漆盒里，几十种不同的菜肴漂亮地摆放着，这种漆盒在新年的头几天里会被反复使用。不同地区和不同家庭的传统各不相同，但应该有用好运竹、李子和松仁摆出的图案装饰的鱼香肠，用南瓜干弯成弓形的海藻卷，栗子红薯泥，鲱鱼子，磨碎的胡萝卜，甜味白醋酱和腌渍莲藕。经过烹炸的香菇、黑萝卜、莲藕、胡萝卜和牛蒡根作为蔬菜，和鱼汤、肉汤一起热气腾腾地端上餐桌，配上浓香的鸡蛋奶油。这些菜肴的标配主食是年糕，要么是烤的，要么是在汤里煮的，还有一种特别黏的米饭，经过烹煮后趁热把它揉成圆形，然后放进一个木臼里捣碎。

　　春季是人们观赏樱花的好时节，为了庆祝樱花节，餐馆会供应一种清澈的、口味略咸的樱桃茶，并在上面装饰漂亮的花朵，让它们漂浮在水面上。其他的春季美食有竹笋和油菜花。烤鳗鱼是夏季的美食，鳗鱼被认为能抵抗炎热潮湿的天气，同时，这个季节也是吃章鱼、鲍鱼、新鲜水果和蔬菜的好时候。另外，用沸水煮熟带壳的毛豆，上面撒上盐，和冰镇啤酒是绝配。每年夏季，蘸着酱油吃的凉面也很受欢迎。在秋季，常见的景象是很多柿子被挂起来晾干。烤栗子、荞麦面和蘑菇也是在这个时候享用的，松茸也是如此。松茸以其独特的香味而闻名，常常用在汤和米饭里。深秋的时候，为迎接即将到来的冬天，一年的收成都会被保留下来，最常用的方法是用酱、盐、醋、稻壳作为防腐材料。在冬季，人们喜欢吃生河豚条，但必须是由有执照的厨师准备的，烹饪不当河豚可能会致命。每年这个时候人们也会用柑橘炖菜。日本的茶道仪式体现了日本文化的美学、纪律性和神秘性。日本茶道（cha-no-yu）兴起于15世纪，以其原始的形式，在展示和欣赏进口的中国器皿方面发挥了重要的作用。茶道催生了两种最有趣的日本美食：一种是茶怀石（Chakaiseki），作为喝茶的小食供应；另外一种是和果子，这是一种传统的甜点，从16世纪之后就在茶会中扮演着重要的角色。

从北海道北部的严寒到冲绳（Okinawa）南部亚热带岛屿的炎热，日本气候多样。这意味着地方菜系已经在这个国家发展起来了。在不可能种植水稻的北海道，人们会常吃一些土豆、玉米、乳制品、烤肉和鲑鱼。他们将中式面条搭配上黄油一起食用。基于螃蟹、扇贝和鲑鱼等丰富海产品的炖菜，是这个地区的另一种特色菜。住在关东（东京和横滨）和住在关西（大阪、京都）的人在口味上的差异是很好区分的。关西地区的味噌几乎都是白色的，而关东地区的则是黑色或者红色的。日本的东部和西部在寿司、糖果和酱料上也存在差异。京都地区因保留了古代宫廷的高级菜肴而闻名，风味温和且精致。名古屋（Nagoya，位于东京和京都之间）以它扁平状的面条和甜米果冻著称。来自四国岛（Shikoku）的新鲜沙丁鱼和柑橘得到了前往那里参拜佛教寺庙的民众的极大赞赏。九州岛（Kyushu）的茶叶、水果、鱼和贝类都十分有名，但同样也因受到了中国和西方的影响而闻名。在冲绳，猪肉菜很受欢迎，还有用生蔗糖、菠萝和木瓜制成的甜点和糖果。冲绳很多当地的烈性酒、泡盛酒（Awamori）是用红薯制成的。泡盛酒是冲绳所独有的，经过蒸馏而非酿造制成。这里有一种很受欢迎的酒，日文发音为"哈布"（habu），酒瓶底部蜷着一条致命的毒蛇。

在讨论日本料理时，难免会提到已经成为日本烹饪同义词的食物——寿司。几百年前，日本人第一次吃寿司是为了保存鱼类。清洗过的生鱼用一块重石头压在盐和米饭之间，几周后，将石头移走，替换成一个较轻的盖子。再过几个月，发酵的米饭和鱼就可以食用了。这种类型的寿司仍然可以在东京的一些餐厅吃到。它是用淡水鲤鱼做的，味道很浓，盖过了鱼的原始味道。在18世纪，人们开始制作没有上述发酵流程的寿司，并以如今的样式供应。时至今日，寿司变得越来越受欢迎，甚至发展出了两种类型：以关西地区

日本传统食物——和果子

的大阪为代表的关西寿司，还有以东京为代表的江户前寿司（东京在古代日本被称为江户）。最初是大阪的鱼贩们发明了寿司，这种寿司由醋饭和其他食材混合而成，后来制成了装饰性的可食用小包装。江户前寿司由精选的鱼或贝类组成，配上醋饭。正是这种分类，我们首先会将其与寿司传统的高雅艺术联系起来。

吃寿司一般有三种配饮：绿茶、米酒和啤酒。绿茶最初被认为是一种药物，由于日本食物很咸，而且水不够干净，所以人们一有机会就会在吃饭的时候喝大量的茶。同时茶又能提神，也可以和米酒一起饮用。传统上，日本人只喝绿茶，他们认为红茶很奇怪，虽然两种茶叶都是从同一棵茶树上采摘的。制作绿茶时，新鲜的叶子经过杀青去破坏茶叶中的酶，否则它们会发酵，让叶子变成黑色，就像中国、印度和英国产的那种普通的茶叶。12世纪时，禅宗僧侣用磨茶使他们在通宵达旦坐禅时保持清醒。饮茶在佛教的影响下，达到了全盛时期，发展出了饮茶的礼仪和仪式——茶道。日本有许多不同品质的茶叶，它们的分类取决于种植和收获的方式。最昂贵和最好的茶来自那些在树荫下生长的古老灌木的新鲜嫩芽。泡茶的方式取决于茶叶的质量：简单、粗糙的类型需要更热的水。高品质的茶（煎茶）经常会搭配上寿司，因为它的味道非常适合生鱼片。日本茶总是热气腾腾，不加糖也不加奶。你在喝茶的时候，应该发出啧啧的声音，这样你吸入的空气会使茶变凉。清酒是一种芳香的浅黄色米酒，味甜，有类似雪利酒的味道。冬天喝热的，夏天喝冰的。这种酒的酒精含量约为17%。另外，把它叫作果酒其实是不对的，因为它是由谷物而不是水果制成的，发酵过程与酿造啤酒的过程类似。清酒可以搭配各种日本食物，适合各种场合。它被装在小瓷瓶中，然后倒入小巧精致的杯子里。主人会先给客人倒第一杯酒，然后客人再给主人倒一杯。这是友谊的象征，要确保每个人的杯子都是满的。当你的杯子被倒满时，你应该举起酒杯然后感谢对方友好的款待。拒绝喝更多的清酒是不礼貌的，不管你是不是喝醉了，如果你觉得有必要说不，就应该把酒杯倒过来扣在桌子上，否则主人会不顾你的抗议继续给你倒酒，因为他会认为你只是矜持。当夏季喝冰镇清酒时，一般会放在一种用雪松木制成的方盒中，那是一种旧时量米的用具。在小方盒的一角撒一点儿盐，然后一饮而尽。在寿司店，常客们都有自己的雪松木盒子，他们可以根据上面的牙印认出哪个是自己的。想酿好清酒，就必须用新的高质量大米和纯净的山间溪流酿造。在蒸好的米饭中放入一种特殊的酵母，进行发酵，这个过程需要六到八周，之后就可以喝了。因此，没有所谓成熟过程或者年份清酒。清酒可以分为两种，一种是甜的，一种是无甜味（干型）的。甜的是天然的，而干型则是人工生产的。清酒有三种品级：特级清酒是最好的一种清酒，只在特殊场合饮用；一等清酒，它也很优秀但实际上属于二等；接下来就是最流行并且很便宜的三等清酒。其实这三类清酒的质量都很好，甚至第三等也很好。清酒的好处在于它不会使味蕾失去活力；相反，它会增进口感，但确实也会让人喝醉。

啤酒在日本以多种形式存在，每一种都非常出色。麒麟酒（Kirin）有浓烈的坚果味，而朝日啤酒（Asahi）让人联想到美国啤酒，是口感最甜的一种。札幌啤酒（Sapporo）是一种更加清淡和更苦的啤酒，让人想起欧洲啤酒，这种啤酒有提神的作用。

日本的餐桌礼仪非常烦琐，也不指望任何一个西方人能弄懂这些餐桌礼仪，因此日本人几乎会容忍任何就餐时不合礼仪的行为。下面是这一系列复杂餐桌礼仪的一些细节：不要把吃剩一半的食物再放回盘中（也就是说，一个人应该吃完整块食物）。你可以在餐桌上剔牙，日本人自己就是这么做的，但他们会把手放在嘴边挡住嘴巴，就像一把扇子。记得不要用筷子帮人夹菜——这容易让人想起日本的丧葬仪式，死者的骨灰会在葬礼上传给家人。当你从盘中夹取食物时，要用筷子的另一端，而不是放在嘴里的那一端。另外，自己的盘子中最好不要剩下任何食物。日本是一个资源有限的国家，浪费食物被认为是一个严重的问题，日本人认为剩饭剩菜是无礼的举动。例如，在日本古代贵族们会用随身带的纸巾铺在桌上，然后把剩菜用纸巾卷起来塞在和服的袖子里带回家去。

墨西哥

今天墨西哥的菜肴可以追溯到几个世纪以前，它吸收了很多不同的风味，形成了一种独特而容易识别的风格。它发源于古代阿兹特克人和玛雅人的饮食，原材料包括玉米、牛油果、新鲜的或陈年的豆子、红薯、土豆、西红柿、辣椒、南瓜、火鸡、鸭子、巧克力和多个种类的鱼。西班牙殖民者成功地把牛引入了当地人的生活，同时将牛奶、奶酪、肉类、大米、小麦、肉桂、丁香、黑胡椒、橙子、桃子和杏这些食物带到了墨西哥。这些舶来的食品很快便被当地居民接受，但并没有因此改变他们的烹饪传统；相反，他们使用新的食材来改进和发展自己的烹饪。在19世纪，墨西哥人的饮食受到了法国人的影响，甜品、蛋糕和布丁变得非常受欢迎。

墨西哥菜的特点在于烹饪过程中散发出诱人的香味，凭气味就能识别菜肴，以及带有烹饪香料的味道。然而，并不是所有的墨西哥食物都是浓郁的、辛辣的。一些菜肴带有微妙的味道，让人感觉到那是一种优质食材才能散发出的味道。墨西哥菜肴的另一个特点是食谱并不复杂，而且原料不难获取。何况吃饭本身应该就是放松和快乐的源泉。

干豆在墨西哥菜肴中起着主导作用。它们会以各种形式参与烹饪各种菜肴；它们吸收和混合辛辣的味道，而且干豆本身就很有营养。最受欢迎的干豆是一种非常可口而绵软的黑豆和又甜又软的花斑豆。墨西哥人最常吃的奶酪是一种叫凯梭放迪多（queso fresco，又称墨西哥奶酪。——译者注）的颗粒状白色奶酪。

辣椒在墨西哥菜中扮演着非常重要的角色，当地出产几十种不同的辣椒，味道从变态辣直到微辣。一般来说，辣椒越小，辣味越浓。红尖椒和青椒还有西班牙甘椒都属于同一个家族。烹饪中最常用的就是干辣椒。如何掌握辣椒在烹饪中的使用需要经过一定的历练。如果要做一道不太辣的菜，可以用整只的辣椒，然后在食物烹饪好之前把它取出来。如果想获得中等辣度的口感，那就在锅中放入几只辣椒，其中一只切成两半，把种子取出来，这种辣椒会在菜肴端上餐桌之前被取出。如果还想获得更辣的口感，可以加入切碎或者切成片的辣椒，而且辣椒籽越多，辣味就越重。除了辣椒，其他重要的调味料有牛至、香菜、丁香、辣椒粉、小茴香、姜黄和欧芹。

优质猪油是菜品中常用到的。墨西哥奶油让人想起法式酸奶。被当地人称为玛沙哈里那（Masa harina）的是一种玉米粉，做法是把玉米浸泡在酸橙汁中煮熟，然后晾干，再磨成粉。它比普通的玉米粉更淡，面团也更重。这种玉米粉一般用来做墨西哥薄饼（tortilla）和玉米粉蒸肉。墨西哥薄饼可以作为小吃，也可以作为其他菜肴的一部分。与传统的墨西哥薄饼不同，墨西哥北部的小圆饼是用小麦粉做的。墨西哥薄饼做起来比较难，如果烹饪太久，就会变得硬而易碎，很难卷起来；它比一般的玉米饼要厚。墨西哥薄饼没有规定必须填入什么馅料，主要取决于原材料的情况，以及制作者的喜好。其他的玉米饼还包括布里托（burrito，软，有馅料，卷状）、安其拉达（enchilada，有馅料及卷饼用的酱料，并且会在烤箱里加热）、那科（nacho，油煎玉米饼，并在上面放奶酪和辣椒，然后烤制到奶酪融化）、克萨蒂拉（quesadilla，经常填满绿色的辣椒和奶酪然后加热）、塔可（taco，软或脆的玉米饼夹着肉和酱，之后折叠起来或卷成卷，手抓着吃）、玉米粉圆饼（tortilla chip，将饼切成三角形，通常搭配蘸酱、牛油果沙拉酱）和陀斯塔达（tostada，油煎，上面撒上豆子或肉、生菜和奶酪）。

在墨西哥人的厨房里经常能找到的厨具是玉米饼机。这是一个小型的铸铁手压泵，通过其能更容易压出玉米饼。其他重要且具特色的厨具是墨西哥研钵和杵。这种研钵是一个圆形碗，有三个火山石做成的脚，杵则是用沉重的黑色玄武岩做成的。根据传统，很多食物都是用陶土罐或者陶罐烹饪的。在这些罐子里抹上大蒜，好让食物有味道，然后倒入热水和少许牛至叶、百里香或者月桂叶，放入炉中用中火加热几个小时，然后把罐子从炉中拿出来，在食物煮熟之前把水倒出，这时候锅就会散发出之前放入的所有调料的味道。

如果餐桌上连一种酱汁都没有，那么这顿墨西哥餐就不完整，当然有几种更好。这种酱料可以和肉、玉米饼、鸡蛋和豆类一起吃，也可以拿玉米粉圆饼蘸着吃，或者浇在墨西哥卷上，然后进行烹炸。有些酱汁是用生的蔬菜做的，然后立刻上桌，其他则是煮熟的。

墨西哥鸡尾酒会（coctel）比其他国家的鸡尾酒会有更多烹饪方面的经验，当丰盛的午餐消化得差不多的时候，鸡尾酒会就开始了，因此它们一般开始得很早，一直持续到大约晚上10点，差不多也就是晚餐时间。这些鸡尾酒会是聚会的借口，席间人们可以享受五颜六色的菜肴和丰盛的开胃菜及小吃。

墨西哥一天当中的主餐是在午睡前供应的，前菜是汤，主要是为了刺激食欲。汤有两种，即湿汤和干汤。湿汤（sopas aguadas）就是通常所说的汤，干汤（sopas secas）则是指吸收了汤或肉汁的米饭或面条，但任何规则都有例外。著名的帕索拉（Pozole，墨西哥玉米浓汤，这是一道墨西哥的名菜，原料是猪肉、牛肉和玉米。——译者注）就是一道美食，也是一道国菜，是一道真正的大餐，而不是一道开胃菜。

玉米饼餐（antojitos）是墨西哥菜中的快餐。这个词本来的意思是"心血来潮、异想天开"，换句话说，玉米饼餐其实由很多好吃的小零食组成，以传统的玉米糕点和茶点为主，最受欢迎的是安其拉达，此外还有煎玉米卷和玉米粉蒸肉。

墨西哥西海岸盛产鱼类和贝类，尽管这些食物在全国各地都很常见。在西海岸的恩塞纳达（Enseneda）港口，当地人甚至用龙虾、虾和鱼来填充墨西哥玉米卷，在马萨特兰（Mazatlan，墨西哥西部太平洋沿岸最大港口和游览胜地。——译者注），人们将虾填入鱼腹中，并浇上新鲜的蛋黄酱——这是一道特色菜。在阿卡普尔科（Acapulco，一座美丽且古老的港口城市，是墨西哥著名的海滨旅游城市之一。——译者注）到处都能吃到酸橘汁腌鱼、鲜鱼、生鱼和贝类。（江河入海的）河口和海岸潟湖（coastal lagoon，海岸地带由堤岛或沙嘴与外海隔开的平静的浅海水域。它和外海之间常由一条或几条水道沟通。——译者注）盛产一些虾、牡蛎和贻贝。

荤菜中的烤肉是最受欢迎的，尤其是牛肉和羊肉，人们会在地面上挖一个很大的坑，然后将龙舌兰叶子包裹的肉放入坑内进行烘烤，八个小时后拿出来就可以食用了。在墨西哥，鸡肉是日常食物，火鸡和鸭子则会在特殊场合和家庭聚会上食用。野生的鸟类在一些诸如东海岸和韦拉克鲁斯（Veracruz，位于墨西哥东南沿海坎佩切湾的西南岸。——译者注）等狩猎区很受欢迎。传统上，墨西哥人吃野鸭、火鸡、野鸡、鹌鹑、鸽子和斑鸠，而西班牙人则吃家禽（墨西哥曾是西班牙的殖民地。——译者注）。鸡肉或烤，或炖，或蒸，或油炸，然后再搭配上酱汁，卷在玉米饼里，或是搭配安其拉达和墨西哥玉米卷食用。

蔬菜本身很少作为菜肴，但经常与肉、鱼、贝类等主菜搭配在一起，成为其中的一部分。蔬菜或与奶油一起煮，或煎，或用作馅料，或在锅中炖制，或浇上大量酱汁。蔬菜沙拉作为装饰往往是不可或缺的，另外水果也经常和蔬菜沙拉混合。例如，牛油果和木瓜是绝佳的搭配，尤其是再搭配上用新鲜酸橙混合橄榄油的酸橙汁一起食用。

玉米总是以玉米饼的形式出现在餐桌上，但它也会用来做玉米布丁。米饭在菜单上很常见，但它们很容易让人混淆，因为有的时候会被当作汤，许多米饭和面条在当地都会被称作干汤。配饭菜品必须经过调味和装饰才能端上餐桌，而米饭通常会被做成印度米饭的口味，它往往用一种蔬菜或者肉汤来调味。豆子通常是在捣碎后油炸，然后放到米饭上作为装饰。

墨西哥是一个以胖为美的国家，这意味着人们在享受蛋糕、甜品，尤其是饮品时没有任何顾忌。在这里，热量和胆固醇都无关紧要。人们常喝的饮品包括烈性的龙舌兰酒和浓郁的咖啡利口酒（khalua，一种墨西哥产咖啡利口酒。——译者注）。在这里，人们的一天从一杯热巧克力开始，接着是牛奶咖啡（香草咖啡）或者茶。在午睡之前，来一杯浓浓的、香甜的黑咖啡作为主餐的收尾很普遍。还有各种各样的糖果和甜品，从异国情调的热带水果慕斯到冰淇淋、坚果蛋糕、太妃糖、蜜饯和焦糖布丁，不一而足。

在科尔特斯（Cortez）的带领下，西班牙人率先在墨西哥种植葡萄，如今墨西哥在中美洲和南美洲的产酒国家中排名第四，但生产的大多数葡萄酒都用来酿造白兰地和苦艾酒。尽管如此，墨西哥还是有用赤霞珠葡萄酿造的好酒，前面提到的龙舌兰酒是一种精心酿制的烈酒，有多种口味，非常适合搭配辛辣的食物。这种酒只能在哈利斯科州生产，那是蓝色龙舌兰生长的地方。龙舌兰不是仙人掌，而是与百合（孤挺花）有亲缘关系的水仙花家族的一员。龙舌兰有200多种，但只有蓝色的可以用来制作龙舌兰酒，而用于酿酒的部分是皮南（piñan，穗），它有一种菠萝状的块茎，当植物不开花时，它就会膨胀起来。这种植物大约需要10年的时间才能收获，最后会重达100千克。人们将皮南切开，在热风烤箱中烤或者蒸之后压制出汁。果汁需要发酵几天，直到产生酒精含量约为7%的黏稠液体，叫作布尔盖（Pulque）。在这个国家，布尔盖也被称为龙舌兰啤酒，可以直接喝。当酒精含量达到55%时，将其蒸馏，然后用水稀释以去除龙舌兰草的味道。混合龙舌兰酒（Tequila mixto）

也算一种龙舌兰酒，由龙舌兰和其他原料组成，49%的原料可能由其他糖组成，通常是玉米和甘蔗。龙舌兰酒最好在室温下用厚底玻璃杯饮用，这种玻璃杯叫卡巴利托（caballito）。在玻璃杯旁，通常还有一杯冰镇桑格丽塔（sangrita）。这是一种红色的，有点黏稠且味道辛辣的饮料，由辣椒、橘子、西红柿、柠檬或者酸橙汁混合而成。一般来说，龙舌兰酒有四种类型：（1）白色龙舌兰（Blanco/silver，Blanco是西班牙语里"白色"的意思。——译者注），直接装瓶或在不锈钢容器中存放最多两个月；（2）金黄龙舌兰（Joven/gold），这是一款色彩斑斓的年份较低的龙舌兰酒，边缘用焦糖覆盖；（3）微陈龙舌兰（Reposado），必须在橡木桶中存放至少两个月（墨西哥人最喜欢的）；（4）陈年龙舌兰（Añejo），必须在橡木桶中保存至少12个月。还有一种类似于龙舌兰酒的饮料叫麦斯卡尔（Mezcal），这个通常是由不是蓝色的其他龙舌兰制成的，而且出自哈利斯科以外的地区。与龙舌兰酒相比，麦斯卡尔酒有一种烧焦的口感。也许你还会在麦斯卡尔酒里发现一只仙人掌蛾的幼虫，而这种情况不会出现在龙舌兰酒里。

荷兰、比利时

荷兰出口的主要产品有蔬菜和水果。另外一种很有名的出口食物是红波奶酪（Edam cheese）。当它出口时，会被装在一个圆形的球里并在外面涂上红色的蜡；而当它在本国出售时，则变成了另外一个形状，而且是黄色的。它的名字来源于生产它的城镇，高达干酪（Gouda cheese）的情况也与其类似。这个国家的另一个特产是鲱鱼，荷兰语翻译过来叫作麦特杰斯（matjes，荷兰腌鲱鱼。——译者注），通常用来表示用一只还没有性成熟的小鲱鱼熬出的汤汁，这个词还有"少女"的意思。这种腌鲱鱼在鱼店中售卖，可以用多种方式食用。腌鲱鱼的"死忠粉"会捏起它的尾巴，然后让整条鱼头朝下从自己的喉咙里滑下去，有时还会搭配上洋葱。另一些没有那么痴迷鲱鱼的人就搭配着烤面包一起吃。殖民时代已经过去了，它以颇受欢迎的印度尼西亚美食的形式给荷兰菜留下了印记。鱼也可以被放在沙拉中食用，贝类会用来做汤，例如贻贝汤。肉类会用在更重要的菜肴中，例如洋葱炖肉，猪肉和烤豆子，这些通常搭配面包一起食用。举例来说，一顿饭可以从菠萝和葡萄酒饮料开始（wine punch，潘趣酒，即混合型微量酒精饮品，主要以葡萄酒做基酒，加入当季时令水果浸泡，再加入一些柠檬汽水或朗姆、白兰地之类的酒勾兑而成。——译者注），搭配上奶酪点心、奶酪板和奶酪松露。用餐结束后会上一些甜品，例如覆盆子雪葩或者松软的甜点。杏仁饼干会搭配上咖啡一起食用。

比利时人热爱美食，据说在从前，如果人们太胖了，就会被视为行为不检而被罚款。贻贝是该国经常食用的海鲜，和其他鱼类、贝类、蟹类一样，它们来自北海（North Sea，在比利时以北。——译者注），以及湖泊和河道。沃索伊鱼汤（Watersooi fish soup）可以作为一道经典的国菜。比利时的鸡蛋消费位居欧洲前列，所以鸡蛋菜肴在该国非常普遍，例如裹着奶酪、面包屑的脱壳鸡蛋。此外，比利时也是莴苣和白色叶子菊苣的故乡。这种蔬菜经常被整颗食用，只是蘸盐吃，也会被放在牛油果沙拉中食用。马铃薯在所有的比利时菜肴中都扮演了重要的角色，成为几乎所有食物的配菜。比利时的国酒是啤酒，除了让人喝醉以外，它还常被用在鱼类和肉类的菜肴中，用啤酒腌制的多佛鲽鱼就是一个例子。啤酒有很多种，甚至早餐啤酒都有樱桃或者覆盆子的口味。

比利时的小麦啤酒有着悠久的传统，早在1455年，修道士就开始在胡哈尔登（Hoegaarden）小镇酿造这种啤酒。这种啤酒后来十分受欢迎，在18世纪达到巅峰，有34个城镇开了所谓的白啤酒酿造厂，但到了18世纪50年代只剩下4个这样的啤酒厂。比尔森（Pilsner）啤酒和第二次世界大战是导致这种衰落的原因。自1957年胡哈尔登小镇的最后一家啤酒厂倒闭后，很长一段时间里，小麦啤酒似乎没有了出头之日，但1966年又开始酿造和生产，并且一直持续到今天。比利时白啤酒也很适合搭配不太甜的甜品。与德国传统不同的是，这种白啤酒是由大量未发芽的小麦制成，因此像葡萄酒一样味道优雅，通常用芫荽和酸橙皮调味。

尼日利亚

尼日利亚（及西非沿海地区）的人们喜欢在烹饪中加入红辣椒。这个国家沿海地区的食谱包括用生姜、西红柿和红辣椒腌制的鱼，然后用花生油煮沸。豆类是主食，秋葵（形似女人的手指）在所有菜品中都很常见，从鸡汤到炖菜都可以见到它的身影。热带水果，尤其是香蕉和椰子是非常重要的原始食材。包括尼日利亚在内的西非厨师喜欢把鱼和肉结合在一起，例如，他们把鱼油炸后，将它和鸡肉、山药、洋葱、辣椒油、水混合在一起，做出一道香浓可口的炖菜。但是以肉为基础的菜肴并不多，因为这里肉类供应不足，然而，该地区也有一种非常受欢迎的炖肉。

尼日利亚没有统一的食物，不同的部落都有他们自己最喜欢的菜肴。该国北方的豪萨人（Hausas，为西非民族之一，主要分布在尼日利亚北部和尼日尔南部。——译者注）更喜欢烤肉串，而南方的伊博人（Ibos，是西非主要黑人种族之一，主要分布于尼日利亚东南的尼日尔河河口地区。——译者注）则喜欢用鱼虾、螃蟹、龙虾、大米和蔬菜做的炖菜。生活在尼日利亚中部的约鲁巴（Yoruba）部落的人最喜欢炖肉，但是部落里的人们对于用什么做炖肉的配菜却有不同的选择——山药泥或者木薯泥。在该国穆斯林人口最多的地区，人们主要吃的是豆类、高粱和糙米。材料的可获得性决定了它们能否被端上餐桌，在3月和5月雨季来临之前有一段禁欲时期，而10月到11月这段时间则是收获的季节，人们会享用丰富的食物。由于尼日利亚部落众多，所以很难选择一道菜作为其国菜，秋葵汤算是最为接近国菜的一道菜了。

其他受欢迎的菜是福富（fufu），它有着面粉一般的质地和滑腻的口感。

福富一般搭配汤一起食用，就像炖菜总是和米饭一起上桌，但经过烹调的大蕉也可以让这顿饭变得更有饱腹感。米亚米亚（mia mia）是一道根茎类的菜，看起来像土豆，可以用来开胃，也可以和炖菜一起上桌。鸠洛夫米饭（jollof rice）是一种以米饭、肉类或家禽为主的菜肴，但这些肉很有可能会根据需要被蔬菜代替。同时，这道菜肴会被番茄染上可人的红色。茄子和大蕉搭配香料一起食用，也可以和山药一起食用。大蕉同时也可以作为一道开胃菜单独食用；黄香蕉和绿色大蕉相比有一种甜味。胡椒汤正如它的名字一样，是一道味道很浓的菜，里面有当天供应的鱼。阿卡拉（akara，尼日利亚名菜，是用炸豆丸子或黑眼豌豆制作而成的炸馅饼。——译者注）可以作为小吃或开胃菜食用，它在外观和颜色上都非常像布朗尼，但吃起来大不相同，味道会更浓。咖喱意面正如其名字一样：意面加了咖喱和洋葱、炒西红柿，以及香草和香料。炒饭除了米饭，一般还含有动物肝脏、胡萝卜、豌豆、洋葱、西红柿和各种香料。

巴基斯坦

　　巴基斯坦不同地区的气候差异很大，从极度寒冷到极度炎热，气候的多样性也为这个国家提供了多种多样的食物。总的来说，因为小麦是主要的粮食作物，巴基斯坦以面包为主食，其他重要的谷物还有大米和玉米。纵观历史，巴基斯坦曾被不同的民族入侵，包括古巴比伦人、波斯人、古希腊人、匈奴人、蒙古人、阿拉伯人、土耳其人和阿富汗人。这种民族的大融合也创造了复杂的宗教和语言，当然还有饮食习惯的混合。这里的大多数人都生活在乡村，在那里可以找到世代相传的传统。好客是这些传统之一，生活中所有的重要事件，无论是宗教的还是世俗的，都会进行庆祝。在那些受到欧洲风俗习惯影响的城镇里，饮食习惯有从传统向西式转变的趋势，然而，在乡村地区，人们仍然以更简单和传统的方式享用食物，比如即使给菜品配上汤匙，人们还是会用右手抓起来吃。传统的巴基斯坦菜肴包括肉菜、蔬菜、面包、米饭、泡菜、水果（这里有大量的新鲜水果）和甜品。因为巴基斯坦是一个伊斯兰国家，最受人们欢迎的肉是小牛肉，但其他牛肉和鸡肉也很受欢迎。至于海鲜，这里有各种各样的鱼和贝类。由于这个国家的宗教信仰，人们也不喝酒，他们最喜欢喝的饮料是奶昔，这是一种加奶油和盐的酸奶——一种最提神的饮品。在巴基斯坦，北方人比南方人更爱吃肉，各种各样的蒂卡（tikkas，切成小块的肉，通常用调味汁浸泡后烤炙而成。——译者注）和科夫塔（koftas，由肉、奶酪或蔬菜，混以辣椒制成的肉丸。——译者注）搭配着面包一起食用。南方的菜很辣，以五颜六色的素食咖喱为代表，通常色彩斑斓。

波 兰

就饮食而言，波兰和俄罗斯一样，都掌握了用简单而廉价的原材料烹制出美味浓郁菜肴的艺术。波兰的许多菜肴都深受宗教传统的影响。乳猪只在复活节的时候吃，煮鲤鱼只在圣诞节吃。此外，还有为各种喜庆日子烘焙的特殊糕点。一道名为罗宋汤（源自波兰，而非俄罗斯）的美味汤品通常作为头盘食用。在夏季，汤通常是凉的，由黄瓜、甜菜根、酸奶或奶油制成，例如甜菜根汤和酸黄瓜汤。皮罗吉（pirogi，一种用肉、鱼、鸡、蛋和蔬菜等做馅的饺子形馅饼。——译者注）和派，无论大小在波兰都很常见。糕点可以是普通糕点或是油酥皮糕点，馅料可以是鱼、肉、蔬菜和（或）食用菌。食用菌是许多菜肴中常见的食材，采摘蘑菇是一项很受欢迎的活动。野生莓果和水果经常用来做汤（覆盆子汤、李子汤和蓝莓汤）和奶油，而且它们也用作小号皮罗吉的馅料。许多甜品都是以绿色奶酪为基础做的，最好与水果和杏仁一起食用。像俄罗斯人一样，波兰人非常喜欢喝茶。啤酒、蜂蜜酒（由蜂蜜制成的酒）和水是人们用餐时常见的饮料。伏特加也是常见的饮品，有各种口味，如香菜、海藻和覆盆子的。

葡萄牙

虽然葡萄牙与西班牙接壤，处在同一个半岛，但两国在饮食方面还是存在一些差异。葡萄牙有850千米的海岸线，这意味着葡萄牙人很爱吃鱼类和贝类，餐桌上经常能看到章鱼、剑鱼和金枪鱼。烤沙丁鱼几乎每天都要吃，然后是卡巴里茹（kabeljou，鳕鱼干）。据说，一个好的厨师应该至少知道这种鱼的200种做法，例如卡巴里茹布丁。葡萄牙的国菜就是卡巴里茹，现在它不再是富人才吃得起的食物，它已经更加贴近普罗大众，成为国菜。

葡萄牙的美食随着季节而变化，芦笋是一种蔬菜，在春天会以各种形式出现在不同的菜肴中，野生芦笋煮熟后可与鸡蛋或者核桃酱一起食用。由于复活节和四旬斋是在春季，复活节蛋糕也在这个时候吃——当然还有鸡肉。鸡肉是聚会上的食物，选用的鸡最好是在农场饲养的，因此仅仅为了这个目的，人们也会用玉米来喂鸡。有时候，玉米也可以磨成粉来做蛋糕。大家都知道，自己喂养公鸡和母鸡是很不经济的做法，人们这么做只是为了获得更好的口感。在四旬斋前，餐桌上有鸡肉是很常见的。在长达六周的斋戒期间，所有人都禁止吃肉，所以在斋戒开始之前，人们往往会吃很多肉。如今，没有那么多的人关心古老的斋戒规则，但大吃大喝的习惯却保持至今。也有传言说，人们应该吃一些富含纤维的肉以支撑之后的六周斋戒时间。鸡肉用土豆、洋葱、大蒜、胡萝卜、月桂叶还有葡萄酒烹制，配上大面包卷、沙拉、橄榄和柠檬。除了这道鸡肉菜，还有白兰地鸡、鸡肉丁汤和苹果鸡肝。母鸡则一般用来下蛋。蛋糕不是每天都会出现在餐桌上，但是烘焙的时候，人们会用到大量鸡蛋，同时鸡蛋也用于炖菜和做汤。它们可以被做成荷包蛋或者煮鸡蛋。蛋黄可以做成一种营养饮料，提供给那些辛勤工作的人，另外还可以把蛋黄搅拌得黏稠后和葡萄酒混合饮用。

人们多在春天食用蜗牛，每年5月1日吃蜗牛是一种传统。这些蜗牛是花园蜗牛，通常是深棕色的，也有白色的。用水或者白葡萄酒烹煮，再加入橄榄油、大量大蒜、欧芹、牛至、胡椒、盐和薄荷直至煮熟。然后会搭配上煮熟的土豆一起吃。吃蜗牛的时候，通常会用到龙舌兰的叶子尖端。葡萄牙以山羊奶酪而闻名，一般是在春天做出来。山羊每天产两次奶，1升（大约一只羊一天的产奶量）

可以做一块小奶酪，因此需要大量的奶。新鲜的奶酪裹在新鲜的无花果树叶中，树叶会有一种令人愉悦的味道。新鲜的山羊奶酪可以配上一点蜂蜜、几滴波特酒，再加上一些黑胡椒。放置一周的奶酪开始散发出独特的香气，可以作为零食搭配饮料。放置时间久一些的奶酪可以磨碎后加入汤中。山羊在这个国家很受欢迎，而且饲养非常广泛，在肉店里经常可以看到新鲜的羊羔肉和小羊崽。这些肉可以和白豆一起用迷迭香腌泡，然后用葡萄汁煎炸。夏天是葡萄牙收获的季节，无花果、西红柿、长豆角、辣椒、杏仁、甜瓜等都在这个季节成熟。这些成熟的水果和蔬菜都会在这个季节食用，例如馅料是无花果的圣约翰面包，还有绿色奶酪配无花果，西红柿汤，西班牙冷菜汤，辣椒，填充了洋蓟心、西芹的派和蜂蜜蛋糕。

葡萄牙的秋天很漫长，但冬天却很短，甚至有些年份没有冬季，从秋季就直接进入了第二年的春季。在秋天，应季的菜肴有蘑菇配大蒜和牛至，还有多佛鲽鱼卷配韭葱酱、波特酒腌制的鸭肉、木瓜果酱、加了香料的腌制蔬菜、玉米塔、豆类炖菜和各种香草汁。同时秋季也是橄榄收获的季节。冬天，杏树会开花，人们会吃一些甜食，例如含杏仁的橘子蛋糕、外婆杏仁饼和新年松露。同时这也是很多动物被宰杀的季节，所以藏红花配猪肉片，以及当地的肉酱和各种贝类会出现在菜单上。这些贝类刻意用生姜等香料煮熟，或者在炖菜中搭配各种形式的肉。香料在这段时间使用得非常频繁，香菜和柠檬在肉类和鱼类菜肴中经常使用，蔬菜和豆类也会被添加到冷盘中，例如鹰嘴豆沙拉。

热菜有鸡蛋和番茄煎蛋卷。这个国家自己出产的葡萄酒是一种很常见的调味品。新鲜的柑橘类水果，例如橙子，可以做成橙子蛋糕，也可以以它为基础做成雪葩，或者烤成片状，搭配杏仁蛋糕食用。

说到葡萄牙这样的国家，你不能不提到它的葡萄酒生产。葡萄牙以它的波特酒而闻名，但它也生产其他的红葡萄酒和白葡萄酒，珍藏葡萄酒的酒精度会比普通葡萄酒高出至少0.5%。嘉洛菲拉（garrafeira）葡萄酒的酒精含量较高，而且在装瓶前应该至少放置了两年，并且在瓶子里会再放置一年。这些葡萄不仅可以用来酿酒，也可以用来做菜，比如葡萄派、鸡肝配葡萄、烤猪肉配葡萄，以及大蒜葡萄汤。

俄罗斯及其他原苏联成员国

俄罗斯（在这里我们包括了曾是苏联成员国的所有国家）菜种类繁多，有时很复杂，但都十分有趣。在西北部的波罗的海各国，即今天的立陶宛、拉脱维亚和爱沙尼亚，咸鱼、卷心菜和各种浆果很受欢迎。在南方的高加索地区，例如格鲁吉亚的格鲁吉亚州（Georgia），已经发展出一种传统的以羊肉、烤羊肉串和石榴等水果为基础的菜肴。

以面包派、糕点和粥的形式出现的荞麦和面粉是所有食物的基础。俄罗斯面包有其独特的味道，非常美味。也有大量用特殊面粉烘焙的小麦和黑麦面包，形状各异，大小不一，从又大又圆的面包到像面包圈一样的环形小面包都有。粥是俄罗斯日常饮食中很重要的一部分，可以作为早餐，午餐时可搭配上鱼肉、鸡蛋或者家禽，或者搭配上新鲜水果或果酱作为一道甜品食用。通常来说，粥一直搭配着鸡蛋和乳制品。很久以前，典型的俄罗斯家庭会围在餐桌旁用餐，在这期间会将面包端上来。传统的菜肴是那些经过改良后留下来的，它们通常会在食用前一天就被准备好。所有的食物都会放在桌子上，家人自己取用，即便是在很正式的场合也是如此。

俄罗斯人通常在下午一两点吃正餐（相当于我们的午餐）。这是一顿有四道菜的大餐，包括开胃菜和主菜，然后是咖啡或者茶，以及水果和甜品。人们只有在正餐的时候才会喝汤。晚餐大概在晚上7点或者8点吃。除了汤以外，菜式和正餐一样。以前，任何一餐都会配上伏特加，而且都是用顶针般大小的玻璃杯一饮而尽，现如今伏特加的消耗量已经减少了，就像葡萄酒一样，只在节日场合才会上桌。格瓦斯（Kvass），即一种淡的自制啤酒，在任何一餐都会喝到，而且老少皆宜。它的酒精度数很低，大概在1%，被认为是一种提神饮料。你可以在街上买到装在大桶里的格瓦斯。做饭、吃饭和喝酒是很常见的娱乐方式，人们会花很多时间和精力在厨房里准备一顿节日大餐。根茎类蔬菜如土豆、胡萝卜、芜菁和洋葱在俄罗斯烹饪中广泛应用。俄罗斯人请客人吃饭，最重要的是享受快乐的时光，餐桌上谈笑风生，会持续好几个小时，所以食物的温度显得并没有那么重要，许多俄罗斯菜肴冷热均可以食用。

扎库斯基（Zakouski）是俄罗斯人对开胃菜的称呼。鱼类开胃菜非常受欢迎，类型多样，有鲟鱼片，熏制的或者盐渍的、轻度盐渍的鲑鱼，新鲜的黑色或红色压制鲟鱼卵，配上酸奶油或芥末酱的腌制鲱鱼菜肴，以及一种鲱鱼肉布丁和腌制的鲱鱼沙拉。还有茄子鱼子酱、腌蘑菇、各种沙拉，以及大小不同、馅料各异的皮罗吉。各种香肠和贝类菜肴也很普遍，也常可吃到用盐、大蒜、月桂叶、龙蒿和欧芹而不是茴香煮的龙虾。

俄罗斯排名第一的汤是罗宋汤，它起源于波兰，是俄罗斯的国菜。这是一道没有肉的浓汤，但有很多蔬菜。它有着美丽的红色——来自甜菜根，但也有些罗宋汤不含甜菜根，而是含有更多的卷心菜。在俄罗斯，越往西，汤里的甜菜根就越多，在俄罗斯北部的汤中则很少有牛肉。乌克兰的汤中通常会有猪肉，而白俄罗斯的罗宋汤可能含有多达三种不同的肉类。罗宋汤在做成后第二天的味道是最好的。其他的俄罗斯汤品也很丰富，配料也很多，即使端上餐桌的是清汤，它也不会只有汤汁，里面总是会有料，比如肉丸或者皮罗吉。

俄罗斯、格鲁吉亚和乌克兰盛行家禽菜肴，这类菜品十分芳香可口。俄罗斯家禽菜肴一般是用鸡肉做的，但也会用到野生鸟类。这里值得一提的是两种来自格鲁吉亚的很特别也很美味的鸡肉菜肴，其中一种叫塔巴卡（Tabaka）鸡。它是将一整只鸡切开后压平，在上面放上重物后进行烤制。它的皮很脆，而且在烤前撒在上面的大蒜也会散发出诱人的香味。另外一道菜叫萨奇维伊兹库尔（satzivi iz kur）。这道菜中的鸡是煮熟的，用磨碎的核桃做成褐色的酱汁，并在上菜时倒入盘中。盐渍鲱鱼是俄罗斯的国菜，另外还有一些诸如熏鲑鱼、白鱼和鲟鱼的美食，鲑鱼或者鲟鱼被切成薄片装盘，再放上用于点缀的小茴香，每片都要配上一小片柠檬。一点磨碎的红辣椒和烟熏鲑鱼很配。尽管曾经苏联是世界上最主要的捕鱼国之一，但是由于大部分的鱼都出口，因此很难吃到新鲜的鱼。

斯美塔那（smetana，一种酸奶油）可以和鱼一起吃，就像和肉一起吃一样。最著名的肉菜是毕夫斯特罗甘诺夫（Biff Stroganoff），有时它是浅棕色带有轻微的芥末味的，有时它是深色带点番茄味的。另一种很受欢迎的菜是烤羊肉串，可以用很多种方法烹制。烤肉叉上的羊脊肉是一道美味佳肴，但其实把肉切成小块进行烤制都会十分美味，剁碎的肉也可以放在烤肉叉上烧烤，这种叫烤腌肉串。肉在烧烤前是否进行腌制只是口味的问题，腌泡汁可以由酒、醋、油、柠檬汁或石榴汁制成，柠檬汁和石榴汁还有防腐和使肉嫩滑的作用。

在介绍俄罗斯菜肴时，不得不提到一种著名的薄饼布林尼

（blini，即俄式薄饼。——译者注）。它用小麦粉或者小麦粉和荞麦粉的混合物作为原材料制作，人们会在3月庆祝所谓的"黄油周"时配上大量黄油和酸奶油食用，"黄油"据说象征着冬日里较晚升起的太阳。俄式布林尼经常会用酵母发酵。如果你有一个直径大约10厘米的小煎锅，和一些相当厚的面糊，你可以把面糊放进锅里煎炸，直到它们变成半厘米厚的饼，这种饼就叫欧拉帝（oladi）。另外还有一种类型的煎饼叫布林尼芝奇（blinchiki）——它很薄，而且带馅。这些不同种类的煎饼根据相应的搭配可以作为开胃菜、主菜或者甜品，但最常见的是作为开胃菜。布林尼应该和大量融化的黄油一起趁热食用，配料也各不相同：一小块斯美塔那、鲟鱼的黑鱼子酱或者鲑鱼的红鱼子酱，烟熏鲑鱼薄片，盐渍鲱鱼和霓虹灯鱼与之搭配起来都十分美味。如果布林尼做成甜品，那么配上没有完全冷冻的蓝莓是一种不错的享受。

俄罗斯的皮罗吉和布林尼一样闻名于世，皮罗吉是一种酥脆的多层糕点，表面呈金黄色，味道鲜美，馅料丰富，是一款很棒的佐餐食品。皮罗吉种类繁多。小一点的叫皮罗佐克（pirozhok），可搭配上汤食用，或者充当鸡尾酒会的点心。配肉汤的皮罗佐克用肉馅，配鱼汤的皮罗佐克用鱼肉馅。像这样的小皮罗吉一般是在下午茶的时间享用。制作时，面团被揉成长条状，然后切成片，放入少量馅料后折叠在一起，看起来就像小小的、平平的椭圆形轧辊。而另外一种大些的皮罗吉则是在烤盘上烤制的，有正方形、长方形，还有的像一个面包，中间夹了很多层的馅料。它的底部是一块用熟米饭或者切细的布林尼薄饼做成的糕点。鲟鱼的脊骨髓被称为威斯嘉（vesiga），有时会被用在第一层，最上面是肉末或者鱼肉，然后是蘑菇（腌制的或者新鲜的），最后一层通常是压扁的煮鸡蛋，之后盖上一层铺开的糕点，然后沿着边缘压紧。顶部用叉子戳儿下，刷上蛋液，放入烤箱中烤至金黄。另外还有一种圆形或者半月形的黄油皮罗吉，是在普通糕点里塞满肉末做成的，通常使用羊肉。

土豆泥炖水果是最常见也最受欢迎的甜品，其中的水果可以是新鲜的、干的或者罐头的，它的黏稠程度也可以从很稠到像柠檬水一样稀。孩子们很喜欢吃冰淇淋，而俄罗斯的冰淇淋的质量很好。"惊喜冰淇淋"是一种在海绵蛋糕的基础上加入果酱，外面是蛋白酥皮卷的冰淇淋。在它被端上餐桌之前，酥皮卷会被放入烤箱加热几分钟，让蛋白酥皮变成浅棕色，然后在餐桌上用白兰地点燃。至于饮品，格瓦斯是一种用粗黑麦面包发酵而成的、让人怀旧的小瓶啤酒。做法是先将粗黑麦面包用烤箱烘干，然后把它们浸泡在开水中。等到完全混合后冷却3—4个小时，过滤，加入糖浆、酵母和小麦粉，然后放在温暖的地方发酵一晚，之后撇去油脂，过滤，装瓶。在用木塞塞住瓶口之前放入少量葡萄干，最后将瓶子放在阴凉的地方。另外一种受欢迎的饮料是茶。一般而言，萨莫瓦（samovar，当地人对俄式茶壶的称呼。——译者注）中只盛装泡茶的水，茶叶被放置在专门的小茶壶里。饮用的时候，先将一点浓茶从小茶壶倒进茶杯中，然后倒入萨莫瓦中的热水。饮茶时通常还会配一片柠檬，这样会使茶水变得更香甜。配茶的面包通常是各种各样的，再加一些无盐的黄油、饼干和各种硬的小麦圈，以及果酱和蜜饯等。

俄罗斯人的厨房会配备大量的厨具和充足的食物。量勺和量杯也是不可缺少的，当水的量必须精确时，会计算它的重量而不是体积。炖锅通常配着一个很紧的盖子，一般来说它的材质是不锈钢或者搪瓷的，因为腌制的肉和水果菜品不能在铝锅或者铜锅里面烹饪。烘焙的时候会用到擀面杖和一把光滑的刷子，以及一个大的托盘，用来制作皮罗吉、派和圆形小面包。厨房还会配备漏勺和过滤器来过滤各种食材。用来给蔬菜水果削皮，以及切肉的锋利刀具是必不可少的，还有一把好钢锉可以让它们变得更加锋利。木质的勺子可以用来搅拌各种各样的面团，或者对锅中热油里的菜肴进行翻炒和盛装。当开胃菜端上来的时候，俄罗斯家庭主妇会同时端上一堆碗、汤盆和盘子用来盛装美食。

苏联解体后，该地区最好的葡萄园都被划到了俄罗斯边境外，其中大部分集中在克里米亚半岛和格鲁吉亚。在解体之前，苏联是世界第四大葡萄酒生产国，该国将近一半的葡萄采自卡斯泰利（Rkatsiteli）葡萄树，另一半则鱼龙混杂，并非来自同一品种的葡萄树。除了中等甜度的俄罗斯香槟，很少有俄罗斯生产的葡萄酒出口。

南　非

1657年，赞·范·里贝克（Jan van Riebeck）船长在南非为荷兰东印度公司建立起殖民地的时候，也在当地种下了第一株葡萄，但人们不确定是哪个品种，大致猜测是麝香（Muscatel）葡萄和施特恩（Steen）葡萄。南非第一瓶葡萄酒是在1659年酿成的。1684年，西蒙·范·德·斯坦（Simon van der Stel）种植了古特·康斯坦提亚（Groot Constantia）葡萄。目前这种葡萄生长的地区成为该国最著名的葡萄园，这里酿造的葡萄酒深受拿破仑（Napoleon）和俾斯麦（Bismarck）等人的喜爱。1688年，法国的胡格诺派教徒受到迫害后逃亡到南非，并且定居下来，成为葡萄栽培业大规模扩张的领导者，但在1885年，这个国家遭受了葡萄根瘤蚜虫的袭击，大量葡萄藤被毁，葡萄园受到了严重的打击。1917年，葡萄园进行了重建，但生产过剩导致了价格暴跌。1978年，国家专门成立了一个协会来规范和保护葡萄酒的生产销售。南非每年会生产8亿升的葡萄酒，人均葡萄酒消费量每年能达到11升。被称为雷司令的葡萄酒实际上是由来自加斯科涅（Gascony，位于法国西南部地区。——译者注）的克罗青白（Cruchen Blanc）葡萄酿成的，这些葡萄可以酿成无甜味的芳香葡萄酒。佩德罗路易斯（Pedro Luis）葡萄通常会用来酿造雪利酒，另一种葡萄是切尼尔（Chenel），这是白诗南（Chenin）和白玉霓（Ugni Blanc）葡萄的杂交品种。选用这种葡萄会酿造出一款口感清爽、活力四射的葡萄酒。至于红酒，平托纳格（Pintonage）是南非在这一领域独创性的典范，它是埃尔米特治（Hermitage）和黑皮诺葡萄的一个杂交品种。平托纳格创立于1925年，它在1959年好望角葡萄酒展上获得一等奖之后得到了认可。它不是特别浓郁，但有一种非常特殊的香气和漂亮的颜色。彭塔克（Pontac）葡萄酿出的葡萄酒颜色、味道、酒香都很不错，而且年度适中。南非的葡萄园位于海岸线的部分地区，从西北部的弗雷登达尔（Vredendal）出发，经过开普敦城，继续向东到克莱恩卡鲁（Klein Karoo）。这个地区以外唯一的葡萄园就在奥兰治河（Orange River）周边。

由于荷兰是第一个在南非建立殖民地的国家，开普敦在18世纪成为连接欧洲和远东的港口，殖民者也深深影响了南非的饮食习俗——这些都可以在诸如香草蛋糕和五香蛋糕等食品中体现出来。而且随着社区的发展，荷兰人需要很多劳动力，其他方面的影响也逐渐显现。这些劳动力主要来自远东、爪哇（Java）、苏门答腊（Sumatra）和马来西亚等地。进入这个国家的马来西亚美食学，被证明能很好地适应微小的变化，从而能和这个新国家的当地条件很好地匹配。这可以在一道名叫布雷迪（bredie）的菜肴中得到很好的体现。这是南非的一道炖菜，就像爱尔兰人的炖菜一样，把切成薄片的洋葱用羊油煎至棕色，然后加入肉或者鱼和洋葱一起煎成棕色。将西红柿、菜豆、胡萝卜、豌豆和骨髓等食材放在盘子上，加入辣椒、生姜、肉桂、大蒜和丁香等香料炖制，直到肉从骨头上脱落或者鱼碎成块状。索沙提（sosaties）是另一道有东方特色的菜肴，它包含羊羔肉或是羊肉，混合上切碎的洋葱、大蒜，以及咖喱粉、辣椒粉和罗望子粉。肉裹在脂肪里进行串烤、蒸煮或者烹炸。腌泡汁加热后浓缩成用藏红花调色的酱汁供人们蘸食。

保存鱼类的方式也可以归功于马来西亚的美食学，当人们在航行途中，会把鱼晾干，或者用盐进行腌制，然后带到东印度公司的船上，直到抵达中国，这种方式一直沿用至今。在大热天里吃上一些腌制的、加了香料的冷盘鱼也是一种享受。奇怪的是，胡格诺派教徒的到来对南非的烹饪影响甚微；但仍然有一些菜肴以葡萄和（或）葡萄酒为原料，比如塞满葡萄的鸡或者用葡萄酒炖的肉。苏格兰人带来了水果蛋糕、甜品、布丁和蜜饯，它们的基本做法和发源地国家是一样的，但是他们不会沿用之前经常吃的水果，而会选择新国家提供的一些新鲜水果。外来者从本地人这里学会了如何使用小米，它通常被用来煮粥、做面包和酿造啤酒。玉米是从美国带往南非的，并且大多数南非人从小到大都会吃融化的黄油浸泡的玉米粒，还有玉米面包。

南非也采用了斯堪的纳维亚国家的菜肴，即在一餐开始前有开胃菜（hors d'oeuvres）。如今，馅饼（pâté）在这些菜肴中有着特殊的地位，但它在这个国家为人们所熟知的时间并不是特别长。在南非引入它之前，像参巴鱼或者煮骨髓这样的菜肴会端上餐桌，再配上黑面包和黄油。其他的开胃菜有蒜蓉贻贝、苹果鲱鱼、油炸凤尾鱼和小鱼馅饼。在南非，汤是一道古老的菜肴，通常意味着晚餐的开始。这些汤像奶油一样浓稠，常配上面包一起吃，其主要成分几乎都是蔬菜，特别是根茎类蔬菜。

西班牙

伊比利亚半岛（Iberian Peninsula）上长期居住着各类人种，有着丰富多彩的文化，考虑到它的地理位置，这也是意料之中的事情。这里一面是地中海，一面是大西洋。西班牙的菜肴很好地反映了这种多样性。

在西班牙南部，摩尔人（Moorish）带来的影响可以在很多食品中看到，例如葡萄干、杏仁、松仁、肉桂和藏红花。与法国菜相比，西班牙菜没有那么经典。西班牙东海岸以柑橘和柠檬果园而闻名，安达卢西亚（Andalusia）出口橄榄、橄榄油和雪利酒。考虑到这里的气候，食物都比较清淡也就不足为奇了，比如著名的西班牙凉菜汤（gazpacho），是一种用番茄、大蒜和油熬制的凉菜清汤，常搭配上面包食用。这道菜最初来自塞维利亚（Seville）。瓦伦西亚（Valencia）是闻名遐迩的西班牙海鲜饭的故乡，现在西班牙全国各地都有各种样式的海鲜饭供应。在沿海地区，鱼类、贝类和章鱼很常见，尤其是加利西亚省（Galicia）。鳕鱼干（卡巴里茹）是巴斯克人（Basque）常吃的食物，沙丁鱼则是典型的西班牙北部的食物。

直到今天，每个村庄都还在依赖于附近的资源，所以烹饪也非常具有地方特色。举个例子，加利西亚省的一些村庄被栗树林包围，因此当地人创作了一系列香甜可口的栗子菜肴。还有一个例子是，在核桃树生长旺盛的任何地方，都会留下用核桃烹饪的痕迹。在南方，乡村的菜肴经常会用到杏仁。那里的菜肴季节性很强：夏天没有橙子，因为它们在冬天才能成熟；圣诞节也没有西红柿，因为它们是夏天的蔬菜；秋天没有洋蓟，因为它们在春天才会发芽。

　　　　　　　　　诺贝尔晚宴

西班牙的北部平原和中部的大部分厨房都有一个敞开式的壁炉，上面的盖子直通烟囱。这里当地人的厨房经常能见到这样的场景：一个三脚架上放着一只茶壶，从清晨开始就在火上慢慢煨炖。在壁炉盖的下面，香肠成排地挂着，用散发着木炭香味的烟熏干。这里还有通风很好的食品储藏室，里面存放着火腿和鳕鱼干，还有一些蔬菜，例如辣椒、大蒜、四季豆（煮半熟后晾干）、瓜、扁豆、洋葱和土豆，架子上则放着蜜饯和自制的果酱。在这个国家南部的农场里，厨房和居住区域是分开的，这样炉子就不会增加房子的温度。这里的人家没有敞开的壁炉，但会有一张铺着瓷砖的长凳，配上壁龛，里面装了烤架还有炭火。彩色的陶瓷碗和铜锅一排排地摆放在火炉上方的架子上，但厨房用具中最醒目的是一个黄铜臼。在室外的储藏室里，会摆放成捆的葡萄干、杏干、无花果，以及晒干的西红柿和茄子。

日常生活的节奏是由用餐时间决定的，早餐的进食时间在黎明，之后人们去工作。工人、学生和商人的早餐通常包括牛奶咖啡，加入大量的糖或者用热巧克力配面包。干重活的人会吃一大堆早餐，有可能包括大蒜汤或者粥。在校生和工人的午餐盒饭一般是从家里带去的。周日早上，全家人会聚在一起吃饭，吃早餐的时间要比工作日长很多。上午还会吃点小零食。晚餐是一天当中最重要的一餐，通常是在晚上9点或者10点。然而，每当有纪念日，这种节奏就会被打破，人们会通宵达旦地享用巧克力和甜甜圈。当人们去圣祠的时候，往往会带着装满特制菜肴的野餐篮，塔帕斯（tapas）是每次餐前配饮品的必备小吃。最开始的小小开胃菜是由面包片和一些火腿或者奶酪组成，如今，例如油炸虾、酿蘑菇和番茄酱贻贝这样的食物也可以作为小吃或者开胃菜。

葡萄酒、豆类、新鲜蔬菜、新鲜水果、鱼、米饭、面包和橄榄油是西班牙美食的基础。传统上，深色肉类和奶制品的消费是有限的，因此扁豆和干豆就扮演了重要的角色。干豆通常又大又白、但也会有红豆和黑豆，菲比斯（Fabes）是一种又大又白、类似蚕豆的豆子。炖菜如果不放入鹰嘴豆那就不能称为炖菜，黑色、绿色和棕色小扁豆会用来做汤。一种精细研磨、不太甜而且也没有添加调料的饼干被用来增稠酱汁。这些饼干也会在早餐时食用。有时人们会在酱汁中加少量"生命之水"（Eau de vie，一种干邑。——译者注）来提升酱汁的味道。"生命之水"的产地主要集中在赫雷斯（Jerez）雪利酒产区，也会用在浇酒点燃的菜肴中。鱼和肉裹上面包屑进行快炒，面包屑通常采用的是用研钵压碎的隔夜面包。另外一种很重要的食物是奶酪，西班牙人会用牛奶、山羊奶和绵羊奶生产大约35种不同的奶酪，但有些种类的奶酪只小规模生产，从来没有出口过。最著名的是用传统工艺做的曼彻格（manchego）奶酪、卡夫拉莱斯（cabrales）奶酪、布尔戈斯（burgos）奶酪、伊迪阿扎巴尔（idiazabal）奶酪、龙卡尔（roncal）奶酪和维拉隆（villalón）奶酪。奶酪可以是未成熟的、中等成熟的或者成熟的。大蒜是一种非常受欢迎的调料，尤其是经过烘烤的大蒜。西班牙有一种特制的火腿叫"山火腿"，它经过腌制，但没有经过烟熏处理，是生吃的。至于各种香草香料，扁平欧芹的用量很大，薄荷、月桂叶、芹菜、野生茴香、牛至、龙蒿和百里香也一样。最常见的香料是茴香（圣诞糖果用）、肉桂（甜品、蛋羹用）、丁香（炖菜用）、芫荽（腌泡汁用）、莳萝（肉和家禽菜肴、西班牙冷汤用）、肉豆蔻（肉丸用）、胡椒粉、辣椒、藏红花（用于米饭、鱼、土豆的烹调）和芝麻（糕点用）。西班牙还以生产各种形式的香肠而闻名。

除了阿斯图里亚斯（Asturias），西班牙所有地区都生产葡萄酒，甚至这里出产的苹果酒都能让人喝醉。这些地区会酿造各种葡萄酒,比如白葡萄酒、红葡萄酒,以及玫瑰葡萄酒,酒的来源都会在标签上注明。里奥哈(Rioja)、杜埃罗河岸(Ribero del Duero)、卢埃达(Rueda)、纳瓦拉(Navarra)、下海湾-加利西亚(Rias Baixas-Galicia)和佩内德斯(Penedés)都是西班牙最好的佐餐葡萄酒的故乡。一些不宜久放的葡萄酒会在标签上注明生产日期。成熟的葡萄酒需要至少在木桶里放置两年,然后会在瓶身印上"佳酿"(crianza)的字样。红葡萄酒需要至少放置三年才能打上"珍藏"(reserve)的标记,其中橡木桶特级珍藏版,需要成熟的时间则更长。就像之前提到的,除了葡萄酒的生产之外,雪利酒主要是产自加的斯(Cádiz)和科多巴(Córdoba)的蒙蒂勒(montilla),都是用叠桶法(solera)程序酿造的。在酿造过程中,把年份较新的葡萄酒和年份较久的葡萄酒混合在一起,会让口感更为醇厚,酒精含量也会高于餐桌酒。菲诺(fino)是一种无糖、口感顺滑的雪利酒,和塔帕斯、海鲜、火腿、坚果很配。稍甜一些的欧罗索(oloroso)、佩德罗-希梅内斯(Pedron Ximénez)和甜的马拉加(Malaga)麝香葡萄酒是非常美味的甜酒。另外一种类型的葡萄酒是卡瓦(cava),即一种用香槟酒酿造方法酿造的气泡酒,主要产自加泰罗尼亚的佩内德斯(Penedés-Cataluna)产区。白葡萄酒则主要用于烹饪。

瑞　典

多年以来,瑞典的饮食文化受到其他许多国家的影响。这里一直以来都有移民,这些移民带来了他们自己的饮食习惯和美食传统。

瑞典式自助餐(Swedish smörgåsbord)在瑞典本土和国外都很

著名，起源于很早以前对那些远道而来的客人和亲属所表示的热情和关心。这些聚餐活动在很大程度上与一年中举行的各种节日有关，既有宗教节日，也有家庭仪式，例如婚礼、洗礼、葬礼，还有像丰收节这样和农场劳动有关的节日。在这种聚餐活动上，人们总是会把自己农场里生产出来的东西堆满桌子，那些经过晾干、烟熏、腌制，并且储存在储藏室里的食物会被拿出来，切成小块放在桌子上。在17世纪和18世纪，当时的瑞典是欧洲的强国，社会上形成了与女士交谈的新风尚，在这个过程中会提供莱茵白葡萄酒（Rhine wine）。在那个年代，男人们还不习惯和女士们交谈，这种新风尚在农民中传播引起了一些焦虑。因此，在坐下来吃饭前，绝对有必要喝一杯东西来作为强心剂，这就是为什么男人们习惯在开派对的时候用杜松子酒作为开场的原因。当女士们脱下外套，摘下帽子时，男士们会聚在一起喝上一两杯、三杯或更多的酒。而这些酒所搭配的零食就是聚餐场地经常能提供的：面包、黄油、奶酪和腌鲱鱼。

瑞典有腌制鲱鱼的悠久传统，以提高其保存的品质，但是瑞典人也会吃各种各样的波罗的海鲱鱼。瑞典的鲱鱼和波罗的海鲱鱼实际上是同一种鱼，在大西洋、北海和瑞典西海岸捕获的鱼被称为鲱鱼，而在东海岸卡尔马（Kalmar）以北的波罗的海捕获的鱼被称为波罗的海鲱鱼。鲱鱼的形状和大小取决于它们生长的地方和它们产卵的地方，波罗的海鲱鱼通常比鲱鱼小。瑞典人不仅腌制鲱鱼和波罗的海鲱鱼，还会制作盐渍鲱鱼，将其放入汤中，或者烟熏，或是用各种调味料进行烹炸，做成各种菜肴，还会把它裹上一层面包屑，或者做成布丁。

在18世纪土豆被引入瑞典之前，面包是瑞典人的主食。这个国家的不同地区会烘烤不同类型的面包：瑞典南部通常吃柔软的黑麦面包，而瑞典中部则吃酥脆面包。大麦面包在诺尔兰（Norrland）最为常见，通常一年烘烤两次，一次在圣诞，一次在仲夏。如果人们烤得太频繁，会被贴上贫穷的标签。面包在节日中扮演着重要的角色，它的形状也是由特定的节日决定的。

因为瑞典国土从南到北十分狭长，这个国家的不同地区发展出了不同的菜肴，都是很有地方特色的各省的菜。以下是这些菜肴的样本列表，以及它们可能的原产地，按地理位置从北到南依次是：

拉普兰（Lappland）：地处极北部，有用雪松鸡做的汤，午夜太阳三明治［用的是唐布罗德（tunnbröd），一种薄薄的、没有发酵的面包］，盐渍海鳟鱼，用辣椒煎炸的红点鲑鱼，炖驯鹿肉，驯鹿肉干，烤驯鹿肉，野生黄莓蛋糕和蓝莓粥。

北博滕省（Norrbotten）：有水煮红点鲑鱼，鸡油菌汤，烤鳟鱼片，白鲑鱼卵（生吃或者油煎），冷盘山鱼冻，烤驯鹿肉配奶油酱，布罗德帕尔特（blodpalt）和派特帕尔特（pitepalt）（用猪血、土豆、猪肉做的饺子），驯鹿肉干切片，菲尔庞克（filbunke，酸奶配薄脆饼干屑），煎饼挞，煎饼小圆面包，莉尔卡卡（lillkaka，一种小蛋糕），老式鲜面包，皮特奥（Piteå）威化饼，黑麦甜面包干，蜂蜜蛋糕和雪挞。

西博滕省（Västerbotten）：有鲑鱼汤，煮红点鲑鱼，用小茴香腌的山白鱼，烟熏驯鹿排配奶酪和嫩炒鸡蛋，驯鹿杂，鹿肝和熟食猪肉馅饺子，鹿腰子和青豆馅的饺子，配上白调味汁，还有野生黄莓做的甜品。

翁厄曼兰省（Ångermanland）：有纳丁（nätting，一种像鳗鱼的鱼类），外面裹了一层面包屑的发酵波罗的海鲱鱼，鱼卵布丁，驼鹿排，以及各种用苹果和野生黄莓（新鲜或者果干）做的甜品。

耶姆特兰省（Jämtland）：有野鸟汤，炸红点鲑鱼配蘑菇和米饭，耶姆特兰特制海鳟鱼，不同烹饪形式的驯鹿肉，水煮腌猪肉配新鲜卷心菜，猪肉酱汁血面包，耶姆特兰肉杂，老式苹果蛋糕，炼乳和烤威化饼。

海里耶达伦省（Härjedalen）：有海鳟鱼配奶油酱，填满馅料的野兔，切碎的野兔肉，各种不同类型的驼鹿和驯鹿菜肴，越橘蛋糕，用苹果和野生黄莓做的各种蛋糕，以及玫瑰花形状的糕点。

梅德尔帕德省（Medelpad）：有各种各样的波罗的海鲱鱼菜肴，动物内脏杂碎，雪松鸡，驼鹿菜肴，蚕豆配猪肉，蓝莓派和苹果派。

海尔辛兰省（Hälsingland）：有卷心菜汤，波罗的海鲱鱼和鲱鱼菜肴（包括烟熏鲱鱼），鸡蛋和凤尾鱼配小茴香，香葱鲜奶油，诺尔兰肉杂，越橘派，野生黄莓酱和野生黄莓慕斯。

戈斯特里克兰省（Gästrikland）：有各种梭鱼菜肴，鲈鱼，香肠蛋糕，大黄果酱，越橘果酱，蜂蜜蛋糕，苹果和李子蛋糕。

达拉纳省（Dalarna）：有盐渍波罗的海鲱鱼配越橘果酱，炭烧煎饼，猪肉配苹果，法鲁（Falu）香肠，烤柳木松鸡，糖浆土豆，土豆煎饼，大黄派，蛋挞，还有法鲁苹果蛋糕。

瓦斯特曼兰省（Västmanland）：有各种鱼汤和其他鱼类菜肴，小牛肉圆饼，驼鹿肉丸，雷鸟肉，腌火腿配香葱酱，烤野鸭，苹果煎饼，鸡蛋和奶酪蛋糕配葡萄干，甜面包干，甜甜圈和麻花面包。

乌普兰省（Uppland）：是另一个拥有各种鱼类菜肴的省份，比如奶油酱鲈鱼，炖罗斯拉根鱼（Roslagen），海鳕鱼配奶油酱和胡瓜鱼。此外，还有很多波罗的海鲱鱼菜肴，梭鲈鱼，酿卷心菜卷，乌普萨拉（Uppsala）奶油炖肉，蓝莓和覆盆子蜜饯，水煮黑麦面包，水果奶油和蓝莓蛋糕。

索德曼兰省（Södermanland）：也有很多鱼类菜肴，还有里德堡

（Rydberg）牛杂，奶油菠菜，肺杂，骨髓布丁配红酒汁，牛乳啤酒配面包或鸡蛋，索德塔尔杰（Södertälje）麻花面包。

纳尔克省（Närke）：有很多汤可以配米饭和猪肉，比如蚕豆汤和斯科加尔摩（Skogaholm）卷心菜汤。其他菜肴有野兔肉火腿配奶油酱，炖肝，酿洋葱，苹果甜甜圈，米饭挞和李子蛋糕。

韦姆兰省（Värmland）：有例如韦姆兰豆类汤和野兔汤这样的汤品，还有鱼类菜肴，例如海参斑配奶油酱，炸胡瓜鱼，烤维纳恩湖（Vänern）梭鲈鱼配鸡油菌酱，淡水鳕鱼卵，烤鳊鱼配小茴香，维纳恩湖梭鲈鱼配奶油酱，以及韦姆兰鲱鱼酱。另外还有烤松鸡，韦姆兰香肠，白脱牛奶汤，肉桂甜甜圈，奥斯卡国王蛋糕和新鲜浆果果盘。

西约特兰省（Västeragötland）：有奶酪汤，海鳟鱼配奶油，盐渍和烤红点鲑鱼，脆炸咸红点鲑鱼配洋葱酱，韦斯特约塔（Västgöta）香肠，野兔，卡瓦拉（Kåvra）龙虾，无花果布丁，胡椒坚果和贵族面包圈。

东约特兰省（Östergötland）：为瑞典菜贡献了绿豆汤，威尔达马斯维克（Valdermarsvik）卷心菜汤，鳗鱼汤，水煮丁鲷鱼配莳萝酱，油炸鲱鱼，奶油松糕，祖母脆皮越橘锥形蛋卷，还有斯潘伯爵挞（Count Spen's tart）。

哥特兰岛（the island of Gotland）：有芦笋汤，含大麦粒的羊肉汤，炖煮哥特兰鱼，鱼布丁，腌制的羊腿肉干，烤羊肩肉搭配奶油胡萝卜，像腌野生兔肉和蘑菇酱煮兔肉这样的各种兔肉菜肴，以及姜烤排骨，黑麦小面包，藏红花煎饼和大黄派。

厄兰岛（the island of Öland）：有荨麻卷心菜，羊肉汤，土豆猪肉饺子，鳗鱼蛋糕，猪肉布丁，炖野兔肉，猪肉面包圈，索洛加（solöga，将凤尾鱼、蛋黄、洋葱裹上黄油煎炸的一种食物）和蘑菇小面包。

斯莫兰省（Småland）：有小龙虾汤，猎人汤，瓦斯特维克腌鳗鱼冷盘，炖野兔肉，卡尔马烤杂烩，土豆猪肉馅饺子，斯莫兰香肠，各种各样的斯莫兰奶酪蛋糕配肉桂酱，菠菜煎饼，黑麦酥饼，大黄煎饼，奶油甜甜圈和米饭挞。

达尔斯兰省（Dalsland）：有鸡汤，维纳恩湖淡水鳕鱼汤，烘烤鳊鱼，炸胡瓜鱼，赫尔加特（Herrgård）梭鲈鱼，水煮或是盐腌的肋排搭配欧芹酱，卷心菜炖牛肉，香草煎饼，燕麦挞，苹果和肉桂米饭布丁。

博胡斯兰省（Bohuslän）：有丰富多样的鱼类和贝类菜肴，如贻贝汤，挪威龙虾汤，脆皮虾，奶油酱蟹，各种比目鱼菜肴，多佛鲽鱼，鳕鱼，水煮和盐渍的鲭鱼，以及塞满肉馅的牙鳕鱼。另外还有一些菜肴，例如，炸面糊苹果圈，道尔博（Dalbo）苹果蛋糕配覆盆子果酱和苹果泥卷。

哈兰省（Halland）：另一个拥有海洋美食的省份，出名的有鲑鱼汤，炖鳕鱼，面糊炸牙鳕鱼，烤鲽鱼片配辣根蛋黄酱，煮腌鲱鱼配韭菜酱，鳕鱼卵，蒸熏鳗鱼和黄油炸鱼饼。另外还有肉类菜肴，例如炖羊肉，以及鹿肉碎配羊肚菌汁和羽衣甘蓝。

布莱金厄省（Blekinge）：这里的海洋美食有清鱼汤，鳗鱼汤，油炸春鲱鱼，猪肉拌鲱鱼，煮鲜鲱鱼配芥末酱，腌或烤鳗鱼，还有各种形式的鳕鱼干（卡巴里茹）。其他菜肴包括袋煮肉馅，樱桃煎饼和糖煎饼。

最后，远在南边的斯卡内省（Skåne）也有不少海洋美食，其中的一个特色是鳗鱼，经常会被端上餐桌。还有黑汤配鸡杂，香肠配黑汤，啤酒干酪，炸猪排搭配蘸浓汤的黑麦面包，蘸浓汤的斯卡内洋葱，素野猪排，油煎斯卡内鹅，卷心菜配羽衣甘蓝，腌鹅肉，烤鹿肉，面包布丁搭配苹果碎或者巧克力碎，以及酵母煎饼和祖母苹果蛋糕。

毫无疑问，读者会注意到某一个省的特色菜肴会出现在其他的好几个省里，这些菜肴在瑞典境内会自然地进行"迁移"，一部分原因是人们经常在瑞典境内迁徙，如今很多省的特色菜都可能是在"错误的"省吃到的。除了上面列出的菜肴外，由于移民的增加，瑞典食谱也添加了新的菜肴。在瑞典，任何人想要吃比萨、汉堡、烤肉串、多尔马或者亚洲风味的食物都不是难事。

瑞　士

瑞士几乎位于欧洲的中心，由于地理位置的原因，瑞士人的饮食习俗受到了意大利、德国和法国的影响。然而，这个国家各地的烹饪方法也不尽相同，随着地形而变化。例如瑞士的国菜——罗斯蒂（rösti），就可以用多种方式烹饪。瑞士以奶酪而闻名，在这个国家，奶酪可以用来做奶酪火锅、舒芙蕾、煎蛋卷、汤、馅饼等，它还通常被撒在各种各样的菜肴上，比如烤干酪面包，或者烤梨面包。艾蒙塔尔是世界上最大的奶酪品牌，它有着悠久的历史，源自艾蒙（Emme）河周围山谷的奶牛场。现如今有一场关于角逐能制作出最佳质量奶酪的奶酪大师竞赛，但这种竞赛的规则并不是一成不变的，因为在过去，奶酪大师竞赛的内容是看谁能够制作出个头最大的奶酪，这个纪录应该是在140千克左右。格鲁耶尔（Gruyère）奶酪也有着悠久的历史，据说早在12世纪就出现了。格鲁耶尔奶酪的孔比艾蒙塔尔奶酪的要小，味道也更浓，有一种坚果的味道。斯布林茨（Sbrinz）是一种味道浓郁的奶酪，或多或少有点像帕尔玛干酪。

瑞士的奶酪制造业仍然是一个规模非常小的行业，部分缘于该国的地形，但主要由于大量的财政补贴。自第二次世界大战以来，瑞士奶酪联盟（Swiss Cheese Union）原则上收购了该国的所有奶酪生产商，从而保证了乳制品的销售额。然而，这个联盟在1999年解散了，现在关于奶牛场将如何管理的问题仍然是一个众所周知的难题。到目前为止，无论如何，需求都是远大于供给。瑞士生产了100多种奶酪，但大多数奶酪只能在本地买到。由于品质高，这些奶酪的出口需求持续增长，许多国家已经开始竞相生产瑞士奶酪的仿制品，但由于气候和牧场条件对牛奶的独特影响，它们还是无法与瑞士原产奶酪相媲美。至于鱼类，例如红点鲑鱼、梭鱼和鲈鱼都很常见，通常会和杏仁一起使用黄油煎炸或用当地的酒进行炖煮，之后再喝杯咖啡配上奶油水果蛋糕，就是瑞士人圆满的一餐了。

英　国

　　传统的英式早餐包括粥、果汁、鸡蛋（煮、蒸、煎或炒），以及培根、香肠、腰子、熏鱼、炸蘑菇、炸番茄、吐司和橘子酱。这些食物会让饱腹感持续一段时间，所以午餐通常来说就会稍微清淡一点。酒吧午餐很受欢迎，常常会提供一些传统菜肴，例如炸鱼和薯条、牛排和腰子派、烤牛肉和约克郡（Yorkshire）布丁、农夫午餐（面包、奶酪和腌洋葱）和各种三明治，就着一品脱的啤酒食用。

　　对于那些在中午吃正餐的人来说，下午茶（high tea）是他们的晚餐。它通常包括已经准备好的炖菜，或者是一些可以快速烹饪的东西，例如冬天的排骨和培根，或者夏天的冷肉、奶酪和泡菜。在这些菜肴后会有一些甜品，例如布丁或者派。这一天通常以一顿便餐结束，即茶、咖啡或者热巧克力加饼干、奶酪和蛋糕。茶可以在任何时间段喝，传统的下午茶总是包括小三角三明治和丰富的水果蛋糕。三明治是提前几个小时制作好的，里面有各种馅料，比如西红柿和罗勒、奶酪和核桃、金枪鱼和黄瓜、鸡蛋，还有水芹菜。有一种特色下午茶叫奶油茶，即用司康饼搭配草莓酱和搅拌奶油或凝脂奶油。

英国人会吃大量的鱼，鲽鱼、鳕鱼和黑线鳕是最常见的几种。此外，无须鳕鱼和鳐鱼也很受欢迎，会时不时地出现在餐桌上。多佛鲽鱼和鲑鱼是其他受欢迎的鱼类，鲑鱼经常烟熏处理。还有一种很受欢迎的鱼是腌鲱鱼，做法是将鲱鱼切开，清洗，腌制，晾干或者冷熏后再进行烤制或者用一块黄油烹炸。这种腌鲱鱼可以在早餐或者午餐享用。贝类在英国也很受欢迎，英国人食用大量的鸟蛤、贻贝、螃蟹、龙虾和牡蛎。

整个不列颠群岛的北部都不适合栽种葡萄。古罗马人在占领英国期间开始种植葡萄藤蔓，这种传统延续至今。在中世纪，英国生产了大量的葡萄酒，现代葡萄酒行业诞生于1952年，当时第一批新葡萄开始种植。如今，英国大约有450个葡萄园，其中大部分位于英格兰南部的肯特（Kent）、苏塞克斯（Sussex）和东英吉利（East Anglia）郡，最北的葡萄园位于约克郡南部。寒冷的气候产生了比较脆爽清新的葡萄酒，需要在瓶中慢慢成熟才能达到最佳口感。白葡萄酒在市场上占据了主导地位，但英国也会出产少量红葡萄酒和玫瑰葡萄酒，以及少量的气泡酒。

美　国

自19世纪50年代以来，加利福尼亚州就开始生产葡萄酒，但这一传统被1920—1933年下达的禁酒令中断。1960年左右，由于纳帕谷（Napa Valley）的葡萄园和酒厂的扩张，这个地区成功地恢复了葡萄酒市场。不幸的是，这个市场在20世纪70年代到80年代又遭遇了一次虫害，大量的资金花费在更换那些被毁坏的葡萄植株上。这次虫害也带给人们思考，让大家开始考虑应该种植什么类型的葡萄。1990—1995年间，这一地区的葡萄被挪到了美国以外的地区种植，也体现了它们的高品质。在加利福尼亚州，鸽笼白（colombard）葡萄是最常用来酿造佐餐葡萄酒的葡萄，另外一种这样的葡萄是白诗南，仙粉黛（Zinfandel）是紧随其后第二受欢迎的葡萄品种，其次是西拉（Syrah）和梅洛，赤霞珠的出色口感归功于单宁和果味之间的平衡；而霞多丽则是在味道的强烈和柔和之间保持了很好的平衡；口感更为复杂的黑皮诺也在这片区域种植。

加利福尼亚州并不是唯一生产葡萄酒的州，得克萨斯州、俄勒冈州、华盛顿州和美国东部也是葡萄酒产区。得克萨斯州的葡萄酒产量非常有限，一般是用白诗南酿造，其次是长相思、霞多丽和赤霞珠。另外也会酿造一些气泡酒。在俄勒冈州，尽管也种植着霞多丽、雷司令和灰皮诺，但该地区以种植黑皮诺为主，并因此而成为著名的产区。由于葡萄园之间的差异，同样是霞多丽，葡萄酒的味道差别非常大，从口感顺滑、柠檬味的葡萄酒到口感浓烈、黄油味的葡萄酒，不一而足。在华盛顿州，哥伦比亚山谷（Colombia Valley）是最重要的产区，当地酿造霞多丽、雷司令、长相思和赛美蓉等白葡萄酒。红葡萄酒的话，赤霞珠、梅洛和少量黑皮诺是人们经常选择的种类。这个地区出产的白葡萄酒脆爽清新、果香浓郁，而红葡萄酒则带有浓郁的成熟水果的味道。至于东部各州，纽约州大规模引进了欧亚种葡萄，逐渐取代了原先种植的野生美洲葡萄，这一举措让人们对这个地区的葡萄酒产生了极大的兴趣。这里既生产红葡萄酒，也生产白葡萄酒，其中一部分产自新引进的葡

诺贝尔晚宴

萄，也有产自原先种植的本地葡萄。

美国还生产一种本地小麦啤酒，可以配上新鲜的柠檬片冰镇饮用，这种啤酒是在草原州［堪萨斯州（Kansas）、内布拉斯加州（Nebraska）、北达科他州（North Dakota）、俄克拉荷马州（Oklahoma）、南达科他州（South Dakota）］酿造的，是一种有一定酸度、清淡而温和的啤酒。在发酵的早期阶段，加入克拉斯特（Cluster）、厄罗伊卡（Eroica）和泰南格（Tettnang）啤酒花，之后再加入哈拉道（Hallertau）啤酒花，带来温和的口感。其他的风味，比如覆盆子啤酒，强调了水果的味道，来自表层发酵。除了葡萄酒和啤酒，美国还生产波旁威士忌，这是美国唯一的蒸馏酒。它的历史可以追溯到18世纪，当时殖民者从苏格兰进口蒸馏器，用本地产的原料如浆果、苹果、胡萝卜、土豆、种子、树皮和糖浆进行酒精生产实验。然而，时至今日，波旁威士忌是由玉米、黑麦、大麦或者小麦等谷物制成的，使用的谷物对于口味起着决定性作用，而玉米制成的威士忌的口味是最温和的。待谷物煮沸后加入酵母，麦芽汁就可以发酵了。一部分麦芽汁留下来用于第二天的生产，其余的则经过蒸馏，制作成一种口感强烈而清澈的威士忌。这种生威士忌被转移到橡木酒桶中，经过至少两年的发酵之后，色泽丰富，口感温和。波旁威士忌也可以用在制作糖果、鸡尾酒、甜品、烧烤酱和遍及美国南部的菜肴中。

由于美国是一个移民国家，这里的菜品种类可以说和这里的人一样多。从早餐开始，西式欧姆蛋（Western omelette）是最受欢迎的一道菜。这是一种煎蛋卷，里面主要是火腿和各种蔬菜。这道菜是拓荒者在美国西部旅行时发明的。早餐桌上另一款受欢迎的美食是美国以此为招牌的煎饼。美国煎饼非常轻而且蓬松柔软，在油煎面糊之前，会往里面加入大约0.2升的各种果浆。草莓香蕉奶昔是一种由草莓、香蕉和酸奶制成的又稠又滑的早餐饮品，能够很好地搭配早餐里的其他菜品。

至于前菜和蘸酱，布法罗（Buffalo）鸡翅是非常受欢迎的开胃菜。它们非常辣，烤鸡翅经常和冰啤酒一起吃。其他受欢迎的小吃还有土豆皮、填馅蘑菇、克萨蒂拉——一种墨西哥玉米饼。牛油果、蓝纹奶酪、菠菜和洋葱蘸酱会和这些开胃菜一起上桌。至于汤，鸡肉和面条汤是美国最受欢迎的汤品，据说还能治疗普通感冒和流感。有一种广受欢迎的浓汤是火腿绿豌豆汤，通常是用豌豆粒做成的。旧金山鱼汤是另外一款非常受欢迎的汤，源自意大利渔民以当天捕获的鱼加上番茄制成。这就是番茄酱还可以和贻贝、虾、龙虾、鳕鱼、葡萄酒，以及各种香料和香草一起放在汤里烹饪的原因。

在美国，还可以吃到各种各样的沙拉，考伯沙拉（Cobb salad）就是其中之一，它由牛油果、鸡肉、蓝纹奶酪、培根和鸡蛋组成。菠菜沙拉配热培根酱在寒冷的冬天很受欢迎，其他受欢迎的有凉拌生菜丝、恺撒沙拉和土豆通心粉沙拉。另外还有许多不同种类的三明治，其中最经典的一款被称为"潜水艇"，也被叫作"霍吉"（hoagie）、"英雄"（hero）、"研磨机"（grinder）（一种个头较大的长条三明治。——译者注），这些不同的叫法取决于你在哪个州。"俱乐部"三明治共有三层，里面夹着火鸡肉、牛油果和各种蔬菜。另外还有烤三明治，内含金枪鱼和融化的奶酪。

我们再来说说主菜，克里奥尔虾（Creole shrimps）在这里有着特殊的地位。这是一道来自新奥尔良（New Orleans）的菜，在新奥尔良，辣椒、洋葱和西红柿是许多菜肴的基础食材，这道菜也是如此。在鱼类菜肴中，十分值得一提的是烤鲑鱼配塔塔（tartar）酱。而在众多种类的比萨中，芝加哥深盘比萨是一个很好的例子。这是一种厚盘比萨，上面覆盖着奶酪，是在芝加哥的一家比萨店制作的。至于肉类，美国著名的烤肋排非常值得一提。首先将生肋排放在烤箱中烤制，然后再刷上液体烟——一种使这道菜有烟熏味的香精。另外还有不少著名的美国菜，例如洋葱嫩煎牛肉、烘肉卷（meat loaf）和辣椒炒肉。汉堡也是如此，可以做成不同的口味或是原味，调味料有牛油果酱、红烧酱、培根酱和奶酪。还有各种各样的面包，比如家庭自制白面包、汉堡面包、蓝莓松饼、玉米面包和香蕉面包，这些都搭配着主菜食用。

蔬菜也有各种各样的吃法。例如，梓树豆角源自清教徒祖先移民，据说是印第安人教他们做的这道菜，想告诉他们如何利用当地的蔬菜。它是以利马豆（Lima bean）为基础的。杂烩菜（potpourri）是一种混合的蔬菜，这些蔬菜先被蒸熟后再进行烹炸。菠菜是在奶油中烹饪的，而野生大米可以被做成各种风味的烩肉饭。土豆不仅可以油炸，也可以进行烘焙和烤制。现在来说说蛋糕和甜品，最有名的甜品应该是草莓芝士蛋糕（芝士蛋糕加草莓酱）。今天的芝士蛋糕起源于纽约的一家犹太熟食店，该店开发了一种美味芝士蛋糕的配方，以消化饼干为基底做成有浓郁口味的奶油蛋糕。面包布丁是一种填满馅料的甜点，采用放置一天的面包作为基础原料。在饼干中，布朗尼的特色在于它里面有一粒粒的巧克力，另外山核桃饼干也很受欢迎。在派这个类别中，值得一提的是泥巴派（mud pie），它是以巧克力为基础原料的咖啡冰淇淋，此外还有苹果派和樱桃派。

加勒比海诸国

加勒比海地区由大大小小的很多岛屿组成，包括大安的列斯

（Greater Antilles）群岛、小安的列斯（lesser Antilles）群岛、背风（Leeward）群岛和迎风（Windward）群岛，还有维尔京（Virgin）群岛。加勒比海菜肴受到世界许多地方的影响，例如印度、非洲、欧洲和中国。多年来，这些菜肴已经与加勒比海烹饪融合在一起，形成了一种非常独特的美食。加勒比海诸国的食物通常源自当地的阿拉瓦克人（Arawak），他们种植辣椒、玉米、大蒜、山药、甘薯、菠萝、番石榴和木薯。香料一般是用浆果、叶子和花蕾磨碎制成的。从木薯中还可以提取出一种防腐剂，添加到肉和辣椒的炖菜中，这道菜肴至今仍然以"辣椒炖菜"的名字在当地供应。但这并不是阿拉瓦克人知道的保存食物的唯一方法，他们还会在肉的表面用香料和辣椒摩擦，然后把肉放在明火上慢慢烤熟，肉被烤干之后却非常好吃。这种保存肉类的方法已经过时了，但一直沿用至今。现在它已经成为加勒比海食物的核心特色，甚至被用来做快餐。

17世纪，大量的黑人奴隶作为廉价劳动力从非洲被运送到这里，他们带来了秋葵、卡拉萝（callaloo）和豆类等食材。这里在当时也被一些欧洲国家殖民，其中法国、英国和西班牙最具有影响力。这些殖民者从世界各地带来了食材。英国人带来了朗姆酒和辣椒酱；法国人带来了韭菜之类的草本植物，以及更加复杂的烹饪方法；而西班牙人带来了洋葱、甘蔗、橙子、香蕉和酸橙；其他欧洲人带来了咸鱼和腌肉，用来给奴隶吃。由于殖民主义的影响，许多原料和菜肴由几个岛屿共享，尽管它们的名字各不相同，食谱中的原料也不同。例如，佛手瓜（chayote）又被称为克里斯托菲尼（christophene）和寇巧（co-cho）。在加勒比海诸国，辣椒因为口味的关系而被广泛使用，如用来做腌料、酱料，以及炖菜，制作沙拉等。用椰子和香蕉制作的蛋糕和甜点在这个地区很受欢迎。

在加勒比海菜肴中，肉类、鱼类和家禽类的调味和腌制非常重要，只是基本成分可能会根据个人口味的不同而存在差异。加勒比海地区的厨师对菜品外观非常讲究，所以那些容易留下痕迹的香料一般都会用薄布包起来。炖菜里一般会放入带柄的整只辣椒，因为这只是为了调味而不是让菜肴变辣，所以在上菜之前需要先把辣椒柄去掉。许多食谱中还包括新鲜的香草，因为它们的味道会比干的更好，这些香草不一定要切碎，但它们的茎需要在加入菜肴之前先碾碎，这样会有更浓郁的味道。香草也是整束地加入，但这也需要在上菜之前去掉。在这个地区，制作食物的人会全心全意地投入其中，大多数菜肴的制作不需要任何特殊的技术或者配料，大多数当地人使用的都是代代相传的古老食谱。食谱和分量只是作为一个参考而已，大多数人在做菜的时候会添加他们自己的秘密配料，或是在食物上做自己的特殊标记。主要的原则是要有创意，并根据自己的口味来调整食谱。

在加勒比海诸国，一餐饭通常以汤和各种开胃菜作为开始。其中一些开胃菜比其他菜肴更加受欢迎，像香蕉和面包果脆片、玉米面和贝类方格在早餐、午餐和晚餐都会供应。该菜系的一个特色就是不要浪费任何东西。残羹剩饭经常是家庭自制汤料的基础，而且味道极佳。汤通常很浓稠，食材丰富而且有营养，里面经常会添加玉米面饺子，还有西葫芦之类的蔬菜。非常受欢迎的胡椒炖汤如果能够在上菜之前放置一天，则味道最佳。这个地区最著名的汤应该是卡拉萝汤。此外，每个岛屿都会有自己独特的食谱。全家人经常会在一起制作非常受欢迎的玉米面和贝类方格，这些方格里装满了蔬菜、贝类、香料和玉米面糊的混合物，一起包在香蕉叶里面绑好，然后炖大约一个小时。至于各种各样的脆片，通常都是由芭蕉和面包果做成，首先切成薄片，煎炸，然后根据不同口味蘸着调料吃。

拜加勒比海的温暖海水所赐，当地可以有大量的鱼和贝类用于烹饪，包括飞鱼、梭鱼、小龙虾和螃蟹。尽管有很多新鲜的鱼，咸鳕鱼仍然是最受欢迎的，因为它的特殊味道对于这个地区的很多传统食谱而言都非常重要。鱼类可以有多种烹饪方法：水煮（咸鳕鱼配上油炸香蕉），油炸（配上贝类酱汁），做成馅饼（配上红薯），或者做成鱼卷（配上椰子和辣椒酱汁）。各种各样的新鲜贝类被做成菜肴，并且采用不同的方式来烹饪，其中最流行的一种做法是将它们填满馅料后进行烘烤。

山羊肉、鸡肉、绵羊肉和猪肉都很受欢迎。就像咸鳕鱼一样，咸牛肉和咸猪肉也会被用在许多传统菜肴中。肉和家禽类经常会被风干，也就是说，在烹饪之前，要经过腌制或者涂上非常浓烈的香料在太阳底下晒干。香料的基础是洋葱、香草、韭菜和大蒜，以及其他任何可用的原料。这些肉类和家禽类菜肴像鱼类菜肴一样，可以用不同的方式进行烹调：烧烤，油炸（配米饭和豆子），炖煮，在烤肉叉上烧烤或者作为一些蔬菜的馅料，例如辣椒。大多数菜肴，无论是鱼类、贝类还是肉类或者家禽类，都会与米饭一起食用。实际上，米饭是主食，经常成为各种菜肴的基础搭配。

蔬菜和水果深受人们的喜爱，通常每个主菜至少包含两种，有可能是红薯、面包果、佛手瓜、秋葵、木瓜、芭蕉、山药和各种豆类。沙拉是餐桌上的常客，经常和主菜一起搭配食用。这些沙拉会配上辛辣或（和）香料丰富的调味料或者酱料。如果是辣椒酱，桌子上总是会额外多放一碗，这样任何人都可以随意取用。沙拉通常由土豆、秋葵、西红柿、洋葱、豆类、卡拉萝、坚果和热带水果组成。甜布丁、蛋糕和小圆面包深受加勒比海诸国民众的喜爱，这里的甜品要么含有酒精，要么含有水果，要么非常甜，或者三者兼而有之。当地人一般都喝朗姆酒，这种酒可以在食品店买到。当地产的水果被广泛用于各种甜品中，尤其是冰淇淋。这些水果包括：香蕉、杧果、木瓜、番石榴、菠萝、刺果番荔枝和酸橙。有时，在这些甜点中会用到一些在精美菜肴中更为常见的配料，例如面包果和土豆。在早餐、午餐和晚餐上，经常会有小圆面包和面包卷搭配着奶酪片一起食用。这些小圆面包和面包卷的常见配料有椰子、果脯、香料和朗姆酒。至于饮品，果汁都是用水果碗装的大份，可能含有酒精也可能不含酒精。

犹太食物

犹太人遍布很多国家，使得犹太菜系非常国际化，是世界上最多样化的菜系之一。尽管犹太人居住得很分散，彼此相隔遥远，但他们仍然保留着自己的犹太律法和只属于本民族的节日。在此基础上，每个犹太人群体在当地烹饪习俗的影响下努力发展着具有本民族特色的烹饪菜系。

犹太教关于饮食的教规和犹太律法将犹太菜系与其他所有菜系区分开来，这些规定在《圣经·旧约》和《塔木德经》中都有记载，并形成了一套与当地传统相适应的书面律法体系。有些人认为，这些早期的神学和象征性仪式是为了强调犹太人的独特性和他们与上帝的契约。不管怎样，这些规定决定了犹太人是如何根据犹太节日的传统进行食物的选择和烹饪的。这些因素的结合创造了一种独特的犹太菜系。

犹太人的食物法规表明了烹饪和食物在他们日常生活中的重要性。因此，遵守这些法规，成为犹太人的一种生活方式。食物是按照传统的规则和仪式来选择、准备和组合的。

《圣经·旧约》把有四条腿的、反刍的、有偶蹄的动物定义为洁食，牛、绵羊和山羊符合这些要求。猪、马、兔则不符合这个洁食的定义。在禽类中，鸡是洁食，但猛禽，以及刚被射杀的野鸡和其他野生鸟类与吃腐肉的鸟则不是洁食。只有家畜是洁食，这意味着所有野生动物都不是洁食，不管它们是否有偶蹄。这源于神学上的解释，即人类没有权力夺走动物的生命，除非他能够承担让动物过上好的生活的责任，也就是说，为动物提供充足的食物和水等。因此，所有的狩猎都是被禁止的。一些当地的传统也会影响动物是否被列为洁食。一些东方的犹太人不吃鹅，因为鹅是水陆两栖动物，但鹅却是东欧犹太人的主食之一。

肉类和家禽类必须按照传统由有资质的屠夫来屠宰。屠夫会用一把刀刃光滑且锋利的刀，长度是动物喉咙宽度的两倍，来切断动物的喉咙动脉、喉咙和两条髂动脉。这样做的目的是尽可能地减少动物的痛苦。另外，动物的爪子和蹄子的皮毛都必须被切除，动物的血液也需要被尽可能地放出来，因为根据《圣经·旧约》的禁令，血液不可以吃。肉类和家禽类会在专门为此准备的容器中用冷水浸泡30分钟。然后把肉冲洗干净，用一种叫犹太盐的粗盐进行腌制。之后，把肉放在有洞的木板上搁置一个小时，让它流失掉水分。之后把盐抖掉，再将肉漂洗三次，继续沥干水分。动物的肝脏必须用盐进行腌制，然后放在烤箱或者明火上烤制，这样所有的血液都会流走，肉也熟了。另外，动物的心脏必须切开，以便在进行浸泡和腌制前能将所有的动脉移除，让所有的血液流走。四条腿动物只有前肢是洁食，所以犹太人不能吃它的后肢，除非后肢通过处理成为洁食，也就是说，去掉这部分所有的静脉和肌腱。这种处理方式特别费时间，因此很少有人这么做（给动物放血之所以如此重要，是因为在神学观念里，生物的灵魂在血液里，而食用灵魂是禁忌）。禁止吃有污垢的肉和乳制品的禁令，可以追溯到《圣经·旧约》里的《申命记》，上面说不可用山羊羔母亲的奶煮山羊羔。这一禁令也是一种拒绝异教徒献祭动物的方式，因为这种方式非常野蛮，对动物来说也是一种不必要的残忍。人们还认为肉和牛奶放在一起吃会不利于消化，在一些犹太人社区，人们在吃完肉后要等上六个小时，然后再吃任何含牛奶的食物。另一方面，在吃完含牛奶的菜肴之后再等一个小时就可以吃肉了。同样的规则也适用于奶酪和肉，即吃肉和吃奶酪之间需要间隔三个小时（吃完乳制品后再吃肉或吃完肉再吃乳制品的间隔时间取决于犹太教法，也就是当地的宗教传统）。这些规则的遵循还包括使用不同的器皿、锅、盘子、刀叉甚至洗碗机。牛奶和肉必须分开存放，不能在冰箱里相互接触。

一般来说，犹太人可以分为两个群体，即德系犹太人（Ashkenazi）和西班牙系犹太人（Sephardi），尽管这些群体还包括其他几个小群体，而且在某些领域彼此有重合。德系犹太人来自中欧和东欧，包括奥地利、德国、匈牙利、波兰和原苏联加盟国的犹太人。然而，原苏联加盟国的地域如此之广，以至于居住在土耳其和伊朗边境附近的犹太群体的菜肴让人想起西班牙系犹太人的菜肴。西班牙系犹太人来自西班牙、葡萄牙和中东地区，一些被西班牙宗教裁判所赶出西班牙和葡萄牙的犹太人去了荷兰，而另一些则返回了中东地区。

德系犹太人的菜肴通常口味温和而精致，他们美味的菜肴通常以牛肉和鱼为基础，有时候是羊肉配洋葱、胡椒粉和少量的大蒜。欧芹、莳萝和韭菜是常用的香草，味道强烈的辣根酱通常与肉和鱼一起食用，并且总是搭配上格菲特费希（gefilte fisch，一种犹太鱼丸）。泡菜也很受欢迎，经常和正餐一起食用。在德国、匈牙利、波兰和原苏联加盟国地区，醋、压榨柠檬、盐和酸味调味品会和糖及蜂蜜混合，糖醋酱常常被用在像糖醋卷心菜和多尔马这样的菜肴中。在中欧，洁净的鹅、鸡油，以及熏制或者腌制的鱼是犹太人的主要食物。鸡蛋面是许多传统菜肴的主要原料。大麦、扁豆和卡沙（kasha，水煮荞麦）也是受欢迎的主要食物。在德系犹太人的烹饪中，会用到大量的水果和蔬菜，因为它们是中性的，可以和含有肉或者牛奶的菜肴一起食用。

西班牙系犹太人的烹饪特色是大量使用橄榄油、柠檬、大蒜和香辣的香料。希腊和土耳其的犹太人喜欢用莳萝和芫荽等新鲜的香草来调味，而北非的犹太人则更喜欢孜然和干姜。一般来说，大多数西班牙系犹太人在甜的和咸的菜肴中都喜欢放点肉桂。西班牙系犹太人更喜欢羊肉而不是其他种类的肉，同时喜欢吃海鱼而不是淡水鱼。

在中东和部分地中海地区，皮塔饼（pita）或其他薄饼与橄榄、茄子、西葫芦、洋蓟、西红柿、辣椒和豆子一起食用。甜品在西班牙系犹太人的烹饪中没有在德系犹太人中那么重要，甜品的主要原料通常是鸡蛋、酥皮、核桃、杏仁、肉桂、玫瑰和橙汁，而不是乳制品。由于法国人对摩洛哥的殖民统治，那里菜肴中的法国元素非常鲜明，美食也很精致。在摩洛哥西班牙系犹太人的菜肴中，西班牙系香料和配料与法国的优雅结合在了一起。这类菜肴有些辛辣，香味浓郁，带有大量的藏红花、盐渍柠檬、大蒜、芫荽和甜味香辛料，以及肉桂、肉豆蔻、生姜、肉豆蔻干皮和多香果。酸奶在整个中东地区都食用，而芥末是埃及和地中海东部地区的一种重要配料。

大多数意大利犹太人生活在罗马最古老的地区，他们经常做一些西班牙系菜肴。这些犹太人还会使用大量的意大利面，配上迷迭香、鼠尾草、罗勒和其他传统的意大利香料一起食用。在印度，西班牙系犹太人的菜肴受到了当地菜系的影响，用孜然、肉桂、姜黄、芫荽籽、大蒜、生姜、辣椒和新鲜的香菜叶来调味。伊拉克犹太人在移民到印度后，在烹饪时则使用大量新鲜的香草和蔬菜。

1949年从阿拉伯来到以色列的也门犹太人与犹太世界的其他地方隔离了很长时间，他们的食谱和传统一直保持着原来的样子。这类菜肴都很辛辣，含有孜然、姜黄、大蒜、新鲜芫荽叶和辣椒酱，他们的食谱已经融入以色列和那里的犹太菜系。

天然凝乳酶通常用于制作奶酪，这种凝乳酶来自反刍动物——通常是奶牛的胃。这意味着大多数天然奶酪都不属于洁食，但也有一些用凝乳酶替代品制成的奶酪是洁食（但都是奶制品）。明胶也是如此，它是用动物骨头制成的，而用海藻制成的洁食明胶是完美的替代品。

并不是所有的鱼都是洁食，只有带鳍的有鳞片的鱼属于洁食。所以贝类、甲壳类、鳗鱼和没有鱼鳞的鱼，例如琵琶鱼、鲨鱼、大菱鲆（又名多宝鱼。——译者注）和鲟鱼都不属于洁食。属于洁食的鱼不需要以任何特殊的方式来烹饪（与肉在烹饪前的复杂准备环节相比），因为它是中性的。由于这些与鳞片和鳃有关的规则适用于所有生活在海洋中的生物，因此所有软体动物和贝类都不符合洁食规则。

所有不含红肉、鸡肉和牛奶的食物都被认为是中性的或者说是中性食物（pareve），所有水果、蔬菜、鸡蛋、植物油、鱼和人造植物黄油都可以和牛奶或者肉一起吃，但是鸡蛋必须接受检查，因为鸡蛋里的血丝意味着鸡蛋已受精，因此不能食用。

至于酒，犹太人从《圣经》时代就开始饮酒，酒仍然是安息日仪式和其他节日的必备。葡萄酒、发酵葡萄汁和（或）白兰地，以及其他烈性酒必须标有"洁食"字样。葡萄必须在有资质的监管下采摘和酿酒，以符合犹太教规。谷物酿造的酒和烈酒也是允许饮用的。寇修葡萄酒（kosher wine，按照犹太教规要求生产的葡萄酒。——译者注）的生产从一开始就受到特殊规则的保护。在栽种葡萄藤之前，葡萄园的地首先要锄干净，去掉石块，不允许在同一块地里混种谷物和葡萄藤。葡萄藤必须用藤蔓刀修剪，杂草也必须清除而且一定要浇水。葡萄必须在收获季节和播种季节之间收获，不允许二次采摘，因为剩下的那些葡萄是留给社区的穷人的。出于同样的原因，葡萄园每七年有一次不能采摘或修剪，每十五年也有一次不能采摘或修剪，这和犹太教里的五十年节（jubilee）有关。葡萄收获之后，会进行压榨。过去是把葡萄放在大桶里用脚踩踏，等汁液沉淀清澈后再装瓶。

第四章

诺贝尔晚宴（1901—2001）

1901—1910年的晚宴

1901年，第一届诺贝尔晚宴在斯德哥尔摩大酒店举行，人们在音乐学院主厅的颁奖典礼结束后就直奔饭店参加晚宴。在那里，一张马蹄形的桌子已经摆放好了，桌子的中间部位还可以被拉伸，这样的布置可容纳130位客人。首先，瑞典国王和王储举杯喝下已经准备好的两杯香槟，随即周围响起了一片欢呼声。王储在发表完演讲后，向诺贝尔基金会董事会提议举杯祝酒，几次祝酒之后，他又接连做了几段演讲，在最后一句祝酒词结束时，客人们也吃完了餐点。接着人们离开桌子，分别来到几个小房间里，在那里他们三五成群，一边喝着咖啡一边愉快地交谈。与此同时，大厅里刚才还摆放着五道菜的餐桌已经收拾干净，并摆上了大酒杯。来宾们一边喝着酒，一边又聊了几个小时，随后才渐渐散去。这届晚宴只邀请了男宾出席。这是第一次诺贝尔晚宴，不得不说，食物和宴会厅的装饰是比较亮眼的。

第二年即1902年，参加晚宴的客人增加了20位，这样就有150

位客人了。这届晚宴被称为"一次令人印象深刻的活动",受邀者包括科学界及政府部门的杰出人士。这一年的餐桌仍被布置成马蹄状,中间可以拉伸。尽管国王本人当时不在场,大家仍然为瑞典国王的健康举杯庆祝,随后大家也为王储祝酒(王储在场)。接下来,王储发表致谢演讲,再往下就是一连串的祝词和发言。饭后,客人们移步到各个小房间去喝咖啡。和第一届晚宴相似,大酒杯被摆放好后,客人们会继续社交几个小时,再逐渐散去。这一年也只有男性参加了晚宴。

1903年,晚宴再一次于斯德哥尔摩大酒店举行,约有230位客人出席,其中大多数是斯德哥尔摩科学界和文学界的代表。这次宴会堪称精彩绝伦。晚宴开始前,许多星星和花环形状的彩灯亮起,把大饭店的门面装点得十分漂亮。宴会桌还是马蹄形的,有向四周延伸的部分,大厅内摆满了各种鲜活的植物。这一年,首次有男宾带着妻子出席晚宴。和往年一样,也有人提议为国王举杯,随后是一片热烈的欢呼声。在这之后人们向王储敬酒,并为他发表的演讲而欢呼。王储对来宾们的祝词做了回应,并请在场的宾客安静地举杯,来纪念阿尔弗雷德·诺贝尔。接下来的一系列演讲都得到了来宾们的积极响应。饭后,人们在小房间里继续喝咖啡,畅谈。在这届晚宴上,人们的发言更多了,同时有人提议为女士们和其他人员祝酒。这顿晚宴被描述为"简单而精致"。

1904年的诺贝尔晚宴有近200位客人参加,其中包括许多女士。晚上10点左右,王储和英格堡公主(Princess Ingeborg)抵达之后,晚宴才正式开始。摆放餐桌的大厅内装饰着精致的绿色植物、花环和旗帜,马蹄形的桌子沿着大厅的三面墙摆放,在大厅中央还摆着三张较小的桌子。和往年一样,人们为国王和王储的祝酒词举杯庆贺。在回应祝酒词时,王储要求客人们举杯纪念阿尔弗雷德·诺贝尔，随后诺贝尔文学奖得主提议为瑞典文学院举杯。客人们吃完饭已经快半夜了，同往年一样，人们在小房间里喝咖啡，隔壁房间里摆着酒。大家为在过去一年中所有参与诺贝尔奖评选的人干杯。同年12月12日，瑞典国王和王后在皇宫举行宴会，庆祝诺贝尔奖的颁发，这场晚宴邀请了包括获奖者在内的50位嘉宾。

1905年的诺贝尔晚宴于下午5点举行，近200位客人在大酒店的晚宴厅迎接王室成员的到来。等王室成员到达后，等候入场的嘉宾们从5点半开始排队进入大厅。大厅里摆着一张巨大的马蹄形桌子，侧面摆着四排较小的桌子——只有男宾才能入座。场地足以容纳190人。瑞典大学校长埃里克·博斯特罗姆（Erik Boström，1900—1907年任诺贝尔基金会主席）呼吁大家为瑞典国王举杯祝酒。王储古斯塔夫·阿道夫（Gustaf Adolf）提议来宾默哀一分钟，以纪念阿尔弗雷德·诺贝尔。在这之后是持续不断的演讲、祝酒词和掌声。在祝酒时，大多数客人都是站着的（除了一些始终坐着的德国人）。饭吃完后，客人们起身离席，挽着就餐同伴的胳膊，陆续走进那些可以喝咖啡和利口酒同时还允许吸烟的一个个小房间。晚上9点左右王室成员离开后，社交活动继续进行。大约一个小时后，1905年的诺贝尔晚宴也就结束了。

1906年的诺贝尔奖晚宴也有大约200位客人参加，其中不乏女宾。当客人到达时，服务员站在一个小门房里，依次递给客人座位卡。随后，宾客们列队进入晚宴厅与王室成员见面。大厅在明亮的灯光下闪烁着白色和金色的光芒。大厅的一侧放着一张长长的桌子，另一侧也摆着几张桌子，中间位置还有四张较小的桌子。所有的桌子都装饰着玫瑰花和由瑞典国旗颜色（黄和蓝）的丝带缠绕而成的花卉造型。斯凯恩（Skåne）公爵提议向国王敬酒并举杯纪念阿尔弗雷德·诺贝尔，同时提醒各位来宾，这位伟大的捐献者已经去世十年了。晚宴期间共举行了12场演讲，大家举杯相庆，掌声雷动。盛宴持续到午夜，此时客人们已经在餐桌上用餐达两个半小时，接着是饮酒和品咖啡。无论是在小房间还是在大厅里，客人们并没有受之前严肃的演讲内容影响，情绪一直高涨，贯穿始终。

受瑞典国王奥斯卡二世（Oscar Ⅱ）逝世的影响，1907年没有举行诺贝尔晚宴。那一年的诺贝尔纪念日笼罩在为国王哀悼的气氛中。不过，皇家科学院在演讲厅举行了一个简单而肃穆的仪式，颁发了诺贝尔奖，该仪式仅仅持续了半个小时。尽管诺贝尔基金会没有举办正式晚宴，但阿克·肖格伦（Åke Sjögren，诺贝尔基金会负责人之一。——译者注）为当年的文学奖得主拉迪亚德·吉卜林（Rudyard Kipling）安排了一次私人聚会。该聚会在斯德哥尔摩大酒店举行，吉卜林与他的妻子和其他十位客人受邀参加。

1908年的诺贝尔晚宴与往常一样在斯德哥尔摩大酒店举行。晚上6点半，客人们走进晚宴厅，那里的桌子是按传统的马蹄形排列的，同时设有三张较小的桌子，分别为170位客人铺好了台布。这一年也是男女客人都有。首先，沃赫特梅斯特（Wachtmeister，诺贝尔基金会主席，1907—1918年任职）伯爵发表了祝酒词，希望新国王古斯塔夫五世（Gustaf Ⅴ）能像他的父亲一样，成为瑞典科学界的赞助人，这些话受到了一片赞誉。随后，新王储要求全体保持肃静，并举杯悼念阿尔弗雷德·诺贝尔。瑞典国王和王后没有出席晚宴。在这届晚宴上，人们发表了比以往数量更多的演讲，随后人们在小房间里喝咖啡，轻松地聊了几个小时，直到午夜聚会才结束。这届诺贝尔晚宴尽管没有任何乐曲演奏，却仍被认为很高雅。在经历了长达两个小时的颁奖仪式后，坐下来吃饭是一件乐事。

除了那场盛大的晚宴，王室也在王宫举办了一场晚宴，其间没有演讲，斯韦亚救生员乐队（Svea Lifeguards Band）进行了弦乐演奏。这场宴会在一个名为"白色海洋"的房间里举行，有65位客人出席。除此之外，米格塔–勒弗莱（G. Mittag-Lefler）教授和夫人邀请了约150位客人到访他们在德尤尔花园的家，向诺贝尔物理学和化学奖得主和他们的妻子表示祝贺。卡罗林斯卡（Karolinska）学院院长还在自己家里为诺贝尔医学奖得主举行了一场晚宴。

1909年的诺贝尔文学奖得主是瑞典小说家塞尔玛·拉格洛夫（Selma Lagerlöf）。晚上7点刚过，在大酒店宴会厅举行的诺贝尔晚宴便开始了。按照传统，席间没有音乐演奏，传统的马蹄形餐桌上为280位客人铺上了台布。晚宴以有关国王和阿尔弗雷德·诺贝尔的演讲为开端，然后是对每一位获奖者的介绍。随后，塞尔玛·拉格洛夫发表了讲话，许多客人在热烈地为她欢呼鼓掌的同时也流下了热泪。紧随其后的是其他获奖者，他们也发表了演讲，所有的演讲都收获了掌声和欢呼。经过长达两个小时的演讲、祝酒和掌声，晚餐结束了，客人们移步较小的沙龙去喝咖啡。在喝咖啡的时候，一个学生合唱团唱歌助兴，并因此得到了掌声。随后，王妃让他们唱"Ack，du Varmeland，du skona"来致敬塞尔玛·拉格洛夫，现场欢呼声四起，掌声热烈。当阿伦尼乌斯（Arrhenius）教授宣读一封上届诺贝尔奖得主发来的贺电时，气氛变得更加热烈。这封电报讲述了英国的诺贝尔奖得主们是如何在伦敦举办纪念诺贝尔的晚宴的，他们计划每年办一次这样的活动。当宣布这一消息时，所有前诺贝尔奖得主都为之欢呼。

1909年的晚宴是一次内容丰富而愉快的宴会，从头到尾气氛都很和谐，受到了大家的一致赞扬，也有许多女士出席。这次晚宴的宾客人数比以前历次晚宴都多，这可能与文学奖得主是塞尔玛·拉格洛夫有关。与前几年相比，席间演讲既简短又诙谐，因为所有演讲者都意识到自己是在晚宴上，而不是在某个学术论坛中。

1910年的诺贝尔晚宴是第十届了，因此报纸把它报道成一次盛典。晚宴于晚上7点在斯德哥尔摩大酒店举行，三位获奖者出席了典礼。王室成员中，王储和他的妻子、尤根（Eugen）王子和威廉（Wilhelm）王子出席了晚宴。大酒店的入口处点亮了一排灯光，中心有一盏星星状的灯闪耀着。晚宴上约有200位客人，由于正值诺贝尔晚宴十周年，参加晚宴的教授比往届多。桌子上装饰着一串串花朵。市长哈马舍尔德（Hammarsköld）提议为国王干杯，之后王储提议为阿尔弗雷德·诺贝尔举杯默哀。无数的演讲和祝酒词接踵而至。随着最后一个演讲结束，晚餐结束了。晚上剩下的时间是愉快的社交聚会，有学生合唱团的表演助兴，小沙龙里有咖啡提神。与上一年相比，在场的女士寥寥无几，只有一位获奖者的妻子出席。喝完咖啡之后，没有人在茶点上发表进一步的讲话，但谈话更加活跃，同时学生合唱团招待了这些客人。这一年，国王和王后也在王宫举行了一次晚宴，邀请了约70位宾客参加。

1911—1920年的晚宴

第11届诺贝尔晚宴于1911年在斯德哥尔摩大酒店举行，时间约为晚上7点30分。和过去的几年一样，这些桌子被摆放成马蹄形，用菊花装饰。约300位客人出席了晚宴，比以往任何时候都多。和往常一样，晚宴开始时，大家向国王敬酒，之后王储提议默哀敬酒，以纪念阿尔弗雷德·诺贝尔。接着是传统的演讲和祝酒词，最后一个演讲结束后，晚餐也随之结束。然后，客人们去小房间喝咖啡，在那里按照传统，学生合唱团用歌曲招待客人。晚宴在午夜时分结束，新颖而愉快的庆祝活动结束后，大厅过了很长时间才宁静下来。

1912年，第一次没有颁发和平奖。这一年在斯德哥尔摩大酒店举行的晚宴是在约定的时间准时开始的，因为在音乐学院的颁奖典礼没有花太长时间，客人们可以及时到达。这次有175人参加晚宴，比前一年有所减少。和往年一样，那些桌子被摆放成马蹄形，大厅中间有四张小的桌子，上面放着一品红和圣诞玫瑰来装饰，可以说是非常时尚了。由于客人较少，所以桌子空着很多地方。在此前的几年里，客人们在餐桌上几乎没有放手肘的空间。第一杯祝酒词是献给国王的，并受到人们的欢呼。威廉王子随后举杯提议向阿尔弗雷德·诺贝尔致敬。之后是一系列演讲及祝酒词，伴以经久不息的掌声。晚宴之后是一个欢乐的社交聚会，学生们唱着歌助兴。这些表演由男声合唱团和一位男高音独唱歌手担当。当歌手们在"如果幸运的是学生"的音乐声中抬起获奖者，绕着大厅行进时，气氛达到高潮。喝完咖啡，客人们回到晚宴厅，一个美好的夜晚从沿着茶几旁的长廊散步开始。王室成员大约在11点离开，不久聚会结束了。这次晚宴堪称精彩绝伦，对瑞典客人来说是有些老套，然而外宾们带回家的却是在瑞典的美好记忆。

　　1913年诺贝尔奖的庆祝活动，按照传统在斯德哥尔摩大酒店的大厅里举行了一场晚宴。这一年，客人们不得不匆忙地从音乐学院赶到酒店，以便及时赶上晚上7点钟的晚宴。晚宴开始之前，已经有一群人聚集在小沙龙里，兴致勃勃地交谈着。当他们按约定的时间进入晚宴厅时，晚宴的气氛很好。桌子是马蹄形的，中间还有四张小桌子，上面装饰着大量的鲜花，以菊花为主，给房间增添了色彩。晚上7点半，宾客们走进满是鲜花和葡萄的晚宴厅。在为国王祝酒之后，大家欢呼雀跃，又为伟大的理想主义者和慈善家阿尔弗雷德·诺贝尔默哀。这顿饭，包括食物和饮料都被认为是极好的，客人也是精心挑选的。一种异常强烈的女性美元素给这个活动奠定了生动和多彩的色调，给人的印象是，这次庆祝活动比前几年更成功。菜单和酒单都是法文的，餐桌上弥漫着一种不同寻常的好气氛。唯一缺少的是音乐和歌迷，他们总是给获奖者以特别的力量。晚饭后，在金泽尔（Gentzel）领导的男声合唱团的歌声中，客人们感觉更轻松了。小沙龙里的咖啡喝完了，桌子上又添上了茶点。晚会继续在主大厅举行，直到晚上11点半左右。

由于"一战"爆发，1914年没有举行诺贝尔奖庆祝活动，颁奖典礼也被推迟。为了纪念阿尔弗雷德·诺贝尔逝世18周年，诺贝尔基金会在他的坟墓上放了一个大花圈。1915年，同样没有庆祝活动。唯一的仪式是向墓地敬献花圈。在1916年和1917年，都没有举行敬献花圈仪式的记录。在1918年和1919年，诺贝尔奖的庆祝活动是在诺贝尔的坟墓上献花圈。诺贝尔基金会敬献了一个巨大而美丽的花环，上面系着与瑞典国旗颜色一样的丝带，代表着至高的荣誉。

时间来到了1920年，由于第一次世界大战已经结束，人们决定诺贝尔奖庆祝两次，因为人们认为瑞典应该为获奖者展示其夏季的所有荣耀。第一场活动的气氛十分热烈，既包括在音乐学院举行的颁奖典礼，也包括授奖后在哈塞尔巴肯（Hasselbacken）举行的晚宴。颁奖仪式结束后，客人们匆匆走出学院沉闷的大厅，到了哈塞尔巴肯一家更有吸引力的餐厅。在那里举行的晚宴更为庄严，堪称热情的夏日盛宴。这一天有很多获奖者出席宴会，包括那些在战争年代被授予奖项的人，他们被邀请是因为战争期间一直没有举行庆祝活动。

战争后的第一个诺贝尔奖颁奖典礼在音乐学院举行，仪式上沿袭了传统形式。晚餐于7点半在哈塞尔巴肯举行。这一年的庆祝活动是特别的，因为距离上一次庆祝活动已经有很长时间了，但是宾客的数量大约是100人，没有1914年以前那么多。究竟是因为没有颁发文学奖，还是因为王室成员没有参加晚宴，这很难说。

1920年的另一场颁奖典礼和诺贝尔晚宴是在12月10日举行的。1920年的获奖者在这一天领奖，1919年的获奖者也出席了。颁奖典礼在音乐学院举行，晚宴像以前一样在斯德哥尔摩大酒店举行。在音乐学院举行的典礼结束后，客人们没有休息，直接去了大酒店。随后，卡尔（Carl）王子提议大家为纪念阿尔弗雷德·诺贝尔干杯。晚饭的时候，照例又安排了演讲和祝酒词。晚宴以最后一个演讲结束。随后，一个学生合唱团唱起了卡尔·迈克尔·贝尔曼（Carl Michael Bellman）的民谣和各国的代表性歌曲。这一年晚宴的桌子上装饰了铃兰和红色郁金香。这是一个辉煌的节日，斯德哥尔摩在科学和文学领域所有的领军人物都出席了。国王和王后在12月12日为获奖者举行了晚宴。

1921—1930年的晚宴

1921年是阿尔弗雷德·诺贝尔逝世25周年，因此瑞典国旗在斯德哥尔摩到处飘扬，以纪念他。在北方公墓聚集的人群中，有诺贝尔健在的亲属，诺贝尔基金会在他的坟墓上放了一个巨大的桂冠，上面系着与瑞典国旗颜色一样的彩带。还有两个较小的花圈同时摆放，一个是来自诺贝尔家族的由粉红色菊花和白色丝带编成的花圈，另一个是纳恩斯特（Nernst）教授敬献的常春藤花圈。

1921年的晚宴被认为是非常成功的。大约有150位客人在晚上7点前聚集在斯德哥尔摩大酒店的小沙龙里，等待贵宾的到来。王室祝酒词是由舒克（Schück）教授（1918—1929年任诺贝尔基金会主席）提出的。他提醒来宾，国王早在1901年还是王储时，就颁发了诺贝尔奖。在皇家祝酒词和"国王万岁"的呼声后，大厅里的每个人都唱起了《国王之歌》。然后王储举起酒杯，提议向阿尔弗雷德·诺贝尔致敬。很快气氛变得轻松起来，晚餐期间外宾们没有理由抱怨瑞典人的忧郁和冷淡。按照传统，为向阿尔弗雷德·诺贝尔默哀并致敬的祝酒词结束后，又有人发表了一些演讲和祝酒词，随后客人们回到沙龙喝咖啡和聊天。大约晚上11点半，获奖者们离开了，而其他客人多逗留了一段时间。

1922年音乐学院的颁奖典礼结束后，客人们聚集在斯德哥尔摩大酒店为获奖者举行传统的晚宴，舒克教授提议为王室干杯，随后卡尔王子为纪念阿尔弗雷德·诺贝尔发表了讲话。接着是传统的获奖者们的演讲和祝酒词。在晚宴结束后，客人们开始平常的社交活动。

1923年在斯德哥尔摩大酒店举行的诺贝尔晚宴是很传统的，舒克教授提议为国王举杯，威廉王子提议向阿尔弗雷德·诺贝尔致敬。接着是通常的演讲和祝酒词，按照礼节，最后一个演讲结束时，晚餐也结束了。随后就是一个愉快的社交晚会，其间又有人做了几个演讲。当年的晚宴没有引起任何轰动，但当晚的特点是主人和客人之间气氛和谐。

1924年没有举行诺贝尔奖庆祝活动，因为没有一位获奖者能够来到斯德哥尔摩。

1925年的晚宴在人们稍作休息之后又在斯德哥尔摩大酒店举行。像往常一样，舒克教授提议为国王举杯，王储提议默哀敬酒，以纪念阿尔弗雷德·诺贝尔。接着是传统的演讲和祝酒词。当最后一个演讲结束，晚宴也随之结束，客人们一起享受了一个愉快的夜晚。这一年，瑞典王室在12月12日为获奖者举办了一场晚宴。

1926年的诺贝尔奖颁奖日是颁奖仪式举行的25周年，也正值阿尔弗雷德·诺贝尔逝世30周年。然而，这一年的颁奖典礼不是在音乐学院举行的，而是第一次在斯德哥尔摩音乐厅举行。尽管演讲者们被要求发言尽可能地简洁，但这次仪式花的时间也比计划的要长。差不多晚上7点半，客人们才陆续来到大酒店，参加本该在晚上7点开始的晚宴。大约有250位客人参加，晚宴被形容为"平常"。前两道菜上完后，舒克教授提议为国王祝酒，之后威廉王子为纪念阿尔弗雷德·诺贝尔发表了讲话，并提议默哀祝酒。接着就是上主菜，随着获奖者发表的长篇大论（礼节要求演讲期间不得吃喝），主菜也变得冷冰冰了。演讲很长，客人们翻来覆去地看菜单。演讲和晚餐终于结束了，客人们聚在小房间里喝着咖啡和利口酒，然后又聚在礼堂的茶点周围说笑。女士们则离开前往王宫，那里在举行舞会。午夜过后，庄严的诺贝尔晚宴结束了。这一年，瑞典王室也为获奖者在王宫另外举办了一场晚宴。

1927年的颁奖仪式再次在音乐厅举行。其后，大约250位客人参加了斯德哥尔摩大酒店的晚宴，晚宴从晚上7点半开始，而不是预定的7点。据介绍，这一年的晚宴也是一场一流的诺贝尔奖晚宴。当舒克教授提议为王室祝酒时，客人们已经吃完了两道前菜，主菜也已经上来了。王储随后提议默哀祝酒，以纪念阿尔弗雷德·诺贝尔。在那之后，客人们一直保持安静，直到餐后甜点时，大主教内森·索德布洛姆（Nathan Söderblom）发表了演讲。他演讲时用了法语、英语、瑞典语和意大利语，引起了人们极大的注意，收获了热烈的掌声。他幽默的评论也是晚宴成功的原因之一。当大主教的演讲得到获奖者的回应后，晚宴就结束了。晚宴成功的另一个原因是传统的祝酒词很快就完成了，而且演讲的内容不冗长，构思也很好。以前，演讲的传统顺序是在用餐期间，但在这届已经被摒弃了，取而代之的是把演讲放在甜点之后，这一点受到了客人们的高度赞赏。出席前一年晚宴的客人们赞扬了新的规则，因为在这之前，由于没完没了的演讲，客人们没有时间与邻桌的人进行愉快而生动的交谈，这使他们非常失望。在最后一个演讲结束后不久，客人们移步到了沙龙，瑞典王室成员和获奖者的瑞典同事特别为他们的外国贵宾付出了自己的心血。这场晚宴在烹饪和组织方面都取得了异乎寻常的成功。这是自第一次世界大战以来规模最大的一次宴会。12月12日，王室在王宫也招待了获奖者。

1928年的诺贝尔奖庆祝活动被形容为"27小时的诺贝尔奖庆祝活动"，是以严格的传统形式庆祝的。两项纪录被打破了，一项是关于接待客人人数的纪录，另一项是关于沉闷的纪录，当时在演奏厅举行的仪式比在音乐厅举行的仪式要糟糕。音乐学院的音乐厅总是用大量鲜花装饰，而演奏厅的主席台周围只有一束云杉。它看起来更像是一个葬礼，而不是一个节日庆典。所以很多人都想参加晚宴，但是不可能所有人都参加。按照传统，第一杯酒用来致敬国王并纪念阿尔弗雷德·诺贝尔，然后是惯常的演讲和祝酒词。晚宴被形容为"很好"，但毫无新意。然而，并非所有人都这么认为，也有人觉得这一年的晚宴非常精彩。

这一年，第一次有人提出诺贝尔奖庆祝活动应增添节日气氛，认为应该将其搬到斯德哥尔摩市政厅去。人们的观点是，市政厅应为诺奖提供其所要的、应得的庆祝活动。人们还建议颁奖仪式在市政厅的蓝色大厅举行，在金色大厅举行晚宴。专家们分成两个阵营，一些人反对这些建议，他们称，一切庆祝活动已成为一种惯例，没有什么可抱怨的，而且一切都很好。

尽管前一年有过争论，1929年的晚宴还是在斯德哥尔摩大酒店的镜厅举行，约有250人参加了这一活动。哈马舍尔德（1929—1947年任诺贝尔基金会主席）提议向王室致敬，并表达了在场的所有人对王后生病的同情，对此整个王室成员都报以掌声，随后响起了瑞典国歌。第二道菜期间演奏了一首华尔兹舞曲，王储请大家安静下来，一起举杯缅怀阿尔弗雷德·诺贝尔。晚餐平静地进行着，至少有一段时间是这样。客人们不时地赞美晚宴上的饭菜，即使对最苛刻的客人来说，菜单也是令人满意的。接着是人们在吃东西时同时进行的长篇演讲和祝酒词，餐后服务员端上了水果和马德拉葡萄酒。吃完这些，客人们移步到了小沙龙，在那里热烈地交谈。这一年晚宴上有许多年轻活泼的女孩，她们可能宁愿听爵士音乐和跳舞，也不愿坐在茶几旁喝白兰地和水。但是出于对传统的尊重，年轻的女士们不得不用几个小时的谈话来打发时间。

1930年的颁奖仪式是在音乐厅举行的，而自诺贝尔颁奖典礼庆祝活动开始以来，晚宴第一次不是在大酒店而是在市政厅的金色大厅举行。现在人们都承认，对于这一国际盛事，金色大厅是一个比大酒店更合适的地方。在晚宴开始之前约有350位客人聚集在市政厅的蓝色大厅里。当钟声响起的时候，客人们从蓝色大厅走到了金色大厅，在那里他们看到了点缀着鲜花和烛台的桌子。晚宴从晚上7点半开始，从一开始就有一种喜庆的节日气氛。像往常一样，第一次祝酒是为了国王，但这是在索德鲍姆（Söderbaum）教授欢迎获奖者之后提出的。王室祝酒之后是演奏《国王之歌》，然后王储为纪念阿尔弗雷德·诺贝尔而提议了传统的默哀敬酒。在晚宴甜点期间，四位获奖者发表了一系列的演讲，演讲人的名字都会由一位主持人念出来，并且每次演讲都伴随着小号的吹奏。演讲期间还播放了音乐，包括贝尔曼的民谣和一些柔美的瑞典民歌。甜点结束后，人们在同一张桌子上喝着咖啡，晚宴在午夜时分结束。这次诺贝尔晚宴被认为在各个方面都是成功的，组织得很好，而且是迄今为止最喜庆的一届。值得一提的是，诺贝尔奖庆祝活动的第二部分——晚宴找到了合适的形式。从大酒店搬到市政厅意味着诺贝尔晚宴获得了它应得的辉煌、尊严和欢庆，它是音乐厅颁奖仪式的辉煌延续。诺贝尔奖晚宴从来没有像这样在如此辉煌的条件下举行过。这一年，国王也在王宫为获奖者举行了宴会，总共有90位客人参加，但没有播放任何音乐。

1931—1940年的晚宴

尽管1930年的诺贝尔晚宴受到了赞扬，但在1931年，这一活动又搬回了斯德哥尔摩大酒店，回到了那里的主宴会厅。这一年约有200位客人参加。哈马舍尔德发表了第一个演讲后，又提议向国王敬酒，之后王储古斯塔夫·阿道夫提议默哀祝酒以纪念阿尔弗雷德·诺贝尔。菜单是用法语写成的，还供应了美味的外国葡萄酒。在大酒店里，演讲和祝酒照例进行着。因为大萧条，这一年的晚宴规模要小得多，但能做成这样已经非常好了。塞尔玛·拉格洛夫坐在位子上享受地看着菜单。晚宴以蓝葡萄和一个大梨子结束。酒店像以前一样给客人们提供咖啡。晚宴从晚上7点半开始，一直持续到凌晨。

1932年的诺贝尔奖颁奖日被认为是一个美好的传统节日。这一年大酒店举行了创纪录的宾客盛宴，这顿饭很好吃，尽管如此，大酒店却无法创造出与1930年在市政厅举行的晚宴那样令人难忘的体验。音乐轻快而又活泼，混合了国际曲调。第一次祝酒词是为了致敬国王，人们报以欢呼，唱起歌曲《来自瑞典的心灵深处》。然后人们举杯纪念阿尔弗雷德·诺贝尔。在主菜上桌之前，没有人再发表讲话了。演讲结束后，甜点和水果环节也结束了。管弦乐队演奏起歌剧《阿伊达》（*Aida*）中的《凯旋进行曲》（*Triumphal March*）。

在王室成员的带领下，客人们从餐桌旁站起来，移步到了规模较小的沙龙。

1933年，晚宴在王宫举行，这一年也是阿尔弗雷德·诺贝尔诞辰100周年。王宫的冬季花园（Winter Garden）是斯德哥尔摩继金色大厅之后第二漂亮的大厅，所以对于诺贝尔奖晚宴来说，这并不是一个糟糕的选择。冬季花园的桌子上装饰着银质烛台和红色调的饰品，而皇家餐厅则变成了一个晚餐后喝咖啡的沙龙。大约有300位客人参加了这次晚宴。哈马舍尔德提出向王室致敬，人们唱起了《国王之歌》，但似乎很多人没有参与其中，几乎只有王室成员在唱歌。王储随后向阿尔弗雷德·诺贝尔致敬，以传统的默哀祝酒结尾。然而，在祝酒的时候，大厅并不是很安静，因为喷泉在流动，天花板上的一只鸟也在叫。接着，世界上最传统的晚宴开始了，一位外国客人在他的四只酒杯上方做了一个大刀阔斧的手势，并饱含感情地指出，晚宴每次都是那样非凡。然后演讲开始了，主菜之后有人端上来一盘冰淇淋。全场静了下来，不过安静没持续多久，因为演讲还在继续。这次晚宴被认为是成功的，因为在整个科学界没有人会缺少交谈机会。

宴会上的饭菜很可口，许多演讲都使客人们有了很好的胃口。晚宴厅的选择被认为是为节日提供了一个宏伟的场所，正如人们所想的那样，诺贝尔晚宴是独一无二的。它体现了节日的氛围，人们可以自豪地接受科学界各个领域最重要的人的赞赏。当冬日的黑夜降临时，墙壁上美丽的光泽令人愉快而舒适地闪耀着，使人感觉这是一个真正的北欧冬日盛宴。外宾们无比欣喜，说在世界上其他任何地方都很难找到一个比这里更漂亮的房间。从晚宴开始到结束气氛都是极好的，没有任何做作僵硬的痕迹，乐师整个晚上都在画廊小心翼翼地播放着音乐。

1934年，又到了在金色大厅举办诺贝尔晚宴的年份了。这次活动被认为"策划到位，坏境优美，演讲精彩——喝咖啡时的简短演讲"。客人们聚集在蓝色大厅，在嘹亮的号角声中列队进入金色大厅，每个人都在两分钟内找到了自己的位置，这要归功于在王室到来前就排好的座位。晚宴开始时，身穿查理十二世（Charles XII）国王时期军服的乐师们高声吹奏起号角。当第一道菜上桌时，哈马舍尔德就提议为国王祝酒，随后是纪念阿尔弗雷德·诺贝尔的默哀。盛大的晚宴还在继续，每一杯酒都会使气氛高涨。其间，演讲都是按仪式进行的，并以号角声为结束。当最后一次大张旗鼓地宣布演讲结束时，晚宴也结束了，画廊里的谈话也结束了。这一年的晚宴被认为是一次成功的晚宴，尽管金色大厅里的音响效果很糟糕。

　　1935年的晚宴也在金色大厅举行，宾客人数约为250人，他们先聚集在蓝色大厅，然后跟着节日的音乐旋律走进金色大厅。这一年的晚宴没有像往常那样在画廊里开展社交活动，而是在蓝色大厅里举行了一场丰富多彩的学生舞会。在其他方面，这次晚宴和往年一样，从王室祝酒词和《国王之歌》开始。学生舞会被认为是一个新的美丽的特征。首先是以瑞典国旗为先导的、由20个学生组成的行列，随后大约300名学生唱起了《学生之歌》。然后，学生们四次为获奖者欢呼，又在舞蹈开始之前唱了几首歌。这一年的演讲是在吃甜点和水果期间进行的。

　　1936年，晚宴仍旧在市政大厅的金色大厅举行，约有300位客人参加。人们在市政厅装饰了粉红色的秋海棠，还有青铜烛台和蜡烛。哈马舍尔德像往常一样以香槟向国王祝酒，古斯塔夫·阿道夫王子为纪念阿尔弗雷德·诺贝尔提出了传统的默哀祝酒，之后乐队演奏了华尔兹舞曲《马拉尔皇后》（Mälar Queen）。诺贝尔晚宴的演讲比上菜的次数还多，总共有五次。尽管如此，在祝酒词之后，客人们仍安静地享用了餐桌上的美味佳肴。在甜点期间，瑞典教授和获奖者还发表了演讲。当晚宴结束时，客人们散开，移步到蓝色大厅的阳台上，听着传统的歌曲等待学生们的到来。学生们以英语发表演讲，用热烈的欢呼声向获奖者致敬。待学生们的歌唱结束后，舞蹈以维也纳华尔兹开始。晚宴被认为是"辉煌的"，学生们对获奖者的尊敬和祝贺增添了一种令人愉快的色彩。

1937年的晚宴同样被认为是辉煌的，但在危险气氛的笼罩下举行。晚宴作为"一个仍然年轻的传统"在金色大厅举行。这一年也有大约300位客人参加。庆祝活动是按照传统开始的，包括王室祝酒词和默哀祝酒，以纪念阿尔弗雷德·诺贝尔，接下来的庆祝仪式和往年一样。这一年，在离开餐桌后，客人们走到阳台上观看学生们向获奖者致敬。严格来说，这不是学生的舞会，而是一个诺贝尔奖舞会。显然，舞会是非常成功的。瑞典科学院的一些成员承诺，来年的庆祝活动将进行改革。

1938年的诺贝尔晚宴再次在金色大厅举行。如果说早些年的诺贝尔奖晚宴以甜点和咖啡结束，那么现在人们认为，这一活动是以学生们的到来、表演，以及随后的舞会结束的。前几年的惯例是发表演讲和祝酒词，这一年的舞会被认为还是遵循着"传统"形式，所承诺的改革方案没有取得进展。

1939年的诺贝尔晚宴被取消，诺贝尔日被草率地庆祝，人们在阿尔弗雷德·诺贝尔的坟墓上简单地献上花圈，奖金通过银行汇票寄给了获奖者。证书和奖章是由瑞典外交部发给有关官员的，这些官员随后将证书和奖章转交给获奖者，但文学奖除外，因为来自芬兰的获奖者当时在斯德哥尔摩，人们为他和他的家人举行了一次晚宴。

1940年的诺贝尔奖因战争而被搁置，并决定于1941年举行。这是自1914年以来第一次诺贝尔奖被搁置。

1941—1950年的晚宴

与1940年一样，由于世界形势变化，1941年的庆祝活动被取消了。诺贝尔晚宴的1万瑞典克朗预算，全部捐给了红十字会。1942年的晚宴也取消了，这笔钱又全部捐给了红十字会。1943年，瑞典政府阻止了诺贝尔奖的颁发，尽管瑞典科学院想要颁发这些奖项，宴会费又一次被捐给了红十字会。1944年，在斯德哥尔摩发放了诺贝尔奖奖金，但没有举行晚宴。然而，王储在电台发表了讲话，瑞典人对获奖者的祝贺通过无线电传递给美国，人们在纽约华尔道夫（Waldorf）酒店为获奖者举行了一次晚宴。

1945年，又到了为阿尔弗雷德·诺贝尔举行演讲和纪念活动的时候了。晚宴于晚上7点半在金色大厅举行，近600人参加，摆放了13张桌子，这可能是大厅能容纳的最多的桌子了。演讲明智地被安排在两道菜之间进行。晚宴上约有70名服务人员。用完咖啡和甜点后，客人们在餐桌旁畅饮，享受着学生们对他们的敬意。热烈的交谈持续进行着，直到凌晨晚宴才结束。整个晚宴以在蓝色大厅里举行的酒会和舞蹈结束，报纸最早可以在12月10日告诉人们新菜单是什么。这是第一次发生这种事，而且做菜单的工作人员对这种做法也不太欣赏。

报纸描述了晚宴的华丽和菜单的丰富，并指出获奖者和晚宴上的其他客人将能够享受不限量的菜品供应。1944年和1945年的获奖者都被颁了奖，冰淇淋甜点是仿照市政厅的高塔制作的，上面顶着三个镀金的焦糖王冠。蓝色大厅为400名学生提供了晚餐，他们演唱了学生歌曲，并在蓝色大厅表演了舞蹈，伴随着晚宴的是瑞典的轻音乐。对于战后的第一次诺贝尔晚宴，没有任何负面的报道；它被描述为一次光辉的事件和一场令人眼花缭乱的表演。

1946年，人们在阿尔弗雷德·诺贝尔的墓前向他致敬，为纪念他去世50周年，人们在那里献上了一个大花圈，并发表了演讲。报纸对诺贝尔奖颁奖日的报道寥寥无几，似乎晚宴是遵从前一年的仪式举行的。座位牌就是菜单，上面贴着两张新发行的面值为20欧尔（瑞典小面额的货币，1克朗=100欧尔。——译者注）和30欧尔的邮票。座位牌上的邮戳日期为诺贝尔日当天，用来纪念诺贝尔逝世50周年。然而，当蓝色大厅的舞会开始时，嘉宾将这些结合了菜单和座位牌二者功能的集邮珍品留在桌上，结果许多被偷走了。

1947年的晚宴也在金色大厅举行，但在报纸上只是简短地被提及。报纸上刊登的照片大多是王室成员和获奖者的照片。这次晚宴有640位客人参加，餐桌上装饰着高高的烛台，上面摆着点燃的蜡烛和令人印象深刻的插花。第一次向国王祝酒是伯杰·埃克伯格先生（Birger Ekeberg，诺贝尔基金会主席，1947—1960年任职）提出的，随后是王储为纪念阿尔弗雷德·诺贝尔而默哀的祝酒词。客人们一边吃一边交谈，但没有人演讲，客人们可以安静地享用食物。直到咖啡和利口酒供应，才有人发言。和往常一样，这顿饭很好吃。晚宴以学生表演的歌曲和舞蹈结束。

1948年的晚宴也有640位客人聚集在金色大厅，随后人们在蓝色大厅跳舞，晚宴照常规进行，一直持续到午夜后很长时间。诺贝尔基金会主席伯杰·埃克伯格提议为国王举杯，王储则提议为阿尔弗雷德·诺贝尔默哀。

大厅的墙壁上镶嵌着马赛克，因桌上的蜡烛反射出光线，当吊灯被关闭时，在半明半暗中，创造了一种令客人们终生难忘的景象。冰淇淋盘子顶部用桅杆装饰，上面是闪烁的绿色和白色的小电

各式餐具

美味的鹿脊肉菜肴

灯，代表着无线电天线，作为向太空研究的致敬。获奖者的孩子第一次作为客人在晚宴上被提到。这一年的晚宴在简单性方面堪称典范，同时晚宴被描述为诺贝尔奖庆祝活动的辉煌高潮。

1949年的晚宴再次在金色大厅举行，并遵循了传统的模式。选用的花饰由秋海棠和菊花组成。

1950年，当诺贝尔基金会庆祝其成立50周年时，世界上最优秀的科学家们出席了这场盛宴。晚宴在蓝色大厅举行，有900位客人。于是，冰淇淋的游行第一次在蓝色大厅的楼梯上亮相了。这被描述为"124个灯火通明的市政厅高塔，坐落在五颜六色的冰块上，缓慢而庄严地像密西西比河上冰的破裂一样，从蓝色大厅的楼梯上流下来，落在服务员们疼痛的肩膀上"。游行队伍中的九个盘子，上面写着"诺贝尔奖50号"的装饰，也就是说，每个盘子都有一个字母或一个数字（Nobel 50 år 刚好共九个字母和数字。——译者注）。游行队伍伴随着瑞典民歌《在路上走着三个姑娘》的旋律行进。一些报纸声称这是第一次在诺贝尔晚宴上供应香槟。一家报纸写道：香槟酒泛滥，演讲的次数比以往任何时候都多。事实上，这次晚宴有11次演讲和两次祝酒词。晚宴结束时，学生们在金色大厅表演歌曲和舞蹈，就和往常一样。

1951—1960年的晚宴

1951年的晚宴在金色大厅举行，这一年有700人参加。这是国王第一次在盛大的诺贝尔奖颁奖典礼结束后继续参加这场盛大的晚宴。人们对这顿晚餐的评价非常高。这次，球形冰淇淋被做成了石油钻塔的样子。

1952年的晚宴在斯德哥尔摩市政厅举行，多达1200名宾客出席，其中500名是学生。按照传统，这些学生在接待宾客之前，会在蓝色大厅用晚餐，其他宾客则坐在金色大厅。主桌像往常一样沿着有高高的窗户的更长的一面墙摆放。然而，金色大厅里没有足够的空间，因此有大约50位受邀的宾客被安排在特瑞克朗诺（Tre Kronor）画廊就座。主桌上摆放着秋海棠，诺贝尔基金会主席伯杰·埃克伯格提议为国王敬酒，然后演唱《国王之歌》，之后按照传统进行默哀仪式，以纪念阿尔弗雷德·诺贝尔。演讲在晚宴之前和之后都有，这意味着客人们在上头盘前有时间喝两杯红酒。这一年，400千克的南方多汁水果堆放在桌子上，十分吸引眼球，可配上上等白葡萄酒一起享用。这些水果算在甜品这一类里面，在演讲期间就会被一扫而空，因为非常受欢迎。除了主桌以外，其余桌子的宾客都可以自行拿取水果。无论是这一年还是前一年，晚宴都以学生们表演歌曲和舞会为结尾。所有来宾都觉得这种庆祝活动让人身心愉悦。晚宴的人均消费是35瑞典克朗，包含两种不同的葡萄酒。这一年学生歌手们来到金色大厅演唱他们的歌曲，而蓝色大厅则为舞蹈清场。

1953年的晚宴有964位宾客参加，这个数字不包括学生，桌子都被放置在金色大厅和王子画廊（Prince's Gallery）里面。这一年，学生们也步入了金色大厅，表演他们的歌曲，之后是惯例的舞蹈。坐在王子画廊里的学生看到的菜单，要比坐在金色大厅里的客人的简单。

1954年的晚宴有750位宾客参加，其中74位被安排在特瑞克朗诺画廊，其余的被安排在金色大厅。此外，还有620个研究生和大学生的座位，位于蓝色大厅的长桌旁。桌子上摆放着康乃馨。这一年的晚宴和之前的一样，在蓝色大厅举行了学生的舞会。在品尝甜点前只有一场演讲，其间进行传统的王室敬酒，紧随其后的是歌颂国王的歌曲。

国王照例提议为纪念阿尔弗雷德·诺贝尔举行默哀仪式。在品尝甜点期间，人们进行了更长时间的演讲。

1955年的晚宴在金色大厅举行，点燃了600支蜡烛，当时有750位宾客参加。桌子上摆放着红色的康乃馨和毛茸茸的含羞草。传统的敬酒仪式被当作晚宴开场，向获奖者的致辞被安排在主菜和甜品之间。晚会在学生们的歌声和舞会中结束，这次诺贝尔晚宴被称作是极好的，值得赞赏。

1956年11月15日，报纸上说在市政厅举行的诺贝尔晚宴被取消了，诺贝尔基金会组织的活动代替了传统的庆祝活动。与传统的庆祝活动不同，诺贝尔基金会为获奖者和数量有限的其他来宾举办晚宴。据说，音乐厅的颁奖典礼照常举行。但由于世界政治局势不稳定，人们认为传统的晚宴与诺贝尔奖背后的理念及诺贝尔遗嘱的意图不一致。在11月24日，各大报纸报道：鉴于严峻的国际局势，诺贝尔晚宴将会低调地进行，颁奖典礼将集中在音乐厅举办。王宫的传统晚宴也被取消。颁奖仪式实际上和往年一样，而获奖者的庆祝晚餐在交易所大楼举行。只有王室成员参加了这次晚餐，其间一直播放着18世纪的音乐。晚餐结束后，按照传统，学生们向获奖者致敬。对于获奖者来说，这是一次私人的、亲密的活动。晚餐上的菜肴有来自瑞典拉普兰的野生黄莓，是由10位获奖者的可爱活泼的孩子经过讨论决定的。他们认为这些黄莓外观很奇怪但是味道很棒。尽管之前有报道称皇家晚宴将被取消，但实际上，在国王的私人餐厅里举行了一场简单的晚宴，不过获奖者的孩子们不被允许参加，只邀请了50位宾客，而更多的人受邀参加在卡尔十一世（Karl XI）画廊举行的诺贝尔晚宴。

1957年，诺贝尔晚宴在金色大厅举行，有700位宾客出席。贵宾和王室成员在喇叭的伴奏声中入场。在向国王敬酒后，晚宴便开始了。之后国王为纪念阿尔弗雷德·诺贝尔举行传统的默哀仪式。这顿饭没有被之后的演讲干扰，而是伴随着几乎难以听到的背景音乐，直到蜡烛快燃尽，蜡开始滴到桌布上，演讲才开始。这次晚宴也是在学生们的歌声和舞会中结束，舞蹈大概于晚上11点在蓝色大厅表演，持续了几个小时。

1958年的晚宴在金色大厅举行，有730位宾客出席，加上学生大约有1200人。和以前一样，桌子包括了主桌和19张小桌子。按照传统，首先是王室敬酒以及唱《国王之歌》，接下来是为纪念诺贝尔而举行的默哀仪式，之后晚餐就开始了。在轻音乐的陪伴下，客人们受到了机械般精确的招待，并在餐后进行了演讲。晚会照例在学生们的歌声和蓝色大厅举行的舞会中结束。

关于1959年的晚宴，报纸上只写了大约有700人参加，而且是在金色大厅举行的，年纪最小的宾客是一个9岁的小男孩，是一位获奖者的儿子。

1960年的晚宴在报纸上的报道同样非常简短，可能是因为整个晚宴都是通过电视播放的。晚宴在金色大厅举行，而颁奖仪式则在斯图里加坦（Sturegatan）的诺贝尔基金会办公室举行。

1961—1970年的晚宴

报纸上没有刊登关于1961年诺贝尔晚宴的消息。

1962年的晚宴在金色大厅举行，共822位宾客出席。由于宾客众多，金色大厅外也摆放了几张桌子，其中124人坐在了主桌旁。桌子上摆放了黄色的含羞草和红色的康乃馨。晚宴同样是以向王室敬酒作为开始，接下来国王提议为纪念诺贝尔举行默哀仪式。在晚餐结束前没有其他演讲。之后咖啡被端上餐桌，演讲就开始了。后来其他晚宴上的演讲都沿用这个形式。这顿饭总共用了4万件瓷器和600支蜡烛，持续了三个半小时。

两个小时后，第一批蜡烛已经燃尽。和之前一样，在蓝色大厅用餐的大学生们的菜单比在金色大厅用餐的宾客要简单，包括腌鲑鱼三明治和驼鹿牛排配黑莓果冻。晚宴伴随着学生们的歌声（歌曲比平时更加有气势）和蓝色大厅的舞会结束。在傍晚的时候，工作人员还架起一张摆满了茶点的桌子。这一年的食物被评价为"非常美味"。

1963年的晚宴也有大约800位宾客出席，人们聚集在金色大厅。首先还是向王室敬酒，接着是唱歌颂国王的歌曲，之后是纪念诺贝尔的仪式。晚宴在蓝色大厅以舞会的方式结束。这一年的演讲在开始两个小时后举行，也就是在喝咖啡的时候。这一年首次有一位获奖者的孙子参加了晚宴。

1964年的晚宴在金色大厅举行，超过了800人就座，另外有430人在蓝色大厅用餐，金色大厅共有162名服务员，晚宴照例在蓝色大厅的舞会中结束。

报纸上没有关于1965年诺贝尔晚宴的任何信息。

1966年的晚宴同样也在金色大厅举行，有783名客人就座，而蓝色大厅则有458名学生客人。在金色大厅的客人喝着香槟，学生们在蓝色大厅里喝着荷兰杜松子酒。这一年的获奖者中有一位是犹太人，因此他的菜单和其他客人的不太一样。里面有牛油果、一盘蔬菜、冰淇淋和小饼干，葡萄酒都是符合犹太教规的。这些食物不是用瓷器盛装的，而是用玻璃盘子盛装，按照犹太人的习俗，玻璃盘子被认为是干净的。市政厅还买了一些新的锅、盆、长柄勺等炊具，以便用来给那位犹太获奖者准备食物。因为按照犹太人的习俗，不能用同一个容器准备肉类和奶制品。准备菜肴和上菜所用的餐具在市政厅的厨房被清洗干净，然后送到王宫厨房用于皇家晚宴。

晚宴同样以向王室敬酒开始，接着是纪念诺贝尔的默哀仪式。之后，直到吃完饭人们才开始进行演讲。一位癌症登记部门的官员违反了用餐礼仪，因为他在食物和饮品端上餐桌之前点燃了一支烟。一名记者写道，该官员不懂早期诺贝尔晚宴的礼仪——直到冰淇淋之后才可以抽烟或者吸雪茄。金色大厅里的菜单被形容为"华丽的"，而学生们的菜单就比较简单了，只有一份法式甜饼，里面有新腌制的蟹肉、光亮的冷火鸡肉配上华尔道夫沙拉和坎伯兰调味酱（Cumberland sauce）。饮品是杜松子酒、啤酒、葡萄酒和矿泉水。晚宴结束后，学生舞会旋即在蓝色大厅举行，茶点则在金色大厅供应。斯德哥尔摩学生会合唱团的200名歌手从未在诺贝尔晚宴上吃过饭，但市政厅为他们提供了饮料。有140名服务员及厨师和其他厨房的工作人员来确保晚宴顺利进行，不会发生任何意外及延误。

1967年的晚宴上，金色大厅一共坐了796名宾客，450名学生在蓝色大厅用餐。晚宴在蓝色大厅的舞会和金色大厅的茶点自助餐中结束。今天在位的瑞典国王首次以王储身份出席。

1968年第一次发生某些大学生公开抗议、抵制诺贝尔晚宴的事情，他们觉得这不符合时代潮流，庆祝活动过了头。他们还反对诺贝尔基金会挑选嘉宾的方法，反对着装标准，比如学生帽必须是纯白色的（换句话说，学生们不能戴沾了酒渍的帽子）。瑞典的学生对这一抵制的提议看法不一。有人提出，如果被列入高度保密的受邀名单的学生想去，那就应该允许他们去，不然就是一种压制。那些想参加的学生争辩说，他们只有这一次机会去参加诺贝尔奖的晚宴。

金色大厅的桌子上摆放着白色和黄色的菊花，大厅可坐下796位客人。在客人们进入金色大厅后，他们得坐在桌子周围等待国王的到来，桌子上已经摆满了盛香槟的酒杯。

尽管一些学生进行了抗议，他们还是用演讲和歌曲向获奖者致敬。晚宴在蓝色大厅的舞会中结束。学生们有自己的桌子，桌子上放着茶点、威士忌。这一年指挥学生合唱团的男子从1912年起就参加了庆祝活动，当时他自己还是一名学生歌手。想当年，学生们花两克朗就能在斯德哥尔摩大酒店吃一顿晚餐，再配上杜松子酒和一杯瑞典利口酒，当时的酒店经理是威立安敏纳·斯科格（Wilhelmina Skog）。在1968年，已经涨到了每个学生50克朗。

整个晚宴的主持人从1918年起就是同一个人，所以1968年是他参加诺奖晚宴50周年纪念日。晚宴前一天，国王授予他一枚荣誉勋章，以表彰他对国家的忠诚服务。主持人的职责就是在国王到来前，给客人讲解晚宴期间和晚宴结束后做什么，通知演讲者，及给管弦乐队的指挥不引人注意的信号，让他们开始表演，还要给餐厅经理发信号引导服务生上菜之类。在这名主持人被任命之前，这个岗位是空缺的，所以主桌上的客人们只能通过敲玻璃杯让大家安静下来，且演讲的时间随心所欲。这给其他桌子的宾客造成了麻烦，因为他们还没有等到上菜或者没有时间品尝食物。

1969年，诺贝尔经济学奖首次颁发。瑞典银行设立这个奖项是为了纪念诺贝尔。这一年，有796位宾客出席了在金色大厅举行的晚宴。当时，不仅有香槟，还有客人们坐下之前就已经被摆上桌的开胃小吃。头盘是鲑鱼，根据当时餐厅经理的说法，这还是头一次。除了金色大厅的宾客外，蓝色大厅还有429名学生。像往常一样，晚宴在王室的祝酒词和歌颂国王的歌声中开始，之后国王会提议为诺贝尔默哀，晚宴最后在蓝色大厅的舞蹈中结束。这一年大约有300瓶香槟、350瓶红酒和烈酒，还有软饮供应，总共花费了1万克朗。到了午夜，饮品已经被喝光。当学生们还在表演的时候，爱丽丝·巴布斯（Alice Babs）演唱了一首歌曲，非常成功。

在1970年，晚宴吸引的客人比以往任何时候都要多，因为有两位瑞典本地获奖者和他们的亲戚朋友一起出席。总共有836位客人在金色大厅就座。这一年有一位新的主持人，这是诺贝尔晚宴历史上的第二位主持人。早在晚上6点半，伴随着管风琴的旋律，客人们就开始陆续进入蓝色大厅。一刻钟后，主持人的声音在蓝色大厅里回荡，告诉客人们在金色大厅里就座。他们在那里发现有27张桌子，上面摆放着红色康乃馨和含羞草，香槟和水已经倒入杯中。客人们等待着王室成员的到来，他们站在椅子旁，而不像前一年那样坐着。每个盘子之间的距离大约是40厘米，这个距离是用尺子测量出来的。然而在最后，这一切不得不改变，因为主桌上要增加两位客人。因此，这一年主桌上两块桌布的间距只有38.5厘米。几乎所有的东西都在晚上6点45分准备好了，按照规定，客人们应该在7点就座。然而，国王在7点13分到达，晚了13分钟。之后是王室的祝酒词，7点16分开始唱《国王之歌》，国王照样以默哀的形式纪念诺贝尔。两分钟后，酱料端上来了，又过了3分钟，头盘端了上来。到了上主菜的时候，员工们成功地追回了延误13分钟里的7分钟。由于晚宴是从金色大厅开始的，厨师和服务员们都在金色大厅前面的一个21平方米的小区域内工作，到8点整，主菜端上来了。8点半，加了一次红酒，30秒后加了一次水。当主菜吃完，盘子换下后，工作人员总算追回了剩下的6分钟。在甜品之后，是咖啡和利口酒，但在咖啡之前，获奖者要发表演讲。在甜品后安排致谢词的原因是这是一道冷盘，在此之前，如果演讲贯穿整个晚宴，那就意味着热的食物在客人吃之前就已经放凉了。晚上9点40分，客人们结束用餐，那时候大部分的餐盘已经被送到了洗涤室。当客人们站在蓝色大厅的阳台上听学生们唱歌时，桌子就要被换掉。因为舞会将在10点10分开始，那时候茶点自助餐的桌子必须准备好，以便于摆放茶点。菜单被描述为具有异国风情的瑞典菜或者斯堪的纳维亚菜。在10点10分，第一支维也纳华尔兹舞曲在蓝色大厅响起。

对客人们来说，这是一次难忘的经历；对那些服务员来说，有30名16岁左右的学生的帮助会更加有保障；而对于厨房员工来说，这是他们的日常工作，不过是在数百个晚宴中又多了一个而已。

1971—1980年的晚宴

1971年，音乐厅因维修而关闭，因此颁奖仪式在斯德哥尔摩的费城教堂（Philadelphia Church）举行。这一年也有让人震惊的报道，称市政厅的厨房状况非常糟糕，以至于由于卫生的问题面临被关闭的威胁。人们不确定诺贝尔晚宴的食物是否能在那里准备好。尽管如此，晚宴还是在金色大厅举行，现在的瑞典国王当时代表他的祖父出席，他的祖父没有参加晚宴，只参加了颁奖仪式。这一年有800位宾客出席了晚宴。餐厅管理者列出了19条详细的命令给他们的服务员，第一条也是最重要的一条是：记住，在王储殿下被服侍之前，任何服务或者清理工作都不能进行。当他们各自签到后，相当于发出了信号，站在王储身后的人一切都要办妥，像往常那样高速高效地工作。对于我们来说，遵从时间表是非常重要的事情——还有一件事，如果你看到有人落后，一定要提供帮助。然而这次，他们不止耽误了13分钟，而是整整耽误了半个小时。这一年，280瓶香槟被喝光，有20名厨师在厨房工作。晚宴照常在蓝色大厅的舞会中结束。就在诺贝尔颁奖典礼举行的14天前，瑞典卫生部批准市政厅的厨房可以用来准备诺贝尔晚宴。

1972年的颁奖典礼在艾索（Älvsjö）的圣埃里克展览厅（St. Erik's Exhibition Hall）举行，因为音乐厅尚未修复完毕，并且有教堂仪式在费城教堂举行。当时的国王第一次颁发奖品，其他王室成员没有参加诺贝尔晚宴，因为他们需要用三个星期的时间悼念去世的西贝拉（Sibylla）公主。王室的那场晚宴也取消了。800位宾客参加了在金色大厅举行的晚宴，获奖者的子女和孙辈在蓝色大厅的阳台上有自己的桌子，而学生们则在阳台下面吃饭。

晚上6点59分，伴随着小号和管风琴弹奏的乐曲，蓝色大厅的客人按要求到金色大厅就座。之后，贵宾在鸣号声中于7点12分开始入场。在7点19分时，诺贝尔基金会主席提议为王室祝酒，号声再次奏响。1分钟后，号声又响起，由于国王和王储缺席晚宴，首相奥洛夫·帕尔梅（Olof Palme）为诺贝尔举行默哀仪式。在7点22分，头盘在音乐伴奏下被端上餐桌。8点57分，斯德哥尔摩学生合唱团和宫廷歌手爱丽丝·巴布斯·斯博姆（Alice Babs Sjöblom）开始了他们的表演。9点12分，咖啡、利口酒［雷诺干邑（Renault Cognac）和法国廊酒（Benedictine）］一起被端上餐桌。9点27分，诺贝尔基金会的副主席发表了一段10分钟的演讲，之后第一位获奖者开始演讲，接下来每4分钟就有一段插曲和演讲。随后，贵宾们离开餐桌，在蓝色大厅里接受学生们的祝贺，剩下的客人紧随其后。晚上最后的活动是在10点15分开始的舞会。报纸上第一次刊登了为舞会准备的茶点桌的照片。据报道，当茶点桌柜台打开的时候，客人们已经在排队了。

1973年，现在的瑞典国王卡尔十六世·古斯塔夫（Carl XVI Gustaf）首次以君主身份颁发诺贝尔奖。之后，由于瑞典的国王很年轻，而获奖者都年事已高，所以颁奖仪式也随之改变。这一年，国王走上音乐厅的舞台，把奖牌颁给获奖者。这一年的12月10日也是联合国颁布《世界人权宣言》(*The Universal Declaration of Human Rights*) 25周年纪念日。某些宗教团体要求诺贝尔基金会在策划庆祝活动时考虑到这一点，因为这样可以显示团结和尊重人权。

当金色大厅里坐满800名宾客时，诺贝尔基金会主席（他之前也获得过诺贝尔奖）提议向王室敬酒，之后为了纪念"伟大的捐赠者阿尔弗雷德·诺贝尔"，国王要求大家默哀敬酒。晚宴对音乐的选择十分重视，斯德哥尔摩巴洛克乐团进行了演奏，并首次选用了一名男声独唱席万-波特·塔贝（Sven-Bertil Taube）。这次安排获评很好。餐厅共有200名员工，餐厅经理埃里克森先生小心翼翼地用他那支银色钢笔指挥着员工们。晚宴在蓝色大厅以舞会的形式结束。然而，王室成员没有参加舞会，因为他们都站在蓝色大厅的阳台上接受学生们的致敬。等大家跳完第一支舞后，他们就离开了。舞会则在第二天凌晨1点结束。

为数不多的几个被邀请坐在金色大厅的学生之一是瑞典学生会的主席，因为他是晚宴上最后一个发言的人。其他学生坐在蓝色大厅里，和大家一样，他们也有座位牌。然而，只有那个学生会主席的名字被写在座位牌上，而他的女伴则被称为"弗兰克的女伴"。金色大厅里的情况也好不到哪里去，时任瑞典首相的妻子被冠以"帕尔梅夫人"的称号。学生们的菜单上有浓汁松露配啤酒和杜松子酒，蘑菇片和烤牛肉片，再搭配红酒、咖啡还有利口酒。

要使诺贝尔晚宴的氛围十分愉快，就需要大量的服务员。在诺贝尔日的早晨，厨房里开始准备晚上的菜肴。诺贝尔晚宴的厨房已经翻修过，墙壁是白色的，和金色大厅的一样高大。这一年有八名厨师。

第二年，也就是1974年，因为更多的人要求参加诺贝尔晚宴，诺贝尔基金会满足了这一需求，组织了比以往任何时候都要庞大的庆典。本来计划把整个约翰内斯豪夫冰场（Johanneshov Ice Stadium）都装满，但后来决定把晚宴从金色大厅移到蓝色大厅，共有1050位宾客参加。同时，这是第一次把女士们的名字和头衔印在座位牌上，这被看作是时代的变化。人们希望这会带来一些好的影响。在蓝色大厅里那张长的主桌上铺着纯白的桌布，上面摆着银色的烛台和红色康乃馨。在这个荣誉席上坐着80位来宾，包括国王和获奖者。除了主桌，还有50张桌子，上面装饰着烛台、红色康乃馨和已经斟满饮品的杯子。东道主被称赞为世界级的心理学家，因为香槟（冰镇的）即使对那些老年人和激进的人来说也是一种享受。晚宴同样以向王室敬酒开始，用英语为诺贝尔敬酒。当卡尔·尼尔海姆（Karl Nilheim）和他的管弦乐队引导甜品游行队伍沿着蓝色大厅的主楼梯走下来时，全场响起了雷鸣般的掌声。这款冰淇淋甜品是由120个火焰色的巧克力和糖果组成的。吃完甜品后，学生们的歌声在蓝色大厅里回荡。接着，演讲开始，咖啡和利口酒被端上餐桌，这意味着所有谈话都结束了。学生们开始在王子画廊享用晚餐，11点的时候舞会在金色大厅举行，随后瑞典国王离开了庆典。

1975年是诺贝尔基金会庆祝活动举办75周年，之前所有诺贝尔奖的获得者都被邀请参加了诺贝尔晚宴，所以这一年有1100位嘉宾出席。这也是丹麦女王玛格丽特（Margrethe）和她丈夫亨里克（Henrik）亲王首次出席诺贝尔晚宴。晚上6点25分，客人们就座。6点55分，号声响起，瑞典王室成员到达。7点05分，苏恩·伯格斯特罗姆（Sune Bergström，诺贝尔基金会主席，1975—1987年在任）教授提议大家起立为王室干杯。之后所有人坐了下来。7点07

分，瑞典国王站起来，为诺贝尔举行默哀仪式，之后晚宴开始。大约一刻钟后，蓝色大厅里的谈话声达到了顶点。这场晚宴一共有61张桌子，每张桌子都配一到两名服务员。晚宴期间，演奏的是由瑞典作曲家彼得森-伯格（Peterson-Berger）、卡尔·尼尔森（Karl Nielsen）、艾菲特·陶布（Evert Taube）、贝尔曼和拉尔斯-埃里克·拉尔森（Lars-Erik Larsson）等创作的音乐。独唱者是席尔瓦·兰登斯坦（Sylvia Lindenstrand）。正餐结束，乐队演奏*Gärdebylåten*时，服务员们左手端着酒杯，两人一排地走着。在所有的服务员就位前，这首曲子会被演奏五六遍。之后品尝甜点时，斯德哥尔摩大学的歌手们开始演唱民歌。当咖啡和利口酒被端上餐桌后，瑞典首相奥洛夫·帕尔梅开始了长达十分钟的演讲，除了诺贝尔文学奖的得主是五分钟的演讲时间外，每位获奖者都只有三分钟。这是瑞典首相第一次在诺贝尔晚宴上发表演讲，紧接着是金色大厅的舞会，在那里早已布置好了自助茶点。

厨房里的工作人员从早上8点就开始准备食物，直到所有的桌子在蓝色大厅摆好已经是下午1点了。共有150名员工参加晚宴筹备，他们来自斯德哥尔摩、舍夫德（Skövde）、卡尔马（Kalmar）、哥德堡（Göteborg）和奥特维达贝里（Åtvidaberg）。最后一名员工一直工作到第二天凌晨3点才离开。将近250人对晚宴的舞台进行了布置。这一年那位诺贝尔文学奖的获得者因一些原因不能吃菜单上的食物，因此他吃了一道由鱼圆（quenelles，一种掺有鸡蛋和面包的小块肉肠或鱼肠。——译者注）配调味酱的菜。还有一位客人要了一根剥了皮的香蕉当甜点。从晚上7点到9点25分，当奥洛夫·帕尔梅开始演讲，工作人员就得按精确到分钟的时间表进行工作。

1976年的颁奖典礼上，一位观众站起来大声抗议经济学奖的得主，扰乱了颁奖仪式。当抗议者喊出"粉碎资本主义"的口号时，所有的客人都不知所措，国王脸色苍白。这名年轻的抗议者拿了他父亲参加晚宴的票。在他提出抗议前的五分钟，他还告诉了母亲他要做什么，但后者并不相信。在被捕并接受审讯前，他还设法打开了一面小旗帜。他自豪地宣布，他这次抗议已经经过一周的练习了。

西尔维娅王后第一次参加了晚宴，莉莲·克雷格（Lilian Craig）也以瑞典王妃的身份首次出席这样的官方场合，她的头衔是"哈兰公爵夫人殿下"。这次参加蓝色大厅晚宴的人数已经上升到了1200人，其中400人是学生。餐桌上摆满了蜡烛和红色、粉色的康乃馨，共有1700朵，以及70多千克含羞草和250朵黄色的菊花。主桌安排了80位客人，其他客人则坐在蓝色大厅的24张桌子旁。学生们坐在大厅四周的小桌子旁，换句话说，他们和其他客人坐在同一个大厅里。当酒杯里倒满香槟时，皇家祝酒词开始举行，之后唱《国王之歌》，并为诺贝尔举行默哀仪式。晚宴期间没有发表任何演讲，这也算一次创新。因为大家认为颁奖仪式中的演说已经足够了，不过，获奖者们会在喝咖啡期间发表一些简短的致谢演讲。由于这次的化学奖得主对烟草烟雾强烈过敏，因此在主桌上禁止吸烟，托比约恩·法尔丁（Torbjörn Fälldin）和贝蒂尔（Bertil）王子都是在咖啡结束后抽的烟。有一道甜点是由140名服务员用托盘端上来的，即搭配上花式小蛋糕和棉花糖的诺贝尔甜点芭菲（Parfait Glace Nobel）。乐队指挥卡尔·尼尔海姆领头，随后有21名民间音乐家使用小提琴和单簧管演奏*Gärdebylåten*。在晚餐期间，客人们聆听了尼科莱·盖达（Nicolai Gedda，男高音歌唱家，1925年7月11日出生于斯德哥尔摩。——译者注）和学生歌手们的演唱。晚宴持续了三个小时，最后在舞会中结束。

这一年，服务员的人数是140名，餐厅经理是拉尔斯·海伦格伦（Lars Hallengren）。他在1974年第一次参与了诺贝尔晚宴，不过当时他只是观摩和学习而已。

1977年的晚宴也有1200名客人参加，每个人的头盘都是一样的，尽管来宾的主菜不同——学生们吃的是火鸡，而与诺贝尔奖有关的嘉宾吃的是松鸡。这次诺贝尔晚宴耗资惊人——超过20万克朗。这笔钱包括400名学生的餐费，每人大概200克朗，由斯德哥尔摩学生会支付。另外不到一半的嘉宾是受到诺贝尔基金会的邀请，剩下的客人每人支付300克朗。这届晚宴上有一个财务上的创新，即客人们需支付衣帽间费用的1/50，但请柬上此前已经提醒过他们。

客人们拿到的座位名单长达55页。客人们就座时，香槟已经倒在杯中了。香槟一般配头盘和甜品。另外一种售价16克朗的葡萄酒，在1975年的时候已经采购了5000瓶，而香槟的价格则为69.25克朗每瓶。学生们喝的是一种被称为西班牙香槟的酒，而与诺贝尔奖有关的宾客品尝的是法国的香槟。然而，一种葡萄酒要被称为香槟，它必须来自法国的香槟产区，所以学生们喝到的很可能是来自西班牙的白葡萄起泡酒。

晚宴同样以王室敬酒开始，接着是国王为了纪念阿尔弗雷德·诺贝尔而举行的默哀仪式。获奖者的演讲很短，因为晚宴演讲在几年前就被废除了，人们认为在颁奖典礼上的发言已经够多了。

晚宴上的130名服务员来自瑞典各地，他们必须自己支付来斯德哥尔摩的费用，获得的报酬在250—350克朗之间，不过他们主要是过来赚取服务诺贝尔晚宴的经验。其中一些人曾经参加过13次晚宴，45人来自乌普萨拉（Uppsala，瑞典东部城市，位于斯德哥尔摩的正北方，临费利斯河和梅拉伦湖。——译者注）。还有一些人来自丹麦。对他们来说，最重要的时刻是带着甜品走下楼梯。首先是卡尔·尼尔森和他的21人管弦乐队，接下来是7位餐厅领班和130名服务员。他们两个一排往前走着，手里托着冰淇淋。这道甜品是前一年推出的诺贝尔甜点芭菲，可能会一直保留这道甜品。冰淇淋的顶上装饰着一块金色的大字母N。一位化学教授之后为其搭配了绿色的棉花糖，并发现这样确实不太健康——但是，它的味道非常棒！三星的马爹利白兰地和拿破仑甜酒还有咖啡一起被端上餐桌。晚宴持续了三个小时，最后在舞会中结束。

诺贝尔晚宴是在一个周日举行的，周六的时候十位厨师和四位冷盘自助餐的经理拿出了他们从周一就开始做的食物。在周六晚上，工作人员准备了150升酱油、150千克要烤的土豆和很多需要清洗的生菜，此外，约有70名警察在市政厅的地下室餐厅用餐，吃长的、开口三明治，炸牛排和洋葱。在市政厅，女管家和她的员工花了三天时间打磨银器来装饰桌子。因此，这一年的晚宴尤其精彩。

国外对诺贝尔晚宴的兴趣在1978年空前高涨，这是第一次有一个以诺贝尔奖获得者为主要内容的电视节目播出，庆祝活动在美国、日本、澳大利亚和南美洲相继播出。这一年，大约有三分之一的获奖者是犹太人，这一水平自"二战"以来一直或多或少保持不变。

这一年晚宴的桌子上装饰着菊花、康乃馨和含羞草，蓝色大厅里有1200位客人。晚宴的时间安排与上一年有些不同。首先是王室敬酒和歌颂国王的歌曲，之后是晚餐，再之后是国王为纪念诺贝尔举行的默哀仪式。仪式结束后呈上了甜品、咖啡、白兰地和橙汁利口酒，然后进行获奖者的演讲，最后是舞会。晚宴的甜品伴随着*Gånglåtfrån Äppelbo*这首曲子被端上餐桌，这是来自莫拉（Mora）的一群年轻小提琴手演奏的。这些小音乐家年龄在10—16岁之间。冰淇淋的"游行"很成功，和前一年一样，配了薄饼而不是花式小蛋糕。用餐完毕，每位获奖者都有五分钟的时间致谢。大约有十位客人吃了符合犹太教规的洁净食物（物理学奖得主和他的家人），还有一些素食者。这年的诺贝尔文学奖得主是一名素食主义者，他和其他素食者的菜单是以色列牛油果塞满低脂凝乳，洋蓟心浇羊肚菌汁、葡萄叶，以及切碎的蔬菜和诺贝尔甜点芭菲。学生们的菜肴比其他客人更简单一些：鲑鱼罐头和麋鹿肉排，但他们吃的甜品和其他客人一样，是诺贝尔甜点芭菲。这是第一次有人指出，根据传统，诺贝尔晚宴的菜单直到诺贝尔日都是保密的，只有甜品例外。经过五年的时间，品尝甜品成了一种传统，这里的甜品就是诺贝尔甜点芭菲。这次晚宴持续了四个小时。

瑞典禁酒组织（IOGT-NTO）要求诺贝尔晚宴必须不含酒精。其主要原因就是加强瑞典在世界范围内的限制酒精政策。然而，市政厅的餐厅经理说这不是一个好主意，因为对于参加诺贝尔晚宴的外宾来说，酒精饮料通常是一种自然而然的餐桌饮料，但是，无酒精饮料也会提供，而且提供了很多年。

1979年的晚宴上，每个桌子上放了三个杯子，还有古斯塔夫斯堡（Gustavsberg）的瓷器和叠得整整齐齐的餐巾，以及铺着的锦缎桌布，当然还有鲜花和烛台，有800位诺贝尔嘉宾和400名学生参加。一个座席的价格是350克朗，学生价是220克朗（更简单的菜单）。食物与桌子的安排相匹配。140名男女服务员井然有序地走进来，端上精致的主菜和香槟。一道松脆的羊角面包和开胃小吃一起被端上餐桌，还有一款红酒，这款红酒在瑞典国家酒店里已经买不到了，是一款1970年的佳酿。诺贝尔甜点芭菲在贝尔曼的音乐伴奏下被端了进来，之后，所有服务人员都行动起来，冰淇淋"游行"在晚上8点半开始，和花式小点心一起被端上来，之后是咖啡和白兰地。

进入蓝色大厅的进行曲被一个活跃的女学生扰乱了，她在皇家晚宴开始前擅自入场，站在楼梯上唱"人们应该更加相爱"，随后她被轻轻地带回到座位上。但当她再次在桌子上做同样的事情时，被保安逐了出去。另外，获奖者的演讲非常简短，因此有人打算两两一组进行演讲。

即将退休的餐厅经理透露，他遇到了一个难题，即其中一位获奖者没有牙齿，无法咀嚼食物。解决这个难题的方法就是把肉磨碎，把鱼切成薄片，把浆果捣成泥。他还指出，诺贝尔晚宴是一项精密细致的工作，要从当年9月就开始计划，那是诺贝尔基金会要求为晚宴投标的时候。当投标被接受时，餐厅就开始计划了：菜单上一般是三道菜，包括一道头盘、一道主菜和一份甜品。食物应该尽可能地像斯堪的纳维亚的一样，鲑鱼、驯鹿、驼鹿、鹿肉或松鸡都作为主菜，甜品是野生黄莓、越橘和黑加仑雪葩。10月的时候，诺贝尔基金会成员和他们的家人会品尝这些经过反复批评和修改之后的菜单上的菜肴，在那之后，请柬发出去的同时，也确定了晚餐内容。供应晚餐就是与时间赛跑，最多有1分半的误差。演讲时间也很短，因此每位获奖者只有3分半的时间，而文学奖得主会有5分半的时间。当蓝色大厅的灯光暗下来，甜品在楼梯侧泛光灯的照射下被缓缓抬进大厅，整个活动进入高潮，人们永远也不会忘记这个仪式。瑞典国王夫妇一般是由两位特别挑选的服务员招待，而一般情况下，每名服务员要招待10位来宾。

1980年晚宴的1200张票很早就被预订一空，为下一年的诺贝尔奖庆祝活动而排队的人们已经挤满了诺贝尔基金会。在禁酒主义者协会不断提出要求后，白兰地和干邑酒首次没和咖啡一起上。客人们只好将就着喝香槟、红葡萄酒和雪利酒。这一年，王后西尔维娅没有参加晚宴，因为她生病了。

这一年的人均花销是350克朗，用了3600个盘子和6000套刀、叉、匙。下午1点钟开始摆放桌子，直到4点半才摆好。摆下了一张80个座位的主桌和24张40个座位的边桌，另外还有40张各有10个座位的桌子摆在蓝色大厅的拱廊。桌子上的锦缎桌布、古斯塔夫斯堡瓷器、三种玻璃杯、折叠得富有艺术性的餐巾，还有烛台和插花，构成了一幅美丽的画面。最后要摆放的是座位牌。这一年的创新在于诺贝尔基金会为烛台配备了一种不滴蜡的蜡烛，因为蜡烛的滴蜡会损坏桌布和餐具。

客人们被要求晚上6点35分在蓝色大厅入座，7点的时候国王和王后还有获奖者及其家人抵达。就在这之前，餐馆经理向管弦乐队打了手势后，乐队开始演奏，全体客人起立欢迎，接着是和往常一样的晚宴仪式。这一年的诺贝尔冰淇淋上覆盖着镀金的、N形的焦糖奶油松饼。获奖者每人发表了3分钟的致谢演说。

厨房和服务人员由6名领班、10名左右的厨师和冷盘自助餐经理，以及130名服务员组成，他们都相当专业。这些服务员整个晚上大概共走了600千米的距离。参加诺贝尔晚宴被认为是一份十分有吸引力的工作，但也被称为服务员的瓦萨（Vasa）滑雪比赛（瓦萨滑雪起源于瑞典，以率领瑞典人推翻丹麦统治的瑞典国王古斯塔夫·瓦萨命名。——译者注）。其中年龄最大的服务员77岁，这次是他第31次在晚宴上工作。

这一年所有的菜肴都按点上菜，然而就在前一年，国王在餐桌上看到了一位十分迷人的女士，导致他进餐变慢。此外，摄影记者花了太多时间在西尔维娅王后身上，导致这次晚餐整整推迟了10分钟。在晚宴上，并不是每件事都一帆风顺，人的因素在其中会发挥很大作用。有一年，一位诺贝尔文学奖得主是个素食主义者，他的菜单与别人的都不同，是由蔬菜组成的，结果被弄混了。于是他只戳了一下生菜叶子，吃了一些面包，剩下了鲑鱼。而另一位客人，让他惊奇的是，得到了一道完全素食的开胃小吃。

1981—1990年的晚宴

1981年，市政厅的晚宴上又挤进50位客人，达到了1250人，包括400名学生。与1901年的晚宴相比，这次完全相反。1901年时，诺贝尔基金会不得不通过向政府部门和公司求助来召集人们，当时五道菜的价格是15克朗，而1981年的晚宴价格高达375克朗。每个学生支付了200克朗，但与其他诺贝尔嘉宾的食物不同，他们只吃了简单的头盘——当然不是那么简单，来一份白鱼子和虾怎么样？别忘了，这一年是诺贝尔奖成立80周年。

下午1点，人们开始把桌子摆放在蓝色大厅里，用卷尺测量桌子之间的距离，精确到了1.45米，再用短一些的尺子测量盘子之间的距离。餐厅经理站在大理石台阶上，使用无绳麦克风大声地指挥这项工作。晚宴上有一位在诺贝尔晚宴服务次数最多的服务员，其最早在1944年就服务过诺贝尔晚宴。对于服务员来说，诺贝尔日从下午3点30分开始，4点30分领班把他们叫在一起吃晚饭，并且得确保所有申请的人都来了。然后领班分发当天的订单要求，详细列出关于食物、饮料和时间安排的一切细节。主桌上每个服务员要招待10名客人。学生桌上每名服务员要照顾15位客人。因此，主桌上的服务更快。做完当天的工作后，服务员们会聚集在蓝色大厅，所有的服务员都就座，再次接受检查。晚宴的上菜是由第一位领班发出的信号控制的，谁上得太早，就倒霉了。有经验的领班经常要留意新来的服务员，他们常会紧张，这是最糟糕的。他在晚宴上经历过的最严重的事故是一名服务员被椅子腿绊倒，摔倒在地，不过他用胳膊肘勉强撑住了身体，幸而保住了盘子里的食物。

晚宴第一次提到，采访晚宴的记者必须坐在特定的媒体桌，原因是他们已被证明是最糟糕的餐桌搭档，因为他们与嘉宾的谈话内容都会被他们记在笔记本上。

厨房的工作人员由12名厨师和冷餐经理组成，另外有130名服务员。服务国王和王后的都是女士，这次已经是照顾国王的女服务员第26次参加诺贝尔晚宴了，为王后服务的女服务员则是她参加的第10次了。在主桌上服务被视为一项荣誉。餐厅经理示意香槟和葡萄酒需要先品尝后再打开瓶塞倒出来，葡萄酒大师监督着10个负责开瓶的人进行工作。这10个人共开了450瓶香槟，诺贝尔奖嘉宾喝的是玛姆红带桃红香槟（Mumm Cordon Rouge），学生们喝的是科多纽（Codorniu）。还有325瓶红酒，诺贝尔嘉宾喝的是圣哲曼波尔多至尊干红（Chateau St Germain），学生喝的是铂特邦达阿苏尔特酿干红葡萄酒（Paternina Banda Azul）。这些红酒至少要醒三个小时才能上桌，那位葡萄酒大师说，他自己和两名助手在一刻钟的时间里用一个双开瓶器打开了100瓶葡萄酒，这种工具对非专业人士来说是软木塞杀手，但西格（Sigge）和他的助手用起来非常熟练。管家拿出了10个洗碗机来帮忙清洗餐具。

这届诺贝尔文学奖得主是一位糖尿病患者，于是为他准备了他要求的菜单和不含酒精的饮料，他的菜单全是素食，包括牛油果和热蔬菜。整个晚餐花了3个小时，开始于国王为诺贝尔举行的默哀仪式。晚宴上了140盘冰淇淋。当这些甜品端上来时，王后鼓起掌来，获奖者的孙子们也都睁大了眼睛。这次学生唱的歌曲排在了咖啡之后，晚宴在金色大厅的舞会中结束。

当晚宴在蓝色大厅继续举行的时候，金色大厅开始摆放银盘子，用来盛装冰淇淋。这些盘子装饰着由彩色玻璃做成的字母

"N"。诺贝尔甜点伴随着小提琴演奏的民族音乐被端进大厅。这不仅是晚宴的压轴戏，也是服务人员的噩梦。冰淇淋很高，很难切开，而且在盘子上很滑。它配着绿色的棉花糖、花式小蛋糕和薄饼一起被端上餐桌。这一年的一位获奖者在王后的帮助下，将他的节目单折起来放进信封里，同时把冰淇淋下面令人垂涎的字母N样的翻糖也放了进去。冰淇淋现在被认为是必不可少的。这一年没有白兰地和利口酒，也没有咖啡，但在舞会期间摆放了一张茶点桌，客人们可以在那里购买一杯带补贴的威士忌，而诺贝尔基金会则负责提供不含酒精的饮料。晚宴结束后，诺贝尔奖得主和政府官员们都去了楼上的画廊，那里有免费的饮料，严格禁止媒体采访。

厨师长说，菜单上是百分之百的瑞典菜，没有任何复杂的菜肴。一道创新菜是作为头盘、不加黄油的诺贝尔黑麦面包卷。鲑鱼肉酱在前一天就用龙虾和蘑菇拌好了。它有一种独特的、微妙的鲑鱼味道，口感绵柔细腻如蝴蝶一般轻盈。酱汁是凉的，由蛋黄酱、青柠肉、龙蒿、西洋菜、细香葱和菠菜调制而成。驼鹿肉在红酒、胡椒、洋葱、杜松子酒和百里香中浸泡了三天，辅以一种超棒的羊肚菌汁，再与切碎的洋葱和鲜奶油一起精心烹制，鲜嫩可口。还有装饰着花楸浆果的果酱，抱子甘蓝和土豆炖牛肉，配上细香葱丝。这种酱很神奇，因为哪怕是煮了100升，但它尝起来就像是只给四个人做的一样。

在市政厅举行的晚宴上，许多工作人员深受失窃之苦，有人闯进了工作人员的衣帽间，拿走了衣服、钱之类的东西，但究竟有多少东西被偷走无从知晓。不过除此之外，这次晚宴被认为是有史以来最好的。

1982年，人们想参加晚宴的热情令人难以置信，离诺贝尔晚宴不到一周的时候，还有20名客人安排不了座位，唯一的希望就是会有人取消行程。这次在蓝色大厅举行的晚宴被认为是多年来最轻柔、最快乐、最活泼的晚宴，共有1310位来宾参加，其中400名是学生。

下午1点的时候，25个人开始把新上过浆的锦缎台布铺在桌子上，包括27张边桌和拱廊的40张桌子，还放上了新叠的餐巾纸、古斯塔夫斯堡公司的金边瓷器、餐具和侯欧尔特（Alghult）公司出品的三种手工吹制的玻璃杯。这段时间唯一供应的食物是为警犬准备的肉丸，它们在市政厅工作。4点的时候，一辆马车从乌普萨拉带来了40名服务员，有男有女。下午4点半，服务员们聚集在市政厅的自助餐厅里共进晚餐。晚餐进行了点名，同时经理像打冰球比赛前一样给大伙儿打气。每个人都接到了这天的指令，指示他们分秒必争地工作。

5点半，工作人员端出面包卷和水，水倒进主桌的玻璃杯里，除了主桌，所有的餐桌上都供应了香槟，因为主桌要等所有人到齐了才供应。到了6点半，客人们开始入座，7点钟国王和王后与获奖者及其家属一同抵达，这时，号角吹响，来宾们站起来。当大家都就位后，诺贝尔基金会副主席为王室成员祝酒，通常是由诺贝尔基金会主席发表祝酒词的，但这一年他以其他的身份参与其中。之后国王提议为纪念诺贝尔举行默哀仪式。由于这次有60名哥伦比亚舞蹈家和歌手带头，冰淇淋游行比以往更加喜庆——这是为了向来自拉丁美洲的诺贝尔文学奖得主致敬。品尝甜品结束后有七场演讲，之后喝咖啡的同时进行学生合唱团的表演。晚上10点，舞会开始，厨房里的工作人员开始坐下来吃诺贝尔晚餐。

客人们隔着桌子可以毫无困难地交谈，因为桌子上没有任何装饰，除了一些花朵，其中一种是圣雷莫送的礼物，被编织成了矮矮的花束。

晚宴费用总共大约为40万克朗，但大多数客人自己支付了400克朗，少数的研究人员可以享受200克朗的折扣价。晚餐的食品花费大概在5万克朗，由基金会出。蓝色大厅的晚餐已经结束，所以有些宾客，包括20名记者和诺贝尔文学奖得主在内也离开了蓝色大厅，不得不坐在画廊里。所有的警察、特勤人员、学生歌手和服务人员也在那里吃。晚宴一直以其完美的服务、对细节的精确把握和一流的食物而闻名于世，包括红酒选取的细致程度和正确的温度。除了服务员外，晚宴上还雇用了8名服务员领班、12名厨师和冷餐经理、10名洗碗工和10名开瓶工。

1983年的诺贝尔晚宴正值诺贝尔诞辰150周年，特邀嘉宾从国外赶来，但获奖者的数量要比往年少。为了庆祝诺贝尔诞辰150周年，已经有六本书出版，所以晚宴上有整整一张桌子是留给作家和出版商的。参加晚宴的人数为1100人外加150名学生，票价是500克朗，但晚宴的等候名单还很长。冰淇淋游行结束后，学生们为获奖者献上了颂词和歌声。

下午1点，在测量了66张桌子是否在正确的位置后，蓝色大厅的服务员已经就位。主桌会坐78位客人，然后是摆放桌子，用卷尺测量每两块盘垫之间的距离。

当王室成员和所有的诺贝尔奖得主从金色大厅的台阶走下来，步入蓝色大厅时，乐队开始演奏《威风堂堂进行曲》（*Pomp and Circumstance March*）。用波马利（Pommery）香槟向王室成员敬酒是苏恩·伯格斯特罗姆教授提议的。两分钟后，国王向阿尔弗雷德·诺贝尔表示敬意并敬酒。传统的学生向获奖者致敬的演讲和获奖者的回应已经从厚厚的节目单中去掉了，取而代之的是歌曲和音乐。冰淇淋是在晚上8点28分送来的，比预定时间早了两分钟。莫拉青年民谣乐队（Mora Youth Folk Band）引领了由120名服务员组成的传统冰淇淋游行。诺贝尔甜点上覆盖着镀金的、N形的焦糖奶油松饼。贝蒂尔王子的厨师在那里确保把N字样的翻糖放在冰淇淋上的正确位置。晚宴持续了将近三个小时，饭后是获奖者的致谢，那时嗅探犬正在吃肉丸和冷的烤牛肉。最后一位离开市政厅的工作人员是管家，她到家时已经凌晨4点了。勒夫·科隆伦德（Leif Kronlund）的大乐队在舞会上演奏，据说舞会一直持续到早上6点。

主厨首先为诺贝尔奖的来宾制作了四份不同的菜单，这些菜单被送到诺贝尔基金会，基金会将挑选出最满意的部分并组成一份新菜单，然后联系市政府安排一次试吃晚宴。在指定菜单时，决定因素是合理的服务，还有口味和菜品的外观。

将菜单组合起来的另一个重要因素，是为了向外国客人提供有瑞典特色的食物，整个节日应该是瑞典这个国家的展现。另一方面，对于外国客人来说，食物不能太不寻常或者具有异域情调。腌鲱鱼、发酵鲱鱼、猪肉馅的土豆饺子，甚至肉汁松露都不适合这样的场合。然而，在诺贝尔晚宴的菜单上，鲑鱼以多种不同的形式出现。重要的是菜肴的颜色、浓度和味道。此外，这一年的诺贝尔晚宴不能像前一年那样，也不能和以往任何一场晚宴一样。

食物的准备是另一个决定性因素，因为面对的是1300位客人，很具挑战性。诚然，厨房很宽敞，但是烤箱和电炉数量有限。从服务的角度来看，提供舒芙蕾或一些按量分配的食物也是不可能的。厨房没有足够长的桌子，冷餐部的工作人员也没有一个长到可以同时摆放和装饰130道开胃小吃的台子。开胃菜只占餐盘的一部分，但是会放在莴苣叶上，之后客人就可以享用这道菜了。这一年，除了原来厨房里的六名员工之外，厨师长还多带了另外五名员工。

因为这届晚宴是在蓝色大厅而非金色大厅举行，因此厨师们认为用餐前和用餐期间他们在金色大厅都会有一个非常棒的服务空间。冰淇淋上了以后，所有的桌子都被收拾干净搬出大厅，就像晚宴开始前那样空荡荡的，一尘不染，以便在这里举行舞会、为客人进入舞池做准备。

这次庆祝活动总共有220人服务，包括12名厨师和冷盘自助餐经理，还有10位开瓶工，15个人可供管家机动安排，另外还有140个服务员、6个领班等等。客人们共喝了260升咖啡、600瓶波马利格雷诺香槟（Pommery & Greno）、200瓶孟特法贡酒庄干红（Château de Montfaucon）和1400瓶出口的冉莫洛萨矿泉水。这些瓶子比普通会议上使用的要好看得多。如果一个服务员要招待所有的客人，他需要780小时或者32个昼夜，但幸运的是每个服务员只需要招待10个来宾就可以了。

1984年的晚宴展示了瑞典人精心组织并准备大型晚宴的能力。主桌坐着79位嘉宾，包括获奖者、王室成员、政府代表和8位外国大使。两位贵宾没有出席，一个是贝蒂尔王子，他前不久弄伤了一根肋骨以致无法赴宴，另一个是患感冒的克里斯蒂娜（Christina）公主的丈夫托德·马格努松（Tord Magnusson）。宾客总数是1350人，学生250人。晚宴票价为每人550克朗。25张桌子上装饰着大烛台，共摆放了1万朵康乃馨和10千克含羞草。

一个年轻的瑞典女学生成为本次晚宴的司仪，取代了传奇人物威廉·奥德伯格（Wilhelm Odelberg）的职位。诺贝尔基金会在选择主持司仪这个职位上是非常大胆的，因为之前这个职位是由男性担任，在这个年轻女学生接手前，奥德伯格博士已经做了20年。司仪的职责是宣布晚宴开始，欢迎演讲嘉宾的到场，并用他们本国的语言介绍每一位演讲嘉宾。这位年轻女主持人在前一年的晚宴上做的是传信人。

参加活动的很多贵宾伴随着歌剧《唐豪瑟》（*Tannhauser*）的

音乐旋律缓缓入场。在晚餐期间，斯德哥尔摩交响乐团（Stockholm Philharmonic Orchestra）为来宾进行了表演。而金色大厅里的舞蹈音乐是在瑞典爵士舞台上最著名的阿恩·多米奴大乐队（Arne Domnérus Big Band）演奏的，由普特·维克曼（Putte Wickman）和本特·豪伯格（Bengt Hallberg）先后独唱。

王室敬酒是由诺贝尔基金会主席提议的。这顿晚餐的评价非常高，菜品非常美味。晚宴上的第12号桌像以往一样作为"儿童餐桌"，所有的孩子和获奖者的孙辈都坐在那里，用闪闪发光的酒杯互相敬酒。

晚宴被描述为在蓝色大厅举行的盛大的家庭聚会，一切都按计划进行。到了晚上7点05分，国王用香槟向诺贝尔表示默哀并敬酒，正式的祝酒词已结束，随后蓝色大厅里回荡着人们用多种语言交谈的声音。但是，当一大群穿着黑白相间衣服的男女服务员端着冰淇淋走下楼梯时，全场顿时鸦雀无声。伴随着来自斯堪森（Skansen）的民谣乐队的音乐——由雷克萨德（Leksand）作曲的《克斯–拉斯婚礼进行曲》（*Kers-Lars Bridal March*），冰淇淋游行开始了。这次的创新点在于，传统的黑加仑雪葩被奇异果雪葩和百香果雪葩替代。

和往常一样，诺贝尔甜点上装饰着一个大大的字母"N"，王后西尔维娅确保她的晚宴搭档和获奖者可以带一个"N"回家作为纪念。晚餐持续了3个小时。这一年，一个男声合唱团进行了表演。

对服务人员的要求之一是他们可以一次携带15个盘子，145名强壮的员工来自各个年龄段，从学生到退休的人。从桌牌A19（国王）到A59（王后）是由退休人员服务的。这些男服务员和女服务员来自瑞典各地，有些人无偿工作，有些人甚至自己支付了路费和住宿费。诺贝尔日的中午12点半，25名工作人员抵达现场开始布置桌子，在一根两米长尺子的帮助下，他们需要确定每两个主餐盘垫之间的距离是否相同。4点半的时候，其他服务员都到齐了，他们一起吃个晚饭，然后各就各位。晚宴期间，经理站在蓝色大厅的楼梯上，用精确的手势指挥他的员工——点头表示国王和王后需要服务，当他把手放低时，就表示要招待其他客人。花束现在成了餐桌上唯一的装饰。以前，桌子上还装饰着镜子和又大又重的镀金大烛台，上面插着蜡烛和鲜花，但现在镜子不见了，大烛台被小烛台取代了。管家和另外的17个人一起完成布置，服务人员还包括8个领班、10个厨师和冷盘自助餐经理及4个葡萄酒开瓶工。

1985年的晚宴有1280位客人参加，诺贝尔基金会为此花费了大约30万克朗，但那些没有被特别邀请的人就需要自己掏500克朗买晚宴的门票。12点半，服务人员聚集在市政厅，15名厨师和冷盘自助餐经理已经在厨房辛勤工作了。12点45分，工作人员在尺子的帮助下，把桌子和椅子摆成整整一排。25分钟后，66张桌子都铺上了桌布，一个大的手推车运来了瓷器。摆桌子是一门学问，因为每样东西都要精确地摆放，分毫不差。王室成员和获奖者坐的桌子和旁边的桌子之间的距离必须完全相同。所有的盘子都是对着摆放的，因为如果不是，看起来就好像桌子没有摆正一样。有一位专门的服务员会测量盘子和玻璃杯之间的距离。主桌上的装饰是一个德国家庭在市政厅落成时赠送的礼物，由玻璃和镀金金属组成。桌子上摆放了4000朵红色康乃馨和10千克含羞草，这是圣雷莫市长送的礼物。前一年那位司仪工作做得很好，所以这一年她也被委以重任。

晚宴的流程表是这样的：晚上6点45分，在王子画廊里进行晚宴的基本介绍，客人们按要求在蓝色大厅里指定的位置就座，之后主桌先上了葡萄酒。7点05分，由苏恩·伯格斯特罗姆教授提出向国王敬酒。7点07分，国王带领大家为纪念诺贝尔举行默哀仪式。7点10分，有人为国王和王后花两分钟拍摄照片，其他客人则用5分钟。8点半，甜品端上来。主厨首次参加了冰淇淋游行，这次是由弗罗达民间音乐乐队（Floda Folk Music Band）带领，紧随其后的是戴着高高的厨师帽、身高超过1.83米的主厨，其后跟着男服务员和女服务员。厨房的工作人员厌倦了那些为带走那个焦糖纪念品而进来要塑料袋的客人，所以他们集中准备了一堆塑料袋和餐巾纸给那些要带走焦糖"N"字母的客人。8点55分，咖啡伴随着获奖者演讲前的欢呼声被端上餐桌。白兰地这次没有和咖啡一起上，它已经被从菜单上去掉了，这样会节省10分钟的时间。9点10分，文学奖获得者上台演讲。9点15分，医学奖得主演讲。9点21分，化学奖得主演讲。9点22分，物理学奖得主演讲。9点25分，经济学奖得主发言。9点半开始学生表演，这次表演的学生团体是拉丝·博姆（Lars Bohm）带领的斯德哥尔摩学生合唱团。10点整，学生合唱团表演一结束，舞会就开始了。

第一次游行是在晚宴开始时，贵宾们走进蓝色大厅，伴随着《威风堂堂进行曲》缓缓走下楼梯。晚宴上的独唱者是里尔·林德弗斯（Lill Lindfors），斯德哥尔摩学生合唱团向获奖者们致敬。晚宴在勒夫·科隆伦德指挥的管弦乐队的演奏和里尔·林德弗斯的演唱中结束。

菜单非常棒，酩悦香槟和头盘，还有1979年特别进口的佳酿——梅多克产区罗斯柴尔德男爵酒庄的葡萄酒（Médoc Baron Philippe）一起被端上餐桌。凌晨1点，舞会结束了。半小时后，大厅里就看不到任何关于诺贝尔晚宴举行过的痕迹了。

冰淇淋游行是晚餐中最壮观的部分，晚宴开始前几个小时冰淇淋就被送到了市政厅，看到它摆在金色大厅里，然后被服务员带到楼下的客人面前，真是一个奇观。在舞会开始前，金色大厅还扮演了洗碗间的角色，这可能是世界上最漂亮的洗碗间了。

厨师长声明食物必须要有很强的适应力（这是为多人烹制大餐的恰当描述），既要好吃又要吸引人，才能让客人们记住。他手下有10名厨师和冷盘自助餐经理，还有5名助手给他打下手（许多人在厨房里无偿工作，只为参加一次诺贝尔晚宴），此外还有专门给葡萄酒开瓶的人、15名洗碗工和140名男女服务员。当所有的工作都完成后，警察、管家、艺术家和所有相关人员都安静地享用属于他们自己的诺贝尔晚宴。

之所以事先对菜单十分保密，是因为如果不这么做，所有餐厅都会在诺贝尔日打广告："来和我们一起吃诺贝尔晚宴吧。"这一年电视台首次对诺贝尔晚宴的厨房和员工进行了大量报道，早上7点，就有电视台记者来摄像，而对在幕后发生的事情也进行了比之前更贴切的报道。

晚宴的菜单必须是一流的，而且应该包括有瑞典特色的食物。到夏末的时候，菜单基本已经具体化。之后的一整个秋天，诺贝尔基金会会出专人品尝之前提议的菜肴。这届晚宴上被否定的菜品有：1）布胡斯甜饼、橙汁鸭、黄油土豆配欧芹和新鲜的绿色沙拉；2）小龙虾配罗勒酱、诺贝尔卷、羊脊肉配红酒酱和炸土豆条；3）野鸡肉冻配苹果和柑橘沙拉、诺贝尔卷、烟熏鲑鱼配奶油沙司、腌芦笋配茴香煮土豆；4）鳗鱼馅的大菱鲆烤圆饼和绿酱、诺贝尔卷、鹿肉片配奶油芹菜、越橘奶油酱和黄油土豆。诺贝尔甜点和所有备选甜品的原料一样，都是百香果和猕猴桃。参加晚宴的学生必须从这一年被否决的菜品中挑选出一样凑合着吃。

晚宴还包括一些在外围工作的人：60名警察、25名音乐家、80名播音员和电视台工作人员等等。

有关诺贝尔晚宴一些很精彩的传言，使得国际电话电报公司（ITT）、福特公司（Ford）还有其他一些公司在晚宴结束后派人来到斯德哥尔摩，订购了整份诺贝尔菜单的复制品。

1986年的诺贝尔晚宴与前几年的不同之处在于，鉴于九个月前发生的首相奥洛夫·帕尔梅遇刺事件，这届的安全检查十分细致，无论是在音乐厅的颁奖典礼上，还是在蓝色大厅的晚宴上，学术界的任何一位成员不出示门票和身份证就不允许进入。

尽管如此，这一年的庆祝活动也是非常盛大的，晚宴上有1250位客人。晚上7点过几分的时候，在餐厅经理的示意下，140名服务员端着头盘走了进来。获奖者和王室成员则在主桌边就座，和其他桌子一样，主桌上装饰着红色康乃馨和黄色的含羞草，这是圣雷莫市长送的礼物。国王和王后是最先被招待的，这样也符合礼仪和规矩。招待国王的女服务员服务过26届诺贝尔晚宴，她和她的同事这几年在晚宴上从金色大厅到蓝色大厅来来回回走的路加起来都有地球的赤道那么长。这些服务员都了解王室成员，比如王后只喝白葡萄酒，因为红酒会让她头疼，莉莲王妃不能吃龙虾。而且有时候国王和王后需要一些小的帮助，让他们好准时放下刀叉，从而不会打乱确切的时间表。聪明的晚宴经理把客人们安排在一起，好让那些可能有相同兴趣的人聚在一起畅聊，因此，在66张桌子中，坐有年轻人的桌子是44张。尽管这些年轻人正处于最糟糕的汉堡横行时代，但给他们端上来的食物却有很高的水平。在节目之外，有人向参加了50届诺贝尔晚宴的贝蒂尔王子敬酒。

这次的冰淇淋游行并没有在民谣伴奏下进行，而是伴随着五名活泼姑娘的舞蹈进行，她们跳着罐头舞，裙子甩得高过头顶，令客人们十分开心。诺贝尔基金会的主管担心有些人会被跳罐头舞的女孩们吓到，事实证明他错了。冰淇淋装饰着花式小蛋糕、棉花糖和像诺贝尔甜点一样的焦糖"N"。冰淇淋周围的棉花糖只是用来装饰的，但如果客人要求，也是可以吃的。这一年和以前一样，客人们争着要冰淇淋上大大的焦糖"N"。冰淇淋是被切成片状而不是传统的大块。吃完甜品后，获奖者会发表三分钟的致谢演说，唯独诺贝尔文学奖获得者讲了五分钟。到了喝咖啡的时间，伴随着勒夫·科隆伦德的管弦乐队的音乐和舞蹈表演，茶点也被端上餐桌。晚宴持续了将近三个小时，其中一个小时专门用来演讲和让学生们致颂词。这一年的晚宴人均消费约600克朗（包括食物、饮料、服务、使用衣帽间等）。不过，一些客人会支付275克朗的补贴费用。

这位诺贝尔文学奖得主有一定的艺术细胞，因此对晚宴严格的编排，甚至是服务员走动的固定模式都十分着迷。向王室敬酒的时间是在7点05分，两分钟后国王做出回应。这次晚宴绚丽多彩，而且菜单像往常那样保密，就像厨师长说的那样，为了客人的利益不得不维持悬念。如果菜单不保密，其他餐厅就会复制它，在诺贝尔日提供同样的食物，所以保守这个秘密很重要。在当年9月，诺贝尔基金会公布了四份菜单，其中两份在几天后由他们的代表选出并进行了试吃。

尽管进行了严格保密，有关头盘的信息还是在诺贝尔晚宴举行前两天被泄露出去，对此主厨只有一种想法："真是厚颜无耻！"

厨房里的工作人员在没有报酬的情况下，在厨房里排队工作几个小时。其中一位冷餐经理独自一人做了装饰鲑鱼的菠菜铺盘，这是一道开胃小吃。还有一个厨师站在那里烤了几个小时的土豆，尽管有时任务很单调，但气氛却很好，许多员工每年都过来，长途跋涉，相聚在这里。这给了厨房一种很特别的同事情谊，这里的玩笑和语气可以说是十分亲切的。厨房没有特别标明哪些菜肴会被端到主桌上，这样做的目的是为了让所有菜品都做得同样漂亮。很多人觉得他们有义务在诺贝尔厨房工作，但其中很少一部分人才是被主厨主动选中叫去的，他同时也不得不拒绝大概20名厨师。晚宴经理大概会拒绝150名自愿服务的服务员申请者。这一年，一位60岁的女服务员参加了她的第30次诺贝尔晚宴。

很多想参加晚宴的人都把自己的名字写在等候名单上，以便有机会在晚宴上工作，但通常提前几个月就排满了。人们从瑞典各地赶来，下午4点半蓝色大厅的桌子就已经摆好了，五个小时前大厅还是空空如也，之后会有一个由25人组成的高效工作团队进来，摆好所有的桌子。这些做完后，女士们走进来给桌子铺上白色的亚麻桌布，放上盘子、餐具和三个玻璃杯——一个盛香槟，一个盛配主菜的红葡萄酒，还有一个盛配冰淇淋的波特酒。1300张被折成扇形的白色亚麻纸巾被放在盘子里，同样数量的深蓝色菜单被放在桌上。在主桌的中央放着镶金边的镜子，上面放着花朵和烛台，两个盘子之间的距离是经过测量的。

晚宴大约供应了1400瓶矿泉水、260升咖啡、300瓶香槟、5000多个盘子和9000多件刀叉。除了厨房的工作人员和服务员以外，大约还有60名警察，25名侍者，80名来自广播、电视和其他媒体的人员，以及数量不详的保安。

1987年的晚宴有1200位客人参加，包括250名学生，每人消费大约是700克朗。这一次有一半的客人是女性。来自瑞典和很多其他国家的人都在排队买票的名单上。诺贝尔晚宴结束后的第二天，这顿晚餐没吃过的食物被在市政厅餐厅作为当天的菜肴供应，每盘售价36克朗。菜单通常是保密的，但可以提前透露主菜不会是鹿肉，因为鹿肉一般出现在12月11日国王的菜单上，另外还透露有320瓶香槟、4200朵红色康乃馨和8千克的香味含羞草，以及点燃的枝状大烛台和晚宴所需要的7800套银质餐具，还有140张桌子和145

名男、女服务员。

这一年，伴随着客人进入蓝色大厅的音乐发生了变化，雄壮的《威风堂堂进行曲》被让·西贝柳斯（Jean Sibelius）创作的《卡累利亚组曲》（*Karelia Suite*）所取代。国王卡尔十六世·古斯塔夫第16次提议为纪念诺贝尔而敬酒，随后晚宴开始，阿雅·赛尤玛（Arja Saijonmaa）在晚宴上演唱。

晚宴上的食物都是精挑细选和精心配置的，在人们享用菜肴的同时，气氛也随之变得轻松起来，晚餐变成了一场盛宴。大约在晚上11点，诺贝尔医学奖得主宣布庆祝活动开始，然后迅速地消失在舞池中。王室成员一行于11点半离开，查尔默联盟管弦乐团（Chalmers Alliance Orchestra）这一年参与了大约10分钟的娱乐游戏。

这一年的冰淇淋游行同样顺利进行，诺贝尔甜点是黑加仑雪葩，里面装满了接骨木花雪葩和百香果雪葩、花式小蛋糕、杏仁饼和棉花糖，顶部是闪着亮光的绿色字母"N"。为王后西尔维娅提供甜点的服务生奥斯卡·罗姆伯格（Oscar Romberg）也受到了王后的欢迎。奥斯卡为她服务了10年，但在前一年生病了没有来。似乎有一个很大的问题是，究竟是哪些客人成为诺贝尔焦糖"N"的主人？据报道，这些N型焦糖大多数都被偷偷地装在了化妆袋里，然后在圣诞节午餐时又出现在奥斯特马尔姆（Östermalm）的女士们的家中。这次冰淇淋芭菲比往年的矮，有两层，呈圆形。在过去几天里，它们被冷冻在长方形的牛奶盒子里。

自1965年以来，乌普萨拉的一名教练已经带着大约30人去斯德哥尔摩参加诺贝尔晚宴，1988年也不例外。当时几乎没有一个人是全职的服务员，他们只是临时的工作人员，但都是精心挑选出来参加晚宴的。晚宴开始前，服务员会在市政厅的餐馆里吃一顿猪肉片

　　　　　诺贝尔晚宴

和鳕鱼配虾酱。

晚餐气氛很好，因为他们都彼此认识。晚宴经理把时刻表分发给大家，以便他们知道将要招待谁。

那些为学生服务的人压力更大，因为他们每个人有15位客人要照料，而其他人只有10位客人要照料，而那个有幸为国王服务的人已经是第八次参加晚宴了。现在，学生终于有了和其他客人相同的菜单，但是他们仍然喝不同的饮料。服务人员分为三组：一组摆放桌子；一组服务；一组清理桌子。乌普萨拉的工作人员都在服务组。桌子是下午4点半摆好的，人们花了四个小时才摆好所有的东西，包括2500朵康乃馨和来自圣雷莫的含羞草。

客人到达后，服务人员立正站好，右手放在背后，等待晚宴经理发出信号即开始服务。只需要一个眼神就可以告诉主桌的服务员是时候为国王夫妇服务了。之后，一个横扫的手势告诉其他工作人员，可以为其他客人服务了。晚宴经理和八个领班管理着晚宴。

晚宴上有66张桌子，上面装饰着红色康乃馨、含羞草和绿叶；铺着450米长的亚麻桌布，桌子上还摆放了5200个盘子，以及同样数量的玻璃杯和银质餐具。这次有1058名客人参加，其中许多是孩子，都坐满了。晚宴以向王室敬酒开始，国王用敬酒来纪念诺贝尔。冰淇淋、越橘芭菲和苹果雪葩，看起来像粉色的冰屋，顶部还是放着一个大大的、金色的N字样焦糖，和葡萄酒一起被端上餐桌。这一年的冰淇淋游行首次在铜管乐队的伴奏下进行。获奖者们同样在享用甜品后发表致谢演说，但这一年没有发表任何文学演讲，因为诺贝尔文学奖获奖者本人不在斯德哥尔摩，他的两个女儿代表他出席了晚宴，他的演讲也被他的祖国——埃及的音乐代替。

负责音乐的是阿恩·"多潘"·多姆尼尔斯（Arne "Dompan" Domnerus）和他的十人乐队，歌手是西西·斯博姆（Sissi Sjöblom）。

学生由布里克霍恩（Bleckhornen）和斯德哥尔摩学生合唱团作为代表。艾莎·金德（Åsa Jinder）作为当晚的独奏者，表演了瑞典的尼古赫帕（Nyckelharpa，瑞典国宝乐器，是一种有键提琴。——译者注）。

晚宴在一种温暖的氛围中举行，空气中弥漫着笑声，而且没有一年前那么正式了，此外，冰淇淋更加美味。在其中一张桌子上，人们还讨论了服务员如何把食物端到桌子上时还能保持食物的温度，因为厨房距离蓝色大厅有好几千米远。一位经常参加晚宴的女士透露，她在这次晚宴上放弃了自己的素食饮食，以免让服务员准备起来更加困难。总之，这次晚宴充满着欢声笑语。

这一年诺贝尔基金会没有选用的菜单是：1）野鸡慕斯、鹅肝酿炸鲑鱼排；2）鲑鱼和大菱鲆香槟肉冻、驼鹿肉泥；3）鳗鱼和大菱鲆肉糜、黑松鸡的鸡胸肉。所有菜单上的甜品都是经典的诺贝尔甜点，但装饰物年年不同，这一年是瑞典野生浆果和水果。

当然，举办一场诺贝尔晚宴是一件有趣的事情，但同时也很难改变它，因为食材应该是来自瑞典，而且需要几个月的时间才能弄到。餐厅经理不能从这些年来的菜单中挑出一份自己最喜欢的，正如他指出的，他现在做的那份总是最好的。然而，那些被认为是最好的晚宴食物在过去的几年里却发生了变化。在20世纪50年代，鸡肉会出现在所有喜庆的场合，但在80年代和90年代则是驯鹿、麋鹿和鹿脊肉，鱼类如鲑鱼、多佛鲽鱼和大菱鲆，还有各种各样的野生鸟，例如野鸡和野鸭，它们被认为是节日食物。

1989年的晚宴共有1308位客人参加，每人的费用是800克朗，晚宴的布置用了22100件家用器皿。

晚上7点05分，诺贝尔基金会主席提议为王室敬酒，两分钟后国王为纪念诺贝尔而祝酒。这一年的文学奖得主卡米洛·何塞·塞拉（Camilo José Cela）曾写道："葡萄酒对女士很有好处，男士喝会更好。"因此他特别中意于晚宴上的美酒，尤其是1982年著名的罗斯柴尔德男爵酒庄生产的"诺贝尔之选"。主菜之后，这一年的另一位主要文学家鲍里斯·帕斯捷尔纳克（Boris Pasternak），在他被禁止到斯德哥尔摩领奖的31年后，晚宴对他进行了追悼，他的儿子代表他接受。这是第一次有外国管弦乐队参加的晚宴，奥斯陆大学的管弦乐队引导了冰淇淋游行。冰淇淋需要150个代表诺贝尔的焦糖字母N，客人们可以把它带回家，还可带着他们的座位牌和菜单。冰淇淋上点缀着棉花糖和小糖果。饭后，获奖者发表致谢演讲。晚上10点整，客人们从座位上站起来，参加金色大厅里的舞会，勒夫·科隆伦德的管弦乐队正在那里演奏。

这一年，市政厅来了一位新的餐厅经理，他在诺贝尔晚宴上首次亮相。他出色地完成了自己的工作，每个人都对他这次的表现印象深刻。这届的文学奖得主带来了来自他最喜欢的罗斯雷莫斯（Los Remos）餐厅的参观者，他们对后台的安排印象深刻。然而，西班牙厨师把肉切得太厚了，导致后面出了点儿小麻烦。

另外一方面，客人们吃完以后，剩下的冰淇淋也从没有这么多。当时的财政部长在餐桌清理前没来得及把他的主菜吃完，但他说这是他的错，因为他和晚餐的伙伴进行了非常愉快的交谈，导致没有时间吃饭。这一年剩下的时间里，市政厅餐厅卖出了1万—1.2万份诺贝尔菜单。

1990年的晚宴人均价格是900克朗。这一年，获奖者们对菜单没有任何要求或者预订。为国王和王后服务是一件愉快的事情，因为他们几乎喜欢一切。晚宴上的节目遵循了传统的、经过反复测试的模式。诺贝尔基金会主席拉尔斯·吉伦斯滕（Lars Gyllensten）提议为王室敬酒，国王也以祝酒来回应，以纪念诺贝尔，之后饥肠辘辘的客人们就可以开始大快朵颐了。

晚宴上的食物非常美味。主菜之后，长号响起，甜品被端上餐桌。当晚的高潮是冰淇淋游行，由皇家理工学院的管弦乐队指挥，他们演奏了《圣诞老人的游行》（*Tomtarnas Vaktparad*）。冰淇淋上仍然有棉花糖作为装饰——尽管有些人要求把它拿走，因为有那么多的获奖者已经到了让人肃然起敬的年龄，他们已经没有牙齿了，以至于无法吃掉棉花糖。饭后，获奖者发表致谢演说，随后是学生们致颂词。晚会上的音乐是由安德斯·贝里隆德（Anders Berglund）领导的23人管弦乐队演奏的，梅丽莎·莫里（Melissa Murray）担任主唱。服务人员中有三名餐饮学校的学生。

1991—2001年的晚宴

1991年是诺贝尔奖成立90周年。由于音乐厅太小，颁奖典礼的场地选在了斯德哥尔摩环球剧场。为了纪念，由卡琳·比约奎斯特（Karin Björquist）设计的、用于餐桌布置的一套古斯塔夫斯堡骨瓷问世了。它包括12件骨瓷制品，每一件都闪着釉光，带有金边装饰。欧瑞诗公司的贡纳·塞伦（Gunnar Cyrén）设计了五套经典的卡拉夫杯子和餐具，其中有金色的鱼刀，上面有一只绿色的眼睛状图案。纺织品设计师英格丽德·德索（Ingrid Dessau）在亚麻台布上画了精确细致的图案，台布是用未经漂白的密织布制成的。这套新的餐桌布置的设计不仅展示了瑞典最好的质量和设计理念，而且提出一种意识形态，即在一个过于关注数字和利润的世界里对美的需求。餐桌布置中的任何一部分都应该独立存在，而非不必要的装饰。

晚餐从一盘汤正式开始，其底盘是绿色的。绿色象征着春天、美洲大陆和物理学；接着是红色底盘，象征着非洲、夏季和化学；然后是黄色底盘，代表亚洲、秋季和医药；最后是蓝色底盘，代表欧洲、冬季和文学。至于甜点，客人们对这些美丽的食物有着极大的兴趣。诺贝尔基金会保留了100套这种餐具，其中36套将会作为礼物送给国王和王后，其余的将出售给公众。不过，人们预计，诺贝尔奖的来宾们吃东西用的餐具，以及以各种方式刻着诺贝尔桂冠的物件，会比其他物品的价格更高。有一位内行的收藏家预计，一套完整的餐具会卖到5000克朗。第二年，只有88位坐在主桌的贵宾有幸使用这套餐具用餐，因为诺贝尔基金会只购买了100套。主桌上的台布宽210厘米，长39米。每张餐巾的尺寸为75厘米×75厘米，上面印着阿尔弗雷德·诺贝尔的肖像。这些餐巾的每一厘米都要用35根线来编织，因此需要用非常细的线，这样才可以看到阿尔弗雷德·诺贝尔脸上的每一处细节。其他桌子的桌布只有150厘米宽。新布置中的盐瓶被做成了珍珠船的形状。盘垫之间都会放一连串杯子，即五个不同的空杯子和一个盛着咖啡的杯子。其中有两个酒杯的杯柄是金色的，还有一个杯子有着金色的底托，而白葡萄酒和白兰地酒杯的杯柄分别是绿色和蓝色的。这顿饭一共需要八件套餐具，而吃甜点用的则是金光闪闪的那套。12月11日，瑞典国王和王后拥有了自己的一套诺贝尔瓷器，上面有他们名字的字母组合图案——除了咖啡杯。国王认为这有点过了。据推测，厂商新生产了3000套餐具用于服务晚宴，每套价值大约5800克朗。在1991年的晚宴，诺贝尔基金会订购了100套供主桌上的90位贵宾使用，之后从厂商那里借来了1218套。所有这些都带有诺贝尔纪念日的标志。诺贝尔晚宴结束后，1218套餐具被送回工厂接受检查，没有瑕疵的会送到各个商店出售，有瑕疵的会用新生产的替换掉，并贴上诺贝尔奖纪念的标签。因此，包括诺贝尔基金会的100套在内，共有1318

套餐具印有周年纪念的印章。

另一个创新是诺贝尔日的工作人员使用了新的、由银和玻璃制作的市政厅塔装饰。这是诺贝尔基金会送给市政厅的礼物，以感谢他们举办了这么多次成功的晚宴。诺贝尔晚宴提供了一个很好的机会，可以促进来自不同国家科学家之间的交流。所有还在世的获奖者都会被邀请，制作好的四个玻璃方尖小塔也会被摆在主桌上。

这一年的物件比往年做得更多，不仅仅因为是90周年，更是因为诺贝尔基金会想让全世界知道，真正的晚宴是在斯德哥尔摩举行的，因为很多号称"诺贝尔晚宴"的庆典在世界各地、在不同的日期举行。

蓝色大厅有1300名嘉宾出席，包括新老获奖者。与蓝色大厅的晚宴并行，诺贝尔家族在斯德哥尔摩大饭店的镜子大厅——1901年第一届诺贝尔晚宴就是在这里举行的——为400位宾客举办了一场晚宴。

数字4是晚宴的出发点：四大洲、四种颜色和四季。每一道菜都是由舞蹈演员做介绍，同时有人专门为每一个大洲谱写音乐。

服务人员需要严格按照时间表进行服务，即在两个半小时的晚餐中，让所有的客人都吃上四道菜。在晚上9点半，咖啡会被放在桌子上。以前，晚餐会持续四个半小时，这次缩短的时间要归功于贝蒂尔王子，因为他指出自己坐不了那么长时间。

在餐厅经理的示意下，服务员们端上葡萄酒。几分钟后，正好是7点05分，诺贝尔基金会主席提议开始传统的王室敬酒。7点07分，国王举杯向诺贝尔奖的设立者诺贝尔致敬。在9点半，获奖者的演讲结束了。晚宴持续了2小时35分钟。斯德哥尔摩的学生们在午夜开始了一场化装狂欢表演。

那些没有受到特别邀请的人需要花费1500克朗。这次晚宴由伊沃·克拉姆（Ivo Cramér）设计舞蹈动作，卡尔-阿克塞尔·福尔克（Karl-Axel Falk）的音乐做伴奏。这一切都是由美丽的鲜花衬托的，这些鲜花从圣雷莫空运而来，重达500—600千克。斯德哥尔摩的学生合唱团为这冬日的甜点献歌，之后获奖者分别发表了五分钟的演讲。

食物是在蓝色大厅上面的厨房里准备的，用两部电梯送下来。在晚宴期间，金色大厅充当招待室。晚上10点，当舞会开始的时候，金色大厅是空的。谁也想象不到有两个小房间里堆满了脏盘子。只有当晚宴结束时，服务员才可以使用电梯，把脏盘子送到厨房去。晚宴总共使用了6500个玻璃杯和5200个盘子，还有大量的餐具。有厨师30名、服务员280名、洗碗工20名、酒水服务员6名、领班12名参与服务。大部分员工都是来自瑞典全国其他的餐厅，因为要在市政厅餐厅安排一个普通员工参加诺贝尔晚宴是不可能的，但在餐饮界，招募员工并没有什么困难，因为这是世界餐饮业排名第二的晚宴。那些在诺贝尔晚宴上被选中的员工会因为他们的贡献而被授予奖状。在晚宴当天的下午，服务员会将甜酒的瓶塞拔出。在开完最后一瓶酒（约第1000瓶）后，服务员开始给桌子铺上新的桌布并开始服务。

在晚宴上，全新的诺贝尔服务（Nobel Service）达到了人们的期望。因为它是围绕着数字4的主题组成的，菜单也从原来的三道菜变成了四道菜。晚宴既是味蕾的盛宴，也是视觉的盛宴。刀叉使用起来很顺手，食物比以往任何时候都更加美味，葡萄酒也很完美。汤品是在六名仪仗队队员的号角和鼓声的伴奏下端上来的，同时乐队演奏着高水平的乐曲。这一年在烛光的照耀下，伴着学生们唱的动人的瑞典歌曲，蓝色的冰淇淋被端上餐桌。传统的烟火以四盏孟加拉灯的形式沿着市政厅的墙壁闪烁。彼得·弗洛姆（Peter

Frohm）之前曾在市政厅工作，现在是北京萨拉酒店的主厨。有人会把诺贝尔晚宴的菜单电话通知他，这意味着90周年纪念的菜单可以在晚宴结束后17个小时就在萨拉酒店供应。

毫无疑问，这次诺贝尔晚宴的庆典将被载入史册，成为所有来宾都不会忘记的盛事。蓝色大厅里的晚宴在黑暗的冬日里是一场壮观的灯火表演。最后是以一场壮观的烟火表演结束，这是来自西班牙瓦伦西亚（Valencia）市的一件重达1.5吨的礼物。

市政厅餐厅的经理透露，餐厅不仅在诺贝尔日提供诺贝尔晚宴的菜品，在其余的时间接到这顿丰盛晚餐的订单也是非常正常的，比如有顾客会按照前一年的诺贝尔晚宴菜单点菜。

在1992年，1991年的诺贝尔服务被授予了诺贝尔设计奖。这个服务现在增加了一个沙拉碗和一个茶杯。诺贝尔基金会的新任负责人迈克尔·索尔曼（Michael Sohlman）决定，在此后五年的时间里，基金会将为参加晚宴的1300位来宾购买诺贝尔服务。

策划晚宴时，关心、关注、意愿和能力是最重要的元素。这些重要的元素掌握在20名厨师、15名洗碗工、200名服务员、8名领班和5名葡萄酒开瓶员手中——当然还有餐厅经理。服务团队中还包括21名来自阿灵撒斯（Alingsås）餐饮学校的学生。

蓝色大厅里的桌子上装饰着圣诞玫瑰，而绿色的花环和白色、黄色几何形花卉组合装饰着大厅。

这次的冰淇淋游行由舞蹈学院的教授带领的舞蹈演员作为先导。除了服务人员，队列中还有皇家戏剧院年轻的中世纪歌手。整个活动的高潮，是在诺贝尔甜点端上前，一位穿着带翅膀的裙子的舞者表演的金字塔独舞。有一名大学职员帮忙设计了这一年庆祝活动的手工艺品和舞蹈动作。

晚餐持续了大约三个小时，司仪晕倒了两次。就在化学奖得主

　　　　　　　　　　　　　　　　　　　诺贝尔晚宴

演讲的时候，她晕倒在了蓝色大厅的楼梯上，然后被扶了起来。不幸的是，一名女服务员把服务用的托盘掉在了蓝色大厅的楼梯上。这一年一共有1268人出席了晚宴。诺贝尔甜点被认为是最时尚的菜肴，它是用一个中间立着方尖碑状蜡烛的盘子盛装后端上来的，但一些服务员认为这极难操作。菜单比以前更具欧洲大陆风味，因为主菜没有配土豆，取而代之的是用黄油炒的蔬菜。

当客人们聚在一起时，一群来自音乐学院的巴洛克乐队的学生演奏起亨德尔（Handel）和其他人创作的音乐。当领导人入场时，他们演奏了J. H. 罗曼（J. H. Roman）的卓宁霍姆音乐（Drottningholm Music）的第一乐章。头盘端上来之前，舞蹈学院的一群舞者和一群小丑一起进入现场。身穿白衣的舞者戴着松枝花环，这些花环也被用来装饰蓝色大厅和金色大厅的楼梯。主菜是由小丑和舞者介绍的，他们手里拿着装饰着黄色和白色麦角菊、康乃馨、百合的大木板。诺贝尔甜点配上了棉花糖和杏仁酥皮做成的字母N。晚宴的最后一场演出是由斯德哥尔摩学生合唱团表演的。享用甜品后，获奖者发表演讲。文学奖得主没有吃冰淇淋，而是选择了水果作为甜品，由于患糖尿病，他也没有喝酒。晚宴上都供应不含酒精的饮料。一些从立德雪平（Lidköping）餐饮学校来的学生加入服务员的队伍，其中最年轻的只有16岁。

1993年，一个由艺术史专家组成的特别智囊团被要求策划晚宴的内容，主题是斯堪的纳维亚的冬季传奇。来自诺贝尔晚宴90周年的诺贝尔服务采用的色调以白色、金色、蓝色和黄色为主，装饰品的颜色是橙色和绿色。为了配合晚宴的主题，主桌用榛子、苔藓和15种颜色各异的瑞典冬季苹果装饰，其他桌子上装饰着圣诞玫瑰。在吃甜品之前，芭芭拉·亨德里克斯（Barbara Hendricks）和奥尔菲·德朗加（Orphei Drängar）合唱团举办了一场广受好评的音乐会。合唱团成员打扮成侍者的样子，她们在桌子间突然唱起歌来，赞美着美酒。诺贝尔甜点闪着光，配上了棉花糖和发光的冰块，搭配着像冰柱一样冷的霓虹灯棒。吃完甜品后，该是获奖者发表演讲的时候了，首先是文学奖得主发言。晚宴的正式部分结束后，客人们在约定的20分钟后离开了餐桌。客人们首次被允许参观王子画廊，在那里哈加·钱伯·特欧（Haga Chamber Trio）用烛光招待他们。当王室成员回来和获奖者交谈时，舞会在金色大厅开始了。晚餐剩下的食物在晚宴后的第二天于市政厅餐厅被作为当天的特色菜供应。

晚宴共有1278名宾客，气氛虽然很正式，但也很轻松。事实上，诺贝尔晚宴按照传统来说是精心安排的，但这并不意味着它就不是世界顶级的盛宴。原因是整个安排已经变成了一种基于节奏和感觉的艺术形式。

从格拉斯布鲁克特（Glassbruket）第一次负责制作诺贝尔甜点至今已经是第十个年头。根据这个供应商的说法，诺贝尔甜品的造型应该是又窄又高且很自然的，原料也很重要：不含防腐剂、人造奶油和假奶油。在诺贝尔晚宴开始的前四到五天，格拉斯布鲁克特开始为140个诺贝尔甜品准备糖。三天前，甜品本身已经做好了，然后被用冷藏车运到市政厅。当主菜端上桌时，工作人员开始拿出玻璃酒杯，他们把甜品拿进去之前大约有35分钟的准备时间，当最后的准备工作完成后，每一份珍贵的诺贝尔甜品都被给予了两分钟的关注时间，然后才会被送进会场。葡萄酒的选择取决于所有投标酒商送来的标书，诺贝尔基金会与市政厅餐厅合作，选择他们喜欢的酒，主要的标准是在食物和酒之间需要有很好的平衡。诺贝尔基金会的六位成员试吃了11月3日提出的菜单之后，菜单最终被敲定。这一年市政厅购买了诺贝尔服务，当那里的客人点了诺贝尔晚宴菜单时，就会得到这项服务。

　　1994年，诺贝尔晚宴被视为各种人聚会的场所，晚宴就是一场聚会。1300人聚在一起吃饭是一件很吸引人的事情。诺贝尔晚宴是以科学的名义举办的盛宴，这一切都符合诺贝尔的精神，但绝对不能让他成为一种宣传噱头。这1300名嘉宾是根据具体规则挑选出来的，他们应该与其中某位获奖者有联系，要么对诺贝尔基金会来说很重要，要么属于学术界。晚宴的前一天，餐厅经理打开了存放诺贝尔服务用具的阁楼的门。服务员戴上白色的棉质手套，拿出尺子，摆好桌子。由于蓝色大厅不是对称的，每张桌子必须单独放置。此外，每个主餐盘之间的距离必须是相同的，每个玻璃杯、刀、叉和勺子必须擦亮。学生们参加晚宴的兴趣是非常大的，邀请函于10月份送到各大高校。有关部门共收到了1500—2000份申请，每份申请都有一个号码。俱乐部大师赛委员会的30名成员花了一整天的时间投掷骰子，最后选出200名幸运的学生——他们赢得了晚宴的入场券。中奖者的名字一直是一个秘密，因为人们对晚宴门票的追捧程度如此之高，以至于中奖的人可能会受到其他买家的骚扰。尽管门票是实名的，不能转让或出售，但据说黑市价格是每张门票8000克朗。

　　诺贝尔奖的来宾抵达斯德哥尔摩市政厅时，市政厅大楼里的钟齐鸣起来以示欢迎。市政厅周围点燃了火把，火焰照亮了码头的边缘。纳卡（Nacka）岛的海上侦察兵站在院子里，手里举着火把。

　　桌子的布置美丽时尚，用红色和黄色的瑞典苹果而不是花来装饰桌子的想法很受欢迎，甚至被形容为宏伟壮观，之后会摆上有244根蜡烛的烛台。晚宴上的音乐是由席万–大卫·桑德斯多姆（Sven-David Sandström）创作的，由埃里克·埃里克森担任指挥。一些人认为它很优雅，而另一些人则认为它又高冷又奇怪。

晚宴上共有1278名贵宾，不包括学生。一位客人吹嘘说，他在17年的时间里，没有买过票，也没有自费参加过晚宴。这一年晚宴的人均费用大概为1600克朗。晚宴以一场迷幻般的灯光表演开始，在蓝色大厅里，星星和一些无法确定的天体造型飞过客人头顶上方的天花板。

　　晚上6点25分，客人们在让·巴蒂斯特·卢利（Jean Baptiste Lully）的《土耳其进行曲》（Marche Turque）的伴奏下入场就座。6点45分，王子画廊里进行了关于王室成员和获奖者国家的大使的介绍。7点07分，人们在主桌上喝酒。7点10分，诺贝尔基金会主席本特·萨缪尔森（Bengt Samuelsson）向大家敬酒，两分钟后，国王陛下提议大家向诺贝尔致敬。7点15分，第一支队伍举着头盘在斯德哥尔摩室内乐铜管乐队的伴奏下缓缓走下楼梯。8点钟，第二支队伍在埃里克·埃里克森室内乐合唱团和斯德哥尔摩室内乐铜管乐队的伴奏下，将主菜端上餐桌。8点45分，在把甜品端上餐桌前，由琳娜·维尔马克（Lena Willemark）和彼得·琼森（Peter Jonsson）表演瑞典民谣和舞蹈。9点25分，端上咖啡，由瑞典学生代表大众向获奖者致敬。在每位获奖者发表演讲之前，都会响起一声嘹亮的号角声。演讲的顺序是：文学奖获得者、生理学或医学奖获得者、化学奖获得者、物理学奖获得者、经济学奖获得者。9点50分，埃里克·埃里克森室内乐合唱团在楼梯上表演。10点，客人们听着贝内代托·马尔切洛（Benedetto Marcello）的协奏曲离开了餐桌。舞会是由这一年的舞蹈团开的。王室成员接待了获奖者。

　　这一年的晚宴用了330瓶红酒、320瓶香槟，以及总共450米长的亚麻桌布、2576套银制刀叉，还有5152只玻璃杯和盘子、140份诺贝尔甜点和253名服务人员。

　　这次晚宴的食物美味、清淡、优雅。冰淇淋用棉花糖和字母N

做装饰，是和一个1米多高的蓝色霓虹灯棒一起送进来的。这次晚宴的总体体验非常突出。这次的创新是发明了N形牛角面包，而不是通常的诺贝尔卷。

娱乐节目中还出现一名女歌手，她演唱民谣，给她伴舞的则是男舞者。埃里克·埃里克森的室内乐合唱团和斯德哥尔摩室内乐铜管乐队会在晚宴上唱歌和演奏，斯德哥尔摩交响乐团（Philharmonic Salon Orchestra）在金色大厅演奏舞曲。

每一道菜都是由冈纳·塞伦带着工作人员举着沉重的银质和水晶玻璃盘端上来的，菜肴用金色的船形物装饰，里面装满了杧果树和云杉的树枝。那里还有布满苔藓的广场和来自厄兰岛的闪亮的蓝色霓虹灯。然而，这次诺贝尔甜品迟了20分钟才被端进大厅，原因尚不清楚，但有报道称，冰淇淋在端进来前就开始从盘子里滑动。

1995年，维多利亚公主在诺贝尔晚宴上首次亮相。当晚共有1302位宾客，当晚的娱乐活动主要围绕18世纪瑞典诗人、作曲家卡尔·米歇尔·贝尔曼（Carl Michael Bellman）展开，贝尔曼于1795年去世。管家们现在不得不在另一个房间吃饭，但这并不是什么旧房间，而是王子画廊，从这里可以看到里德加登（Riddarfjärden）湖美丽的景色。这一年预备名单上没有一个人被邀请，因为客人太多。

1300多位宾客在市政厅受到了热烈的欢迎，在码头边的花坛上还点燃了一只大火盆。客人进入蓝色大厅时伴随着由两只号演奏的贝尔曼的曲子。长桌上摆放着绿、黄、蓝三色瓷器，一篮瑞典种的梨装饰着桌子。按照传统，晚宴的三道菜在上的时候都有游行队伍。上第一道菜时，来自斯德哥尔摩舞蹈学院的四名女舞者和一名男舞者跳起了现代舞。到了上主菜的时候，贝尔曼的音乐换了呈现的方式。来自阿道夫·弗雷德里克（Adolf Fredrik）学校音乐剧团的学生一边用7000朵五颜六色的康乃馨装饰大厅，一边演唱和演奏着贝尔曼的曲子。甜品开始前的第三支队伍堪称一张关于音乐的图示，描绘了贝尔曼时代的街头人群。四名来自大学歌剧院的独唱者与室内乐合唱团、阿道夫·弗雷德里克学校音乐剧团的男生合唱团一起表演。食物和往常一样，十分美味，冰淇淋和冰块一起被端上餐桌。这次的诺贝尔甜点，颜色是黄色、橙色还有红色，被称为"日落"，与康乃馨、百合花和剑兰的花朵装饰相配，上面的冠饰是焦糖N。随后，获奖者发表了致谢演说。晚宴在10点左右结束后，舞会在金色大厅举行。气氛更加热烈，一直持续到午夜12点半，演奏音乐的是大学音乐学院的两个管弦乐队。

晚宴开始时，客人们环顾四周，一边心不在焉地翻阅着座位表，一边窃窃私语。祝酒词之后，当香槟融入他们的血液，气氛变得更加轻松了。晚餐结束时，人们隔着桌子或在桌子周围畅谈着，他们的肢体语言生动，心情愉悦。人们认为当晚的食物很好吃，如果他们胆子够大的话，会把盘子舔干净的。诺贝尔文学奖得主表示，这是一件比他预想的更大而且更好的事情，它就像一种启蒙，让你离开的时候和进来的时候不一样。

有3000个急切的申请者渴望得到这份梦寐以求的工作——诺贝尔晚宴的服务员；他们中有250人被选中，其中一个是餐饮学校的学生，在他大学的最后一年，他选择了诺贝尔晚宴作为他的特殊任务。然而，要进入员工队伍比他预想的要困难很多，因为这位餐厅经理更喜欢聘用那些在加入诺贝尔晚宴团队之前已经完成学业并工作了几年的人。由于老师的推荐，这个幸运的学生被允许来服务。晚宴期间，男女服务员至少步行3公里。在专业的厨房工作人员中也有一名学生厨师。素食放在诺贝尔厨房一个特殊的炉子里保温，营养师为需要改吃素食的客人们特别准备了一份菜单。

1996年是诺贝尔逝世100周年，为纪念这个伟人举行了晚宴。晚宴的门票价格是1650克朗，参加晚宴的宾客将近1300人，其中200名是学生，83名贵宾坐在主桌。

工作人员要给晚宴上的客人营造一种坐在花园里的感觉，这是通过在大厅的大楼梯后面放置一丛棕榈树实现的。沿着东墙，还有黄玫瑰、蝴蝶兰、火烈鸟花和装饰用的金黄色船形碗，里面盛着铁锈色的红心白菜。

这一切都让人感觉十分华贵和美丽。沿着东墙的柱廊上方，有一种空中花园的感觉，摆满了法国郁金香、玫瑰、棕榈果、蕨类植物、栗子藤、凤仙花和玫瑰粉色的兰花。桌子上装饰着鹦鹉郁金香、小玫瑰、红毛丹、金橘、山竹、酸浆、酸橙、小菠萝、葡萄等水果。最后，楼梯上装饰着香槟玫瑰和深绿色盆栽植物。

诺贝尔晚宴菜单是由六位年度最佳厨师（Chef of the Year，他们在不同的年份都获得了美食学院颁发的乳制品奖）制作的。这六位厨师，以及由市政厅餐厅的主厨带领的工作团队，是为诺贝尔奖的来宾们准备食物的人。这一年夏天的时候，六位年度最佳厨师被要求给诺贝尔晚宴菜单提建议。到了秋天他们就按照自己的菜单做出了菜肴，诺贝尔基金会的成员和市政厅的主厨都参加了这次试吃活动，最后敲定了菜单。这些年度最佳厨师都觉得这次活动十分有趣，也很荣幸能参与其中。最初下达这项任务是因为这些年度最佳厨师在瑞典和国外都取得了巨大的成功，市政厅的餐厅还想通过与他们的成功沟通获得技巧与灵感，同时这也是推销当代瑞典美食的绝佳机会。

首要标准是食物应该品质优良，其他标准是展示瑞典最好的食物——包括原料、烹饪方法和传统。经典的老式的技艺应与现代技术相结合。这一年的诺贝尔面包使用了4种瑞典谷物，包括小麦、黑麦、燕麦和撒在面包卷上的大麦。它们是如此美味，以至于连黄油都不用。7种不同类型的蛋糕与诺贝尔甜点一起上桌时，表达了对瑞典传统的下午咖啡派对的一种敬意，只不过是以现代的形式罢了。

晚宴的时间表是这样的：晚上7点，客人们从主桌边列队走到阳台上，听雅克–尼古拉斯·莱蒙斯（Jacques-Nicolas Lemmens）的《凯旋进行曲》。7点09分，主持人本特·萨缪尔森教授向王室敬酒。7点10分，国王为了纪念诺贝尔举行默哀仪式。7点14分，伴随着柴可夫斯基（Tchaikovsky）的歌剧《叶甫盖尼·奥涅金》（Eugène Onegin）的曲调响起，开胃小吃被端上来。7点50分，12名火炬手伴随着小约翰·施特劳斯（Johann Strauss Jr.）的进行曲，带领工作人员端上主菜。8点50分，音乐会结束后端上甜品。9点45分，端上咖啡，之后是获奖者的演讲。10点10分退场，随后在金色大厅举行舞会。晚宴期间，蓝色大厅充满了礼貌的交谈，气氛非常好。

200多名服务员从金色大厅端着盘子到蓝色大厅，用时不到4分钟。食物准备好后，用升降机送下来，放在烤箱里，13分钟后就可以上桌了。与此同时，酒类服务员会把空盘子带出来。整个晚宴过程中，服务员始终要保持他们的准确位置，但同时他们一晚上大概会走5公里的距离。由5个人专门负责开葡萄酒的瓶塞。除了餐厅经理、主厨、客房经理和他的助手以外，还雇用了8名领班服务员、210名服务员、20名厨师及20名洗碗工和搬运工。

1997年的晚宴有1346位宾客出席，这意味着市政厅的图书馆必须为其中一些人开放。蓝色大厅里的花束由白色兰花和白色康乃馨组成，这是圣雷莫送给斯德哥尔摩市政厅的礼物。这些康乃馨装饰着里面放着冰雕的盒子。这一年的主题是冬天，因此所有的花都是白色的：康乃馨、兰花、海葵、马蹄莲和朱顶红。这些是诺克平高中还有一年就毕业的学生筹备的：200簇紧凑的康乃馨花束装饰着主桌。华丽的、高大的、镀金的青铜盘子里装着小菠萝、柳条球和一个嵌在糖里的球。墙上挂着白色的圆球，像雪球一样，还有云杉树的树枝、火烈鸟花和在灯光下闪闪发光的碎玻璃片。每个人的消费价格是1650克朗，500支火把摆在市政厅外面，用来热烈欢迎客人。晚宴上弹奏的乐曲主要创作于20世纪，特别是格奥尔格·里德尔（Georg Riedel）创作的音乐。

晚宴上主桌的座位安排遵循一定的模式：在桌子的中央坐着国王和王后；其余地方也都安排好了，国王的晚餐搭档总是女性诺贝尔奖获得者，而在那些没有女性获奖者的年份里，则会安排年纪最大的诺贝尔奖获得者的妻子。王后的位置在国王的对面，她的搭档一直是诺贝尔基金会的主管。也正是他陪着王后一起下楼走到她的座位那里。距离国王夫妇最近的地方都被分配给了获奖者，这些地方有一个所谓的等级表，以确定诺贝尔奖得主的座位与国王夫妇座位的远近，最接近的是物理学奖得主，其次是化学、生理学或医学，以及文学奖得主，最远的是经济学奖得主。这个座次是按照诺贝尔在遗嘱中列出的奖项顺序排列的。此前几年的获奖者和他们的搭档总是在主桌上占有一席之地，此外，还有一些政府部长。主桌可以坐90位贵宾，另外它上面还摆放了6座冰雕，以及几碗坚果、栗子和加了丁香的甜橙子。

晚宴的时间表是这样的：晚上6点35分，客人们就座。6点45分，获奖者和其他贵宾在王子画廊向瑞典国王和王后献礼。在管风琴和小号的伴奏下，主桌上的来宾列队走向各自的座位。国王提议为诺贝尔干杯。1分钟后，一些新闻摄影师获准进入主桌，拍摄4分钟照片。7点15分，所有的开胃菜，伴随着索达拉丁高中铜管合奏团（Södra Latin High School's Brass Ensemble）演奏的音乐被端上餐桌。8点25分，大概有20分钟的茶歇时间，之后甜品端上来。9点45分，咖啡上来，瑞典学生按照他们的标准向获奖者致敬。接着，号声响起，获奖者发表演讲。客人们在拉尔斯·凯文斯莱尔（Lars Kvensler）领导的管弦乐队的音乐伴奏下在金色大厅里举行舞会，国王和王后在王子画廊里接见了获奖者。

这一年的服务员由240人组成，其中4人是在卫蓬合学校（Vipenholm School）修酒店和餐饮课程的学生。另外，还有250人提供娱乐活动。这意味着必须有一名协调人员对每一项活动的时间进行安排，以确保不会出错。入场进行曲应该在头盘端上来的时候结束，不能早也不能晚，这样乐师和服务员就不会在出入口那里发生碰撞。对服务员来说，最困难的工作是冰淇淋，因为它必须保持一定的稠度，不能太硬，也不能融化得太厉害。站在那里等进去的信号也是件困难的事情。一般总是女服务员招待国王，男服务员招待王后。顺便说一下，国王喜欢自助，而尽量不让服务员伺候他。要成为一名酒类服务员，就必须能够一次携带4瓶酒而不感觉手疼。这些服务员先要端上香槟，然后是葡萄酒、甜品酒和矿泉水。

前一年，年度最佳厨师团队提出了一些针对菜单的修改建议，并和诺贝尔厨房的正式员工一起准备食物，这一年也是如此。当客人们列队走进蓝色大厅时，工作人员已经为食物工作了3天。10个月前，关于应该提供什么食物的讨论就已经开始了，第一轮菜单上的菜肴在9月就已经被试吃过了。盛装冰淇淋的银盘子上装饰着发光的棒棒糖和白色的棉花糖，为了配上这7种蛋糕，已经煮了400升的咖啡。晚宴和食物都非常精美。

自1992年以来，瑞典各政党的领导人一直被邀请参加晚宴，但在1998年实行了一种新的制度，就是每隔一年邀请他们一次。之所以采取这种新制度，是因为来自外宾的压力增加了，蓝色大厅的座

206　　　　　　　　　　　　　　　　　　　　　诺贝尔晚宴

位数量有限，每个人的消费增加到了1700克朗。诺贝尔基金会已经决定，获奖者除了最亲近的人之外，还可以带12名亲戚参加晚宴。这一年的1286位客人中有200位是学生，客人人数比前一年少的原因是有些地方不太适合就座。

这一年的花束以玫瑰为基础，蓝色大厅用了四种颜色的玫瑰装饰。这些玫瑰是由诺克平高中的花匠布置的，由金·格兰德斯特罗姆（Jim Grundström）指导。"爱"是晚会的主题，在主桌上的大碗里放着一朵巨大的玫瑰，但实际上它是用几百朵玫瑰的花瓣拼起来的。到处都是野玫瑰刺粘在一起组成的金球，它们提醒着我们，即使爱情也带刺。

到了晚上6点半，客人们被要求就座后，获奖者和其他贵宾在王子画廊里受到国王和王后的欢迎。7点整，主桌的客人们列队走下蓝色大厅的楼梯。就座后，主持人向国王敬酒；国王举杯提议纪念诺贝尔。晚宴大约在10点结束，这时金色大厅的舞会也开始了。诺贝尔甜点非常受欢迎，它在大厅灯光变暗，甜品盘子发出红色亮光的时候被送上桌。这一年的冰淇淋是黑莓芭菲，上面装饰着白巧克力和与往常一样的字母N。晚餐持续了3小时25分钟，但由于愉悦和幸福的感觉迅速在宾客间蔓延，因此时间似乎是飞逝而过。

这一年，在制作和准备菜单的时候，年度最佳厨师的理念同样被沿用了。20名厨师负责烹饪，210名服务员负责席间服务，至于菜单，有15—20名客人点了素食餐并得到了满足。关于"美味的食物"的标准有争议，餐厅经理说，他们选择腌制鳕鱼的那一年有一些争议——尽管他急忙补充说，不是冻得很死的那种鳕鱼块，而且选择鳕鱼的原因是为了展示瑞典的美食。

要成为晚宴服务团队的一员，有一项标准或者说最低要求是必须有十年的服务经验。如果你有这样的经验，就会被选去参加一个菜品和宾客数量与诺贝尔晚宴类似的宴会进行试用。之后，就会被告知是否入选参加诺贝尔晚宴。整个晚宴，每个服务员要走14个192米，算下来走了3公里，同时还要端着沉重的菜肴或者盘子。从报纸上看，似乎已经没有人再讨论诺贝尔晚宴的地位了。这是一年中最盛大的节日，没有比这更好的了。

1999年，人们的感觉是，诺贝尔晚宴应该是获奖者的盛宴，因此应该比以往更具有学术色彩，它应该成为外国和瑞典学术研究的会场。这一年的邀请名单上没有瑞典商业界的代表，只有在某些科学领域的赞助者和捐赠者。大约40%的客人每年都会参加诺贝尔晚宴，如皇家科学院（Royal Academy of Science）的361名成员、瑞典科学院（Swedish Academy）的18名成员、卡罗林斯卡研究所（Karolinska Institute）的50名成员，以及政府官员、宫廷都收到了长期邀请，把所有的客人都安排在合适的座位上，需要花一整个周末。这次晚宴有1270位宾客出席，还包括各政党领袖，他们前一年没有被邀请。这是20世纪的最后一次诺贝尔晚宴，导致门票的需求比以往任何时候都要大。如果你有一家公司做后盾，那么需要850克朗，而个人门票则需要花费1700克朗。每个获奖者可以邀请15位嘉宾参加晚宴。

诺贝尔委员会已经开始与年度最佳厨师协会合作。所有当选过年度最佳厨师的都是这个协会的成员。自1996年以来，一些年度最佳厨师被邀请为即将到来的诺贝尔晚宴制作菜单，他们都接受了邀请，尽管回报仅仅是荣誉和相关证书。他们感到十分荣幸被邀请参加这种活动。从春天开始，他们就计划好了晚宴吃什么，到9月，他们准备好了4份菜单，准备试吃，但只有1份会被选中，食物必须是优雅的、美味的，并且体现出瑞典的特色。30名厨师参加了这次活动，然后花了3天时间准备了诺贝尔晚宴的食物，菜单受到了国家机密般的保护，连所需食材的信息都不会泄露出去。

当晚的主题是"对未来的乐观和信仰，是通向未来的桥梁"。插花主要用了嘉兰、红色的攀缘百合花、含羞草、柠檬黄的马蹄莲、金银花和樱草，还有一些装饰性的攀缘性植物天门冬，这些天门冬是圣格兰高中的学生们在王子画廊里布置的。

在晚上6点45分，获奖者与其他客人和在王子画廊里的国王会见。15分钟后主桌的客人会在小号和风琴演奏的乐曲声中穿过斯耐堪（Snäckan）进入蓝色大厅。9分钟后，向王室祝酒，1分钟后，国王为纪念诺贝尔而祝酒。9点11分，在主桌上安排了4分钟的拍摄时间，左手边2分钟，右手边2分钟。之后在7点15分的时候，头盘在由沃夫·沃夫森（Olov Olofsson）指挥的管弦乐队伴奏下缓缓地被端上餐桌。8点10分，主菜在同一个管弦乐队的伴奏下被端上来。9点整，女中音玛莲娜·埃曼（Malena Ernman）、马努斯·克里珀（Magnus Krepper）和索菲亚·林德韦斯特（Sofia Lindqvist）开始了20分钟的音乐表演。之后是甜品时间。在9点55分，咖啡端上来了，瑞典学生同样按照自己的标准向获奖者致敬，随后获奖者发表致谢演说，每个致谢演说之前都要吹响小号。最后，客人们于10点20分离开了餐桌。当国王夫妇在王子画廊迎接获奖者时，金色大厅的舞会随着管弦乐队演奏的音乐而开始。

整个晚宴以传统和仪式为特色，头盘已经摆在餐桌上了，于是所有的服务员要做的就是把美丽的诺贝尔晚宴上盛放菜肴的托盘的盖子掀开。食物味道好极了！大厅里很明显的一点是，当客人们开始吃饭时，他们的谈话就逐渐中止了。在吃饭的时候时不时会听到满意的赞叹声。甜品是由百香果和菠萝混合而成的。其余的食物被描述为非常具有瑞典特色，菜单被许多厨师认为是迄今为止最好的。210名服务员端来了美味佳肴，其中端食物的是140名服务员，负责酒的是55名服务员。在晚宴进行的几个小时里，花了几乎整整一年时间准备的食物被客人吃得一干二净，剩下的是19个人花了整整4天来清洗的脏盘子。晚宴用了5276只玻璃杯、4000个盘子、7900套刀叉、280千克肉、150千克土豆、700升酱汁、300瓶香槟、300瓶红酒，以及1500升矿泉水和270升咖啡。

2000年，瑞典王室的3个孩子第一次参加了诺贝尔晚宴。他们被安排在主桌。这次共有1280位来宾，其中200位是学生。每位获奖者可以带13位客人参加晚宴，大多数人都充分利用了这个名额。诺贝尔基金会花了整整一个周末的时间安排所有来宾的座位，因为诺贝尔基金会的宗旨是让他们在晚宴上既能享受科学交流，又能享受文化交流。来自政府的首相、外交部长、教育部长和文化事务部长参加了晚宴，反对党的领袖们则没有受到邀请，因为他们的日程有变动。每张票的售价为1735克朗。和往常一样，在市政厅的外围，人们点燃火把来欢迎客人。

现在，诺贝尔晚宴被描述为晚宴中的盛宴，是最炙手可热的。在市政厅的准备工作被描述成由餐厅经理领导的一场真正的战役，因为他要用精确的信号指挥由210人组成的强大的服务团队，计步器、秒表和尺子都在准备工作中发挥着各自的作用。为1991年的晚宴准备的诺贝尔服务现在十分受欢迎；人们注意到了盘子等餐具的损耗，因此，服务员被要求尽快摆放餐具。这一年，共有8名来自埃尔学校（Allé School）的酒店及餐厅专业的学生参与服务，这所学校以前申请过4次但都没有成功。这8名学生很荣幸被选中，因为这是一名服务员在瑞典能体验到的最重要的事情之一。

这一年有7位年度最佳厨师和15位当地专家一起准备了诺贝尔晚宴的食物。7位年度最佳厨师指出，正式员工都知道常规做法，而外来的厨师则有新的想法。这些想法受到了赞扬，因为大家互相交流经验，发展了自己的专长。

这次晚宴的主题是"时间"，蓝色大厅被装饰成一个花园，其中有圣雷莫捐赠的5500多枝康乃馨和3500枝含羞草，还有瑞典的铃兰和苔藓，最主要的颜色是绿色、白色和粉色，还有红色和蓝色。王子画廊装饰着由花朵编织成的长桥，主桌上点缀着由青苔、小百合、海葵、蓟、玫瑰和圣诞玫瑰组成的精致小花丛。在那又大又高令人印象深刻的金碗里，有石榴、玫瑰、蔷薇、无花果、柿子、栗子、核桃和柠檬。蓝色大厅的天花板也被装饰成了彩云的效果，用鲜花装饰的柱子看上去像是开花的树。参加歌舞表演的人有女高音珍妮特·科恩（Jeanette Köhn）、女中音凯迪迦·朱阁维克（Katija Dragojevic）和顽皮的单簧管演奏家马丁·福斯特（Martin Fröst）。当食物被端上来的时候，餐桌上响起窃窃私语。因为这食物如此美丽，让人觉得吃掉太可惜了。晚宴本身是"伟大的、美妙的、神奇的"。终场曲莫特韦尔迪（Monteverdi）的《波佩阿的加冕》（*The Coronation of Poppea*）结束后，蓝色大厅里绽放出巨大灯光形成的花朵，同时诺贝尔甜点被端进来。它是由香草冰淇淋、苦中带甜的越橘和斯巴达乡村饼干组成的——非常具有瑞典特色并且令人愉快。晚餐后，金色大厅举办了舞会。

对于工作人员来说，时间表是这样的：下午3点半，每个人都应该就位等待指示；4点整，在金色大厅里由晚宴经理过一遍节目流程；5点整，进行彩排；7点15分，上开胃小吃；7点40分，盘子被清走；10分钟后，主菜盘子摆上餐桌；接着8点整，主菜上桌；35分钟后，主菜盘子被拿走；同时在8点25分，甜品盘子就位；9点10分，上甜品；半小时之后，那些盘子就都被清走了；9点50分，端上咖啡；10点03分，大多数服务员可以小憩片刻，在埃肯（Eken）餐厅吃一份晚间三明治。与此同时，大约有30名服务员仍

诺贝尔晚宴厨房一瞥

然在值班；10点20分，客人们离席，这个时候要把桌子都清理干净。在舞会期间，一些留下来的工作人员在茶点酒吧里招待客人。对于50名酒水服务员来说，时间安排有些不一样。下午6点45分，给入座的客人们准备香槟；7点25分，给客人加香槟；20分钟以后，服务员会端来红葡萄酒；8点15分会再加一次酒；8点40分，搭配甜品的葡萄酒会端上来，并在9点20分的时候再加一次酒；最后，在9点53分，供应白兰地和利口酒。晚宴总共需要9100件餐具、7800只玻璃杯和6500个盘子。

2001年是诺贝尔奖设立的百年庆典年，因此，所有在世的诺贝尔奖得主都会受到邀请。尽管诺贝尔晚宴没有受到任何明确的恐怖主义威胁，但无论如何，安保措施都加强了。当时预计将迎来大约200名在世的获奖者，其中有很多是美国人。斯德哥尔摩警察和安保警察的当值人员比平时多了很多，原因在于受"9·11"恐怖袭击、阿富汗战争的影响，以及有100多名美国获奖者将出席晚宴。尽管面临这样的世界局势，但只有一个国家取消了出席晚宴的行程。

这次诺贝尔晚宴的筹备工作已经进行了两年半，总共有1400多位来宾参加，外加在市政厅餐厅用餐的200名学生。许多希望参加晚宴的申请都已经收到，但这一年不可能像往年那样批准申请——往年相对来说容易一些。除了获奖者本人、他们的亲属、200名学生、王室成员和政府代表之外，还有一些人也会获得邀请——如果你曾从事学术工作或在社会上担任要职，你可能也会被考虑在内。诺贝尔基金会指出，晚宴既是学术活动也是私人聚会。安排座位的方式是在电脑上列出所有客人的名单，包括他们的兴趣爱好和使用的语言等信息，然后根据这些信息排座位，从而尽可能地避免客人落单。解决这个问题得花整整一个周末。然而，主桌上到底谁和谁挨着坐，不到最后一刻，谁都不知道。主桌上装饰着一个长22米的花环，由红色、粉色、白色和黄色4种颜色的花组成，还放有盛放桃子、石榴、杏和梨的碗。另外，蓝色大厅里沿着栏杆装饰着花卉花环，柱子上装饰着1米高、颜色柔和的百合花束。这里布置的2500朵花是圣雷莫旅游局赠送的礼物。

年度最佳厨师协会受到诺贝尔基金会的委托，与市政厅餐厅的7名厨师合作制备了这份菜单，1993年晚宴的主厨是整个项目的负责人。初步的准备工作早在3月份就开始了，5月份决定了原料，然后开始菜单制备的工作。结果是，有10道头盘和10道主菜都要经过内部人士的测试，最终3道头盘和3道主菜被选上。这一年的一个创新是年度最佳厨师协会也要负责甜品的制作。在欧帕拉卡拉伦（Operakällaren）工作的首席糕点师接受了这项任务，他花了一整个夏天为甜品制作提出了3条建议。9月份，相关人员聚在一起，大家讨论了菜的味道、颜色、上菜的装饰，试吃完后就决定了菜单，该协会还被委托购买菜肴的原料。这一年，厨房里有一个不寻常的工作人员，即大胃（Gastro-Max）奖金获得者。这个奖金颁发给了瑞典餐饮学校的一个学生，所以他不是一个训练有素的厨师或者冷盘经理。这个餐厅的工作人员中，有7名瀚斯伯格（Hallsberg）的埃尔餐饮学校的高年级学生，他们是瑞典餐饮学校里仅有的服务员专业的学生。服务员的总数是228人，共用了瓷具11200件（每位客人8件），餐具9800件（每位客人7件），玻璃杯5600个（每位客人4个），总共有360瓶香槟被喝掉（平均每位客人2杯）。葡萄酒也是这样，共消耗了180瓶甜酒（每位客人2杯）和58杯白兰地（每位客人1杯）。

王室的代表人物包括国王和王后、莉莲王妃、维多利亚公主和卡尔·菲利普（Carl Philip）王子，在英国读书的玛德琳

（Madeleine）公主没来。由于参加晚宴的往届获奖者人数众多，瑞典商业界的代表寥寥无几，所有的政党领导人都受到了邀请，只有首相表示很遗憾不能到场，因为正好有欧盟的客人来访。在此之前，参加晚宴的客人从未如此之多（1406人），因此，市政厅南边的保利（Pauli）厅也开放了，有92位客人在这里就餐，此外，有200名学生在市政厅用餐。在所有的客人中，有25人出于各种原因被提供了不同的菜单。

菜单被认为即使是最挑剔的美食家也会为之着迷，同时也是如此优雅轻盈，与蓝色大厅相匹配，因为蓝色大厅有夏日的天空图案，上面还飘着几缕云彩。娱乐节目包括来自意大利古典音乐大师朱塞佩·威尔第（Giuseppe Verdi）的曲目。蓝色大厅的气氛非常活泼愉快，人们没有感受到王室成员的严肃，他们围坐在桌边，一起大笑。在参加完获奖者的晚宴和颁奖典礼后，舞会在金色大厅举行，大厅里装饰的都是美国的常青树。

第五章

诺贝尔晚宴菜单和皇家宫廷晚宴菜单
（1901—2001）

本章描绘了在1901—2001年间，每个12月10日诺贝尔晚宴上的食物和饮料。因为瑞典王室从1904年12月11日也开始为获奖者单独举行晚宴，即皇家宫廷晚宴，并一直延续至今，这些晚宴的菜单也会在这里展示，同时比较了12月10日和12月11日晚宴菜单的异同。和上一章一样，这一章也是按照十年一期进行划分的。

1901—1910年

在第一个十年，开胃小吃是非常受欢迎的头盘。但不幸的是，我们现在已经无法确定到底是哪种开胃小吃了。另外一种常见的头盘是用杯子盛的法式清汤。同样，有关这种汤的详细资料现在也遗失了。在头两年里，餐桌上经常供应的是甲鱼汤和多佛鲽鱼，而这种多佛鲽鱼大多是以切片后水煮的形式呈现的。在1901年至1910年间，皇家宫廷的头盘菜变化并没有那么大，只有各种各样的清汤（种类未知）和甲鱼汤。然而，需要记住的是，瑞典宫廷直到1904年才开始单独为获奖者安排晚宴，而且1907年因奥斯卡二世去世也没有举办宴会。有趣的是，在诺贝尔晚宴和宫廷晚宴这两个宴会上，头盘都比较相似。总的来说，在这十年里，总共有22道不同的头盘，但只有6道是在宫廷晚宴上出现的。

至于12月10日的主菜，在头十年里，都是以鸡肉、榛鸡、野鸡和山鹑为主的家禽菜肴。而在1903年，古斯古斯（couscous）小米沙拉（北非传统美食，蒸粗麦粉。——译者注）是和山鹑一起端上来的，这些必须提前做好准备。古斯古斯可能在当时的瑞典并不常见，而且也很难确定关于它的最早书面记载是从什么时候开始的，因为这个词不在瑞典皇家科学院编的字典里。鲽鱼（一种可食用的欧洲比目鱼。——译者注）和大菱鲆被切成鱼片供应，而梭鲈鱼则只用鱼头，甲壳类只有龙虾。主菜也时不时会以蔬菜的形式呈现，如洋蓟心（一种在地中海沿岸生长的菊科菜蓟属植物。——译者注）、芦笋和青豆。这些都是瑞典常见的春季蔬菜，在春天也最美味。所以有趣的是，它们会根据其自身的特点，被选为一年中最黑暗月份里的主菜。总的来说，在头十年里共有29道主菜在12月10日的晚宴上供应。在12月11日的皇家宫廷晚宴上，家禽是主菜中的主角。但它们的加工方式各有不同，鹅肝切片后进行烹炸，山鹑则整只烧烤，鸡也是如此。家禽以野鸡为代表，而肉菜则是羊肉和牛肉。多佛鲽鱼和鲑鱼同样是切片，龙虾是这里唯一的甲壳类动物。皇家宫廷晚宴也将蔬菜作为主菜，但有些菜品并不是全素的。洋蓟心和炸蔬菜沙拉也同样被当作主菜供应。宫廷菜单上还有一种高汤，但并没有说明它是一种蔬菜高汤还是肉类高汤。

另外，宫廷菜单的主菜会比12月10日诺贝尔晚宴上的少4种。

12月10日晚宴上的甜点也各不相同，以果脯和果子馅饼为主，这样的甜点总共要上12次。而芭菲只供应了1次，各种口味的冰淇淋供应了8次。此外还有一些酥皮糕点和花式小蛋糕——一种小巧精致的食物。芭菲和冰淇淋的区别在于芭菲含有更多的奶油。顺便说一下，"芭菲"这个词在1900年左右才传入瑞典，这也是为什么它很少出现的原因。而冰淇淋则是从法国传入瑞典的，并被列入18世纪瑞典的烹饪书籍中。这一时期的诺贝尔晚宴菜单显然受到了法国的影响，这也解释了为什么冰淇淋出现得如此频繁。总的来说，在晚宴的头十年里，一共供应了25种不同的甜点。

通常12月11日供应的甜点在种类上比12月10日的要多。这两天甜点的显著区别是水果的出现。在12月11日，水果只供应过一次，同样，在11日供应了一些小糕点和糖果，而这些非常小巧的糕点在10日并没有提供。另外11日的晚宴上还有奶酪、黄油和饼干，但这些食物在10日从未出现过。冰淇淋在11日只供应过两次，"甜点"这个词也出现在了菜单上，这多少让人有些惊讶，因为在财务账单上，只有冰淇淋被当作甜点。在有冰淇淋的晚宴上，冰淇淋是在水果之后供应的。然而，由于没有找到相关信息，冰淇淋的成分至今仍是个谜。总的来说，晚宴总共提供了16种不同的甜点。

在12月10日的晚宴上，有几款饮料脱颖而出，分别是供应了5次的玛姆香槟（G. H. Mumm Cremant）和供应了6次的山地文波特酒（Porto Sandeman）。在这段时间里，不管是雪利酒还是甜味波特酒都可以搭配汤一起食用，不管是什么汤都可以。如今，奶油蘑菇汤已经不再搭配雪利酒和波特酒，但在当时，雪利酒或者波特酒搭配汤来喝，一点都不稀奇。所以，在这里我们可以看到各种菜肴的传统搭配选择。在这头十年里，还有一个非常明显的特点，就是晚宴开始的时候，干香槟会和甜点一起上桌。总而言之，在头十年的晚宴上，供应过18种不同的含酒精饮料，但我们要记得，1907年除外，因为那一年奥斯卡二世去世，当年的晚宴并没有举行。至于这段时间在12月11日供应的饮品，我们也没有相关的信息。

1911—1920年

这是诺贝尔晚宴的第二个十年，由于第一次世界大战爆发，在1914年到1919年期间没有举行过晚宴。战后举行的首次晚宴是在1920年，当时有两次晚宴，一次在6月份，地点选在了哈塞贝肯（Hasselbacken），另外一次在12月份，地点为斯德哥尔摩大酒店。不幸的是，12月份的宴会菜单丢失了，所以我们对那里的菜品一无所知，报纸也没有相关报道。这一时期举行的晚宴只有两种不同的头盘，即清汤和素甲鱼汤。在头十年经常供应的开胃小吃再也没出现过。相反，这段时间的头盘更容易让人想起前一个十年中12月10日晚宴上的头盘，宫廷晚宴的主打也是清汤。然而，这段时间的头盘会产生一些变化，油炸面包片和法式酥皮小吃会被端上餐桌，而这两种头盘没有出现在10日晚宴的菜单上。

在12月10日晚宴的主菜中，鱼类有冷鲑鱼、鲽鱼和大菱鲆鱼片。家禽主要是鹌鹑，还有小母鸡。菜单上还有鹿脊肉配洋蓟心、花椰菜配蛋黄酱。虽然不能确定菜单上写的"脊肉配蛋黄酱和家禽"这道菜里的肉类具体指的是什么肉，但是很明确的一点是，这十年间有很多野味出现。在先前的十年中，蔬菜可以单独作为主菜，包括洋蓟心和芦笋，蔬菜也可以和野味搭配在一起。虽然"一战"使庆祝活动中断了，但总共还是供应了16种不同的主菜。宫廷晚宴上，同样类别的菜肴中，鱼类主要有鲑鱼和大菱鲆，但是多佛鲽鱼也出现在菜单上。在前一个时期，野味菜肴并没有那么多，直到油酥山鸡的出现。在家禽类中，鸡和火鸡首次被端上餐桌。而红肉有烤牛肉配蔬菜、小牛腰肉和被切成圆形的羊肉片。当然也有纯蔬菜，比如用芹菜、西红柿和洋蓟心做成的沙拉。这一时期，鹅肝、山鹑和龙虾都没有出现。

12月10日的晚宴供应了各种各样的甜点。芭菲有果仁糖、杏子和诺贝尔芭菲三种，而且菜单上第一次出现了水果面包层布丁（名为"夏洛特"，charlotte）。但是"糕点、水果和水果甜品"具体指的是什么很难说清楚，因为没有相关的信息。在宫廷晚宴上，水果是主要的甜品；芭菲出现了两次，冰淇淋出现了一次。但我们不知道它们是什么口味的。同样的问题也出现在一种类似蜜饯的糖果、糕点和小蛋糕上，我们也不知道它们具体是什么口味的。自从把糖果与其他糕点还有小蛋糕区分开后，它就被当成一种巧克力。另外，这段时期也没有供应过奶酪、黄油和饼干。

考虑到这十年期间出现了"一战"，因此一些年份里的庆祝活动被取消了。但值得注意的是12月10日和11日的晚宴上菜肴的数量。这两天只有两种不同的头盘；12月10日和11日分别有16种和19种不同的主菜；10日有7道甜点，11日有11道。这段时期尽管爆发了世界大战，但和前一段时期一样，菜肴的种类十分丰富。头盘达到了23道，还有35道主菜和18道甜品。

诺贝尔晚宴上的饮品和前一个十年一样，但品牌种类更多。有不同类型的雪利酒、波特酒和干香槟，都只供应了一次，例如1900年的哈雪香槟（Charles Heidsieck）和同一年的拉菲（Chateau Lafite）。在这十年中，人们选择同样的干香槟来搭配甜品或当餐前酒饮用。就像我们在这章前面内容所看到的，甜品非常甜，所以现如今我们一般会用更甜的饮品而非干香槟来搭配甜品。在这十年间，12月10日供应了14种不同的葡萄酒，只比前一个时期少了4种，但不要忘了，在1914年到1919年并没有举行宴会。因此，这一时期供应的葡萄酒数量实际上相比前一个时期是增加的，至于12月11日的饮品，我们到目前为止还没有找到相关信息。

1921—1930年

在1921年到1930年间，头盘的发展趋势与前一时期相同，即只有两种：甲鱼汤和清汤。清汤的食材以小牛肉为主，配上芝士馅饼、雪利酒和松露。还有加了牛舌和松露的鸡肉清汤，加了油炸面包丁的野味清汤和一种只被称作"清汤"的清汤。这个时期所呈现的内容里缺了1923年和1924年，因为1923年的菜单遗失了，1924年没有获奖者来到斯德哥尔摩，所以没有举行晚宴。12月11日宫廷晚宴的头盘有了一个创新，变成了鱼子酱，但不清楚是哪一种；我大胆猜测是俄罗斯或者伊朗风味的。同样，这天也是以清汤为主。1924年没有宫廷晚宴，和没有举行诺贝尔晚宴的原因相同。

12月10日的晚宴上，主菜大多数是鱼类菜肴。大菱鲆在晚宴上出现过几次，搭配牡蛎、松露和白葡萄酒酱；另外还有鲑鱼配松露、鸡冠和蘑菇，鲽鱼配番茄和蘑菇。家禽有黑松鸡和榛鸡，前者搭配芦笋和松露做成的馅饼，后者搭配洋蓟心、鸡肉薄片和马德拉酒酱。鸭肉搭配洋蓟心和橙子，以及培根、洋葱、豌豆和生菜，而火鸡则搭配生菜、果冻和洋蓟心。这一时期在菜单上出现的唯一的家畜肉类是羔羊肉，搭配春季蔬菜、洋蓟心和修隆酱（Sauce Choron，一种加了白醋和香草的蛋黄酱。——译者注）。春季蔬菜和普通蔬菜的区别目前还不清楚，通常春季蔬菜指的是这个季节的第一批蔬菜（有趣的是，这些蔬菜是在12月份供应的，因此很有可能是进口的）。在这个时期最受欢迎的一种肉类配菜应该是洋蓟心，与家禽和羊肉一起食用。一般来说，这期间的菜单包括两道主菜，一道是鱼类，一道是另外一种肉类（家禽或者羊肉）。

从1921年到1930年间每年12月11日供应的主菜来看，变化要大于12月10日的。野鸡仍然是晚宴上最常供应的禽肉，同时还有鸡和山鹑。然而，野鸡并不是唯一的野味，还有烤驯鹿和烤鹿肉。家畜有牛肉和猪肉。海鲜有鲑鱼、多佛鲽鱼、大菱鲆和龙虾。与12月10日不同的是，一些蔬菜类的菜肴被作为主菜。其中有一道菜并不属于全素的蔬菜类菜肴，因为它是由豌豆泥和猪肉丁组成的。其他"绿色"的菜肴包括芹菜配面包丁、洋蓟心配芦笋、蔬菜沙拉、蔬菜炖菜和纯蔬菜。由于没有书面信息的留存，所以这些蔬菜的具体信息也很模糊。另外，在举办晚宴的30年历史中，欧姆蛋首次成为主菜。在这个十年里，12月11日的主菜总数为34道，是12月10日的两倍多。

和之前一样，12月10日最受欢迎的食物是冰冻的甜品，包括冰淇淋舒芙蕾、夹心冰淇淋（bombes glacées）和芭菲。后者可以搭配果味鸡尾酒，里面含有杏子味道的冰淇淋夹心。而且像梨和菠萝这样的水果也可以搭配冰淇淋，并装饰上覆盆子酱和黑樱桃。在12月11日供应的甜品中，水果占了主导地位，一共出现了10次。但目前还不清楚具体供应的是什么水果，因为财务账单上只写了"当季水果"，没有说明是瑞典生产还是进口的。冰淇淋也是最常见的甜品，在晚宴上共出现了7次。菜单上再次使用了"甜点"这个词，但没有说明它具体代表什么。另外晚宴上还供应了小点心和蛋糕。

在1921年到1930年之间，大多数饮品也只供应了1次，但也有少数的例外：珍藏马德拉（Madeira Old）和皇家红宝石（Imperial Ruby），它们分别供应了6次和4次。这一时期的酒和前两个时期供应的种类基本一致，即有许多不同类型的雪利酒、马德拉酒和波特酒。总的来说，在这段时间里，一共提供了26种不同的酒精饮料。饮品的数量有所增加，数量的增加主要体现在雪利酒、马德拉酒和波特酒上面。同时红酒的数量也增加了，例如圣母之乳晚摘葡萄酒（德国的一款著名葡萄酒，晚摘代表的是这款葡萄酒的甜度级别。——译者注）。

1920年缺失的菜单是否会影响到我们对饮品数量的判断，仍然是一个问题，但当时提供的饮品有可能和其他年份提供的饮品是相同的牌子。至于12月11日供应的饮品，有关于它们的信息和头二十年的一样少。

1931—1940年

在1931年至1940年间，菜单上出现了一道以前从未出现过的头盘：一种用蘑菇做成的浓汤。而甲鱼汤和清汤则像以前一样供应，这次的汤品有野味清汤配米饭和奶酪面包丁、清汤配奶酪派、小牛肉清汤（也配奶酪派）及鸡肉清汤配松露和牛舌。与前一时期不同的是，在12月11日的晚宴上，清汤不得不退居次席，转而将头盘的地位让给了鱼子酱，另外还增加了像龙虾汤这样的奶油汤。12月11日供应的各种各样的头盘多达16道，是12月10日的两倍。

12月10日的主菜以海鲜为主，多佛鲽鱼是这段时期里最常见的一道菜，总计出现了6次，其中5次被切成鱼片，配上白兰地和虾酱、松露、贻贝、虾尾、贝西酱和鱼子酱等辅料。还有一次被做成罗勒酱，配上圣雅克扇贝（Scallop Saint-Jacques）、甜菜和香槟酱。大菱鲆用白葡萄酒浸泡，与贻贝、松露、小龙虾尾，以及装满蘑菇的馅饼一起端上餐桌。另外鲽鱼也被切成片，配以贻贝、虾和白葡萄酒酱。菜单上唯一的野味是狍子，但只供应过一次，选取脊肉配上野禽肉丸、马德拉酱和土豆饼（土豆是第一次出现在菜单上）。在家禽菜品中，鸭肉最常见，配上填满意大利调味饭的西红柿、马德拉酱、洋蓟心、栗子和芹菜。其他家禽有鸡肉，搭配洋蓟心、松露和沙拉，菜单上还有榛鸡和野鸡等禽类，搭配炸香蕉、华尔道夫沙拉、培根、鹅肝、酸菜和土豆泥。在这一时期，野味有榛鸡、野鸡和狍子。在1931年到1940年间供应了两道主菜，一道是海鲜，另外一道就是肉类，主要是各种家禽。12月11日的晚宴比12月10日的晚宴在这方面更加明显。同样，野鸡是菜单上最常见的食物。

此外，还有驯鹿、赤鹿和狍子供应。海鲜有梭鲈鱼、大菱鲆和多佛鲽鱼。我们还看到了一种蔬菜单品：栗子。目前还不知道是怎么烹饪的，但可以想象，应该是用盐和融化的黄油烤着吃的。

至于甜点，各种各样的冰淇淋映入眼帘。舒芙蕾冰淇淋是用带有紫罗兰和水果丁调味风味的库拉索烈酒制成的，不管它们是哪种风味，都会搭配花式小蛋糕。球形冰淇淋供应过一次，搭配的是糖栗子和花式小蛋糕。烤冰淇淋（Glace au four）也出现在了晚宴上，但没有任何关于它的搭配和口味的信息。这是12月10日的晚宴上第一次出现所有甜品都是冰淇淋的情况。

在12月11日的晚宴上，水果再一次成为主要的甜点，和过去几十年一样，在菜单上写的是"当季水果"，显然，梨在其中很受欢迎。我们也再次看到了菜单上有"甜点"这个类别，但没有写清楚这个类别具体由什么组成。和以前一样，它出现在菜单的最后，有可能是某种蛋糕，还有一些冰淇淋以舒芙蕾或者芭菲的形式出现，但不像12月10日出现得那样频繁。另外，"蜜饯"这一类别到底指的是什么，依然不得而知。

在12月10日的晚宴上，饮品的种类与过去30年一样，其中波特酒、雪利酒和马德拉酒变化比较大。这段时间里，不同种类的酒精饮料总数为22种，比1921年到1930年间少了4种。然而我们应该记得1924年没有获奖者来斯德哥尔摩，因此没有举行晚宴。此外，在第二次世界大战爆发之后的头几年也都没有举行晚宴，这意味着7年的时间里供应了22种不同的酒精饮料。这是第一次有了关于12月

Programme de Musique
le 11 décembre 1933.

1. Marche "Lorraine" . . . . GANNE
2. Ouverture "Banditenstreiche" . . VON SUPPÉ
3. "Elfentanz", valse . . . . LEHÁR
4. La Sérénade . . . . TOSTI
5. Fantaisie "Carmen" . . . . . . BIZET
6. "Moment musical" . . . . SCHUBERT
7. Potpourri "Die lustige Wittwe" . LEHÁR
8. Marche du premier Régiment
    de la Garde Svea . . . . . . KÖRNER

1933 年的宫廷诺贝尔晚宴音乐节目单

11日晚宴上酒类的信息——这个信息始于1932年，而1939年到1940年因战争爆发又没有了。这意味着只有这7年里有皇家宫廷晚宴的信息。总而言之，11日晚宴供应了10种不同的酒精饮料，并且红酒的列表和10日的看起来大相径庭。干邑、各种品牌的香槟和利口酒是宫廷晚宴上的首选。1932年，一瓶拉菲古堡红葡萄酒（Ch. Lafite Rothschild）的价格是5瑞典克朗30欧尔，而一瓶同年的宝禄爵香槟（Champagne Pol Roger Brut）的价格仅高出20欧尔。除了供应在晚宴上喝的葡萄酒之外，还提供了适合晚上喝的酒，几乎都是塞德隆德潘趣酒（Cederlunds Punsch）和老亚当威士忌（Whisky Old Adam），这些酒混合了苏打水和冉莫洛萨（Ramlösa）矿泉水。如果把这些饮品都算上，总数可以达到21种。而乐师们整个晚上都被禁止喝潘趣酒、皮尔森啤酒和苏打水。

1941—1950年

由于第二次世界大战的原因，1941年到1950年间第一次举行的晚宴是在1945年，因此这十年间总共举行了6次晚宴。头盘是各种汤，包括奶油蘑菇汤、贝类汤和带芝士条的小牛肉清汤，还有芦笋泥和小三明治，但不清楚是哪种三明治。12月11日晚宴的头盘也主要是汤，之前经常供应的清汤在这期间只出现了一次。虽然在这十年间的12月11日一共举办了6场晚宴，但只有5场晚宴供应了主菜，因为1950年在王宫的卡尔十一世画廊（Karl XI's Gallery）提供了茶点，其他食物都是在国家艺术博物馆以自助的形式供应的，但在相关资料中没有提到自助餐里都有什么内容。12月11日提供的头盘比10日少了一道，这还是十年来的第一次。

12月10日主菜中的红肉菜肴有牛肉片配蘑菇、松露、洋蓟心和法式伯那西酱，驯鹿片配芹菜泥，驯鹿脊肉配黄油青豆和越橘奶油酱。家禽包括咸鹅肉配紫甘蓝和辣根酱，而鸡肉则烤着吃，配上芹菜、白萝卜、洋葱和培根。这段时期内，第一次出现只上一道主菜的情况，所以在1945年到1950年的12月10日共有6种不同的主菜上桌。

12月11日，我们再一次看到了以野鸡为主的主菜。例如，被做成覆盖着鹅肝、波尔图果冻（port jelly）和樱桃的鸡胸脯片，或者是整只烤制，因为在菜单上只出现了"野鸡"这个词。另外菜单上还有涂上龙虾汁的多佛鲽鱼片，以及大菱鲆鱼片，但是不知道添加的是什么配菜，我们第一次看到布拉格火腿里塞满红辣椒再配上香槟果冻。火鸡也是经过烤制的，但同样没有关于它的配菜信息。野味以麋鹿肉片为代表，可能来自某个皇家庄园，还有驯鹿脊肉配野味酱，以及烤鹿肉或者鹿脊肉。从1941年到1950年，每年12月11日总共5次的晚宴上，供应了15道不同的主菜，是同时期12月10日的两倍，尽管12月10日还多一场晚宴（6次）。

在1941年到1950年的12月10日的晚宴上，有各种各样的甜点供应。其中只有两种是以冰淇淋为基础的，一种被称为"市政厅夹心冰淇淋"（Bombe Glacée à la Stadshuset），但这具体指的是什么尚不清楚，另一种是诺贝尔甜点芭菲搭配花式小蛋糕。甜点中还有水果，它们经常以各种形式出现在菜单上，比如雪糕梨脯（preserved pears with ice-cream），海伦佳人冻梨［Poire Belle Hélène，这款甜品是1864年由法式料理奠基人奥古斯特·埃斯科菲（Auguste Escoffier）创造的，灵感来源于歌剧《海伦佳人》，原料主要包括糖水梨、巧克力、奶油和杏仁。——译者注］和苹果派配香草酱。拿破仑挞（油酥千层糕）也被单独当成甜品。甜点的这种丰富的变化与前十年形成了强烈的对比，因为那时只提供了冰淇淋。12月11

日的甜点与12月10日的有所不同，以各种形式的冰淇淋为主。有一次，还在冰淇淋里加入了洛可可女神造型的棉花糖。冰淇淋之后是各种水果甜点，其中一次供应了蜜饯，其余则是新鲜的水果。菜单上将橙子和其他水果区分开，原因至今还是个谜，不过橙子本身就可以作为甜点。另外，巧克力软心糖也出现在菜单上，和其他糖果有所区别。甜点中的小蛋糕是由什么组成的，原始资料上也没有说明。

总之，尽管经历了第二次世界大战，但在1941年到1950年的晚宴上，仍有11道不同的头盘和21道不同的主菜和甜点供应，值得注意的是，12月10日菜单上的菜减少了，只提供了3道菜。宫廷晚宴的主菜是12月10日的两倍多。在这期间，我们也是第一次有机会看到12月11日的菜单在报纸上出现。直到1945年为止，他们只提到是国王和王后举办了晚宴，还有参加晚宴的客人名单，但没有提到菜单。

在1941年到1950年间，供应了12种不同的酒精饮料。但我们必须要记住的是，第二次世界大战导致了1941年到1944年间的所有晚宴无法举行。

唯一能找到的12月11日关于葡萄酒的记录是在1948年，当时有1934年的宝禄爵香槟、1929年的侯伯王庄园（Ch. Haut Brion）红葡萄酒、阿蒙提拉多干型雪利酒（Dry Amontillado Sherry）和巴拉茨（Barats）波特酒。我们大致可以推测，到了晚上还供应了其他很多种类的酒。

1951—1960年

1951年到1960年是第二次世界大战结束后的第一个完整的十

年，该时期的晚宴没有间断，尽管1956年的晚宴因世界形势的恶化进行了简化。1956年11月24日，由于国际形势严峻，诺贝尔奖的庆祝活动举办得较为低调，主要把焦点集中在音乐厅的颁奖仪式上。颁奖仪式照常举行，而获奖者的晚宴则在证券交易所举行。在整场晚宴的过程中播放着18世纪的音乐，接着是传统的学生向获奖者致敬的环节，这次活动被誉为一场亲密的诺贝尔晚宴。

在大多数情况下，鲑鱼都是盛在独木舟形状的餐盘里被端上餐桌，配上棕色黄油，或是烟熏之后搭配奶油菠菜，或是用红酒酱汁炖煮，或是用青酱煎炸。龙虾会搭配芦笋、松露和蛋黄酱，或是做成汤。头盘主要有红酒煮过的多佛鲽鱼片配培根、蘑菇和大菱鲆鱼片配香槟酱和奶油海鲜米饭。同样也有清汤，但这道汤除了清之外并不知道具体的内容。和12月10日相比，清汤是宫廷晚宴上最常见的头盘菜肴。但遗憾的是，原始资料里并没有告诉我们具体是哪一种清汤。另外，奶油汤也在菜单中出现，主要是以鸡肉汤为原料，配上芦笋尖和半干的雪利酒，还有一种没有详细描述的清汤。在本书的十年期划分中，这是第一次出现12月11日的头盘菜肴和10日的一样多，都是十道菜。

12月10日的主菜有了很大的变化，牛肉片既可以搭配牛骨髓和巴黎风味炸小土豆，也可以配洋蓟心、松露和蘑菇。小牛肉片搭配百利来酱（Polignac sauce）和松露，而羊肉则是挑选羊脊肉搭配甜椒酱和青菜沙拉。还有狍子的脊肉配辣椒酱和栗子泥。另外，晚宴首次以小公鸡为主菜，搭配马德拉酱和沙拉。除此以外，冷盘也很受欢迎：火鸡（可能是鸡胸肉）搭配果冻和含羞草沙拉，鸭肉配波特酒酱和橘子酱，鸡肉配果冻和华尔道夫沙拉。唯一做成热菜的禽类是烤野鸡配葡萄酒和罗马生菜沙拉。在这一时期，最受欢迎的配菜是各种菌类和果冻，主菜里没有海鲜。狍子在12月11日的宫廷晚宴上占据了重要的位置，主要是用脊肉搭配各种各样的酱料，比如辣椒酱和蒜酱。与12月10日相比，海鲜通常以甲壳类和鱼类的形式出现，多佛鲽鱼出现过好几次，其次是鲑鱼、大菱鲆和龙虾。多佛鲽鱼和大菱鲆采用烹炸的方式，而鲑鱼则是煮的。另外，火腿再一次成为主菜，这次是以肉馅的形式搭配玉兰菜沙拉。奶酪不管是加到馅饼里还是做成奶酪拼盘都很常见，十次有八次会出现。因此，人们也很喜欢把奶酪单独作为主菜。

在这一时期，有两次的甜品是诺贝尔芭菲搭配花式小蛋糕。其他以冰淇淋为主要原料的甜品包括烤冰淇淋，还有野生黄莓芭菲。除此之外，在这一时期的菜单上也经常出现水果。比如用香槟和白兰地煮的梨，或用梨脯搭配开心果冰淇淋和巧克力酱。梨的另外一种做法是火烧，这是第一次在原始资料中出现火焰形式的甜品。目前还不清楚这道菜在餐桌上是否也在燃烧，如果是的话，这一定是个让客人印象深刻的场景，也能体现出一个服务员的专业技巧和时间把控能力。其他的水果甜点包括苹果萨伐仑松饼配朗姆酒和淡奶油、水果萨伐仑松饼配黑樱桃酒和装饰了棉花糖的水果巴伐利亚蛋糕。在12月11日，水果也被当作甜品，但具体是什么水果很难说，因为就像过去几十年一样，菜单上只说是当季水果或者时令的混合水果。以冰淇淋为基础制作的甜点和水果差不太多，它有几种口味，如菠萝、草莓（饰以皇家糖冠）、橘子和野草莓。另外芭菲也出现了两次，糖果和小蛋糕出现得不像早期那么频繁，这期间只供应了三四次。

在这十年中，12月10日晚宴的菜单首次列出了不含酒精的饮料，如咖啡和冉莫洛萨矿泉水。菜单上十有八九都有咖啡。这并不意味着之前的晚宴不供应咖啡，从媒体的报道上来看（见第四章），咖啡的饮用时间要比1951年还要早。总之，在1951年到1960年间，共供应了35种不同的饮料，2种不含酒精，其余33种都是酒精饮料。这个数量与前两个时期相比是个很大的提升。而且葡萄酒和白兰地的数量相较之前也有所增长。"自助餐"（Buffet）这个词在1953年首次出现在菜单的最后一项，指的是为舞会（见第四章）而举办的茶点自助餐，但不知道自助餐供应的具体餐点是什么。在这十年时间里，每年12月11日的宫廷晚宴上，为获奖者提供的饮品主要是岚颂香槟（Lanson Père et Fils champagne）。要具体统计出晚宴上总共提供了多少种饮品是非常困难的，因为没有任何信息可以告诉我们像红酒、雪利酒和波特酒具体指的是哪种，可能每项后面都有一种或者多种选择。在1951年到1960年间的12月11日，一共提供了11种不同种类的酒精饮料。

1961—1970年

在1961年到1970年间，海鲜成为最主要的头盘菜肴。头盘里既没有野味也没有家畜，甚至作为主要原料的牛油果也搭配着海鲜，尤其是龙虾。牛油果也在一道由鲑鱼做成的菜肴中出现，鱼肉充分浸泡在冷汤酱汁里。鲑鱼也会进行熏制和炖煮，之后搭配各种装饰。多佛鲽鱼片用白葡萄酒烹制，配上咖喱酱作为填料，而大菱鲆则烟熏后搭配冷酱。

如果我们将12月11日提供的头盘和10日的进行比较会发现，它们有着完全不同的特点。这些头盘都是各种形式的液体。清汤最为常见，例如家禽类的清汤。在这个时期，我们又看到了甲鱼汤。在晚宴的头二十年中，甲鱼汤经常出现，但到现在已经快消失了二十年。另外，菜单上还有加了淡奶油和蘑菇的青豌豆汤，以及加了干酪条的奶油虾汤。

和前十年一样，12月10日菜单上的主菜完全看不到海鲜。野味比家畜肉类更为常见。野味以山鹑、野鸭、榛鸡和黑松鸡等禽类为代表。野生动物以驯鹿为代表，至于家畜家禽则有牛、羔羊、鸭和鸡。黑松鸡和松鸡以冷盘的形式出现，搭配松露、鹅肝、马德拉酱和华尔道夫沙拉作为配菜。幼鸭也出现在菜单上，以肉冻冷盘的形式搭配和松鸡相同的配菜。松鸡也被做成肉冻配上鹅肝和华尔道夫沙拉，野鸭则搭配大蒜、马德拉酱和沙拉。华尔道夫沙拉和各种各样的肉冻似乎是很受欢迎的配菜，通常都是冷盘。鸡肉冻还会和芦笋醋汁、马德拉酱和鹅肝混合，而山鹑则与蔬菜和含羞草沙拉混合。似乎在这一时期，凉的蛋黄酱沙拉和马德拉酱配家禽很受欢迎。羔羊肉菜肴则挑选羔羊脊肉配上甜椒酱和绿色沙拉（就像过去几十年一样），牛肉被做成塞满松露酱馅料的切片，驯鹿肉也被做成塞满馅料的切片，搭配日内瓦酱和油炸土豆丸子。

　　对比12月11日的主菜和12月10日的主要食材，我们发现海鲜和肉类之间的差异更大。与前一时期一样，在1961年到1970年间，狍子被当作主要的野味在晚宴上供应——主要选取脊肉搭配像栗子泥之类的各种配菜一起端上餐桌。搭配牛肉片的配菜不知道具体是什么。野鸡经过烤制搭配油炸面包丁和蘑菇。我们不知道搭配龙虾的鱼类菜肴是以什么鱼为基础的，但我们知道晚宴上供应了多佛鲽鱼，例如用它做成的肉卷，和用红酒炖煮后搭配龙虾。鲑鱼被做成了馅饼，而梭鲈鱼则被做成肉馅铺在蘑菇上。龙虾也会和大菱鲆放到一起，但是它们的配菜尚不清楚。和前十年一样，奶酪也出现在菜单上，但这次是以糕点的形式出现的。它一定是颇受欢迎，因为大概十次有五次出现的是搭配芹菜的奶酪糕点。蔬菜类菜肴在消失了几十年之后以沙拉的形式重新出现，但我们不知道具体用的是什么蔬菜，也不知道是热菜还是凉菜。

水果仍然很受欢迎，在12月10日的甜品中占据主导地位。梨被做成三种不同形式的甜点，比如用香槟泡制后搭配香草酱，还有诺贝尔盛宴梨（Nobel Gala Pear），尽管我们也说不上来那是什么。其他的水果有柑曼怡香橙甜酒（Grand Marnier）桃子搭配风味奶油和花式小点心，以及还有利口酒菠萝配花式小点心。菠萝也被做成芭菲，同样搭配的是花式小点心。另外还有橙子做的雪葩，以及野生黄莓做的萨伐仑松饼配摩卡奶油。最后，还有浇上巧克力酱的香草冰淇淋。12月11日的冰镇甜品主要是以雪葩、冰淇淋和芭菲的形式出现。雪葩是最常见的，要么是柑橘风味，要么是阿拉克烧酒（arrack）风味。冰淇淋里会放杏仁脆片，芭菲是摩卡风味的。"火焰水果"以菠萝冰淇淋的形式出现过一次，我们在这一时期的菜单上又发现了它，但仅有一次。和之前相比，水果的数量有了明显下降，和以前一样也没有说明具体的种类，而且作为甜点的小蛋糕也减少到了只有一次出现。

在这一时期，咖啡在12月10日的晚宴上占据了饮品列表的首位，此外还有斯特雷加利口酒（Strega liqueurs）。其他在酒单上排名靠前的是波马利格雷诺香槟和拿破仑白兰地（Courvoisier brandy）。总的来说，晚宴上提供了15种不同的酒精饮料，比前一时期减少了50%。这里供应的白兰地种类并不是很多。至于12月11日的晚宴，目前得到的信息都是零散的，不完整也不清晰，但这是第一次提到在晚宴上供应了不含酒精的饮料。当然这不一定意味着以前没有提供不含酒精的饮料，它们很可能是出于某种原因而没有被提及。除了不含酒精的饮料之外，还有香槟、红葡萄酒、波特酒和雪利酒。这些酒之前也供应，但值得注意的是，1964年12月11日的菜单上出现的葡萄酒，是这段时期的第一次供应。当时客人们享用的是拉艾娜酒（La Ina），1950年的白马庄园（Ch. Cheval Blanc）

干红葡萄酒和1943年的赫贝勒瓦朗特年份酒（Rebello Valente
Vintage）。

1971—1980年

和过去20年一样，海鲜占据了12月10日晚宴头盘的主导地位。
鲑鱼非常受欢迎，有几个年份是经过熏制后搭配水煮荷包蛋和荷兰
酸辣酱，还有一年是铺在菠菜上然后搭配水煮荷包蛋。菜单上的大
菱鲆有各种各样的形式，有做成慕斯再点缀上香槟果冻和松露，也
有经过荷兰酸辣酱熏制后制成冷鱼片再搭配白鱼子和荷兰酸辣酱。
鲽鱼片作为冷盘，搭配虾酱。而多佛鲽鱼则是在苦艾酒中烹煮后，
搭配印度米饭。最后，龙虾也是冷食的。在这段时期，荷兰酸辣酱
配鱼似乎很受欢迎。

1972年，由于茜贝拉公主的去世，王室在当年没有举行晚宴。
但是在王宫为获奖者举行晚宴的那些年里，奶油汤似乎在头盘中越
来越受欢迎，而甲鱼汤只上过一次。奶油汤包括奶油贻贝、绿豌
豆、龙虾和朝圣扇贝（pilgrim scallop）。此外，还有山鹑做的清汤
和野鸡做的清汤。另外一个变化是，出现了鸡肉清汤。由此可见，
12月11日的所有头盘都是汤品。

和前两个十年一样，12月10日的主菜里没有海鲜。野味有雪
松鸡、榛鸡、狍子和麋鹿。如果观察更细致的话，我们会发现，鸡
肉配的是奶油沙司、抱子甘蓝、胡萝卜和蘑菇；而雪松鸡则搭配松
露、鹅肝酱、花楸莓果冻（rowanberry jelly）、当季沙拉和土豆，或
是用杜松子烤制，搭配花楸莓果冻和沙拉。松鸡更适合冷食，做成
慕斯再搭配上松露酱和华尔道夫沙拉，而鸭肉则用卡尔瓦多斯酒炖
熟后搭配苹果泥。至于羊肉，选用的是小羊羔的羊排搭配马德拉酱

和番茄沙拉，而牛肉则被切成片。狍子肉经过烤制后搭配日内瓦酱和沙拉，而小牛脊肉也经过烘烤后搭配羊肚菌酱汁和四季豆沙拉。驯鹿也被切成片（和牛肉一样）配上鸡油菌、阿夸维特酒酱汁（aquavit sauce）和里昂风味煎土豆食用。与十年前相比，主菜中的主要原料和配菜都有了较大的变化。在12月11日的主菜中，狍子占据了主导地位，总是选取脊肉部位，经常搭配野椒酱汁来食用。除了狍子之外，没有家禽、家畜和其他野味的肉菜。海鲜类的菜肴包括了多佛鲽鱼、大菱鲆、红点鲑鱼、鲑鱼和虾。鱼类舒芙蕾也有供应，但不清楚它用的是什么鱼，只知道搭配的是米饭。还有虾做的舒芙蕾，以及和油酥点心一起烤制的鲑鱼舒芙蕾。多佛鲽鱼、大菱鲆和红点鲑鱼都被切成片，多佛鲽鱼和大菱鲆搭配龙虾，并且塞满了用白葡萄酒酱汁浸泡的鲑鱼末，而红点鲑鱼则搭配切丝的蔬菜。同样，奶酪本身也可以成为一道主菜，通常是以奶酪球的形式供应的，有时候选用的是斯蒂尔顿奶酪（Stilton cheese）。

在12月10日，各种形式的冰镇甜品占据了主导地位：舒芙蕾、冰淇淋、芭菲、雪葩和诺贝尔甜点芭菲。舒芙蕾做成了冰淇淋的形式，以柑曼怡香橙甜酒为原料。芭菲则有两种，一种的原料是菠萝，另外一种是越橘，后者配杏仁饼干吃。雪葩的原料是橘子，目前为止还不知道一直以来的诺贝尔甜点芭菲是由什么组成的，但可以肯定的是，每次都有不同的味道。在12月11日，冰镇甜品也占据了大多数，只有一次供应的是其他甜品：火焰桃子配杏仁饼干。还有一年，冰淇淋舒芙蕾的原料是菠萝。

当菜单上出现雪葩时，通常是以橘子为原料，搭配杏仁饼干和杏仁脆片。但是其中有一年，雪葩是用野草莓做的，搭配了杏仁脆片。

另外，我们再一次发现，咖啡是12月10日晚宴上最常见的饮料，还有一种不含酒精的饮料是冉莫洛萨矿泉水，虽然在菜单上只出现了两次，但有可能整个晚宴都在不间断地供应。如果我们回顾第四章，会发现当时报纸上已经报道过。但这一时期的饮料与前几年相比已经发生了变化。雪利酒、波特酒和马德拉酒已经让位于葡萄酒、白兰地和香槟。晚宴总共供应了18种不同的酒精饮料。在1975年，菜单首次详细列出了晚会自助餐的内容，并且上面只有两种饮料：哥顿金酒（Gordon's gin）和金铃威士忌（Bell's whisky）。在这一时期接下来的几年里，晚宴自助餐一直供应两种饮料，直到1980年增加到三种。哥顿金酒持续供应到1978年，之后就一直被波士银牌顶级干型金酒（Bols Silver Top dry gin）所取代。至于威士忌，供应过以下几种品牌：斯图尔特上等老苏格兰威士忌（Stewart's Finest Old Scotch）、金铃威士忌和龙津威士忌。1980年又添了金巴利酒，但12月11日的晚宴上到底供应了什么不得而知，我们大胆猜测一下，估计和之前几年的大同小异。

1981—1990年

在12月10日的头盘上，海鲜再次占据了主导地位，但松鸡和驯鹿也在菜单上，这两个是头盘中仅有的野味菜肴。

松鸡做成肉泥后搭配奶油沙司，以及烤成圆饼状铺在涂有香草酱的生菜上。驯鹿被盐渍后切片配上第戎黄芥末酱（Dijon mustard sauce）。最常见的是鲑鱼，被做成加了小龙虾汁的慕斯，以及用杜松子腌制后搭配芥末酱和羊肚菌酱，还有的经过新鲜熏制之后搭配白鱼子。小龙虾和龙虾是海鲜类菜肴的代表，前者被涂上罗勒酱做成圆饼状，后者和松露一起做成馅饼后涂上水芹酱。红点鲑鱼经过腌制后搭配绿豌豆酱，鳗鱼和多佛鲽鱼则被做成馅饼，再配上鳟鱼子酱。

和12月10日的头盘相比，12月11日晚宴上的菜品多少有点不同。奶油色的汤是绿豌豆汤，而清汤是各种各样的禽类汤，例如松鸡汤、鸽子汤、野鸡汤和鹌鹑汤。白鱼子放在欧芹酱中，但鲑鱼是怎么做的我们不得而知。舒芙蕾由鲇鱼和虾做成，新鲜的鹅肝也在菜单上，不过其余配菜除了知道是以皮塔饼的形式供应之外，剩下的在原始资料里并未透露。与12月10日的头盘相比，12月11日有了更多家禽和野禽的菜肴。

12月10日的主菜除了红点鲑鱼和多佛鲽鱼以外，其余的海鲜相对较少。野味的代表有驼鹿、野兔、野鸡、赤鹿和野鸭。驼鹿切成肉片搭配羊肚菌酱汁、抱子甘蓝和韭菜土豆果冻，又或者用越橘奶油沙司进行腌制。野兔则是选取脊肉搭配装满蔬菜的苹果圈，再浇上卡尔瓦多斯酱。而赤鹿也是被切片，里面填满鸡油菌和羊肚菌酱汁。红点鲑鱼要么用小茴香和奶油炖制，要么用杜松子烤制，再配以芦笋、小茴香奶油和米饭食用。多佛鲽鱼切片之后填充羊肚菌，再配上苦艾酱和米饭。至于家禽类的菜肴中，野鸡是烤制的，以烤圆饼的形状搭配森林蘑菇。而野鸭则搭配黑加仑酱，以及胡萝卜蛋糕和沙拉。最后，羊肉是选取羊脊肉搭配干邑奶油酱和土豆。同样，我们发现12月11日的主菜食材与12月10日的有所不同。以狍子为主，选取脊肉进行烹调，再点缀各种配菜，例如冷冻小红莓和栗子泥。海鲜出现频率和菜品的变化，比同年12月10日的更大。红点鲑鱼被切成片，但点缀的配菜是什么我们不得而知。鲑鱼捕自挪威峡湾（Norwegian fiord），但也没有关于它是如何烹饪和有哪些配菜的相关信息；大菱鲆被做成鱼卷的形式，里面填充了各种蔬菜；而对虾则是生吃的；朝圣贻贝被做成了舒芙蕾的形式，但没有提到海鲜自助餐中包括了哪些甲壳类食材。我们猜测，食材的种类一定相当丰富。多佛鲽鱼采用培诺（Pernod）酱来调味，牛肉则被做成了牛尾汤。我们再一次看到，奶酪和奶酪点心作为主菜被端上餐桌，正如十年前一样。

在1981年到1990年间只提供了一种甜品，就是现在很著名的诺贝尔甜点芭菲，这也是第一次出现只供应这种甜品的情况。原始资料并没有告诉我们冰淇淋和芭菲的具体风味，但我们知道的是同一种风味只会出现一次，不论是冰淇淋还是芭菲。这种甜品会搭配棉花糖和花式小蛋糕，有时候还会配上N形的翻糖，或者配上形状像字母N的小饼干。每位客人只有一块N形的小饼干，但是在冰淇淋芭菲的顶端还会有一个更大号的N形翻糖。

同样在12月11日，冰镇甜品依然占据了主要位置，慕斯有北极树莓和小柑橘两种口味。雪葩有葡萄、菠萝和越橘三种口味。我们不知道慕斯和雪葩是否搭配了其他配料。菜单上还写了冰淇淋自助餐，但我们不知道具体有哪些冰淇淋供应。我们只知道冰淇淋舒芙蕾是用野树莓、野生黄莓和榛子调味的。另外还供应了搭配香草冰淇淋和杏仁脆片的腌橘子。

咖啡和冉莫洛萨矿泉水毫无疑问是12月10日晚宴提供的饮料列表里最受欢迎的，而且百分之百会出现。不过这次在菜单上有了一个创新，出现了一种不含酒精的葡萄酒饮料，作为酒的替代品。这并不一定意味着这款饮料之前没有出现过，但在原始资料里确实没有看到过。另外，这也是第一次出现格朗达斯克（Grådask）波特酒。与前一时期相比，白兰地的种类减少了，葡萄酒种类也没有之前那么多。总体而言，有13种不同的酒精替代饮料供应。

至于舞会上的茶点自助餐，依然会有龙津威士忌、波士银牌顶级干型金酒和金巴利开胃酒。1981年，新出现的两种酒分别是卡楚恰（Cachucua）和坚果香型混合葡萄酒（Nutty Solera）；1982

年，增加了缇欧佩佩利口酒（Tio Pepe）；1983年新出现的是斯班乔布斯啤酒（Spendrups beer）；到了1984年，因为发生了一些事情而增加了威雀威士忌（The Famous Grouse，持续到1987年）、安妮女王威士忌（Queen Anne，持续到1986年）和卡帕诺潘托蜜苦艾酒（Carpano Punt e Mes，持续到1986年）。1985年的自助餐和1984年的一样，1986年又增加了哥顿金酒。1987年，除了威雀威士忌、麦芽威士忌（Glenlivet Malt）、哥顿金酒和斯班乔布斯啤酒，还有轩尼诗VS（Hennessy VS）。1988年，自助餐上供应的酒类发生了一些变化，包括酩悦香槟（Moët & Chandon）利口酒、尊尼获加黑红标威士忌（Johnnie Walker Red and Black Label）、哥顿金酒、百加得朗姆酒（Baccardi rum），轩尼诗VS和斯班乔布斯啤酒。1989年，哥顿金酒被绝对伏特加（Absolut vodka）所取代（在这种情况下是第一次），但除此之外其他方面的自助餐都一样。到了1990年，哥顿金酒再次出现，自助餐和1989年的也没有什么区别。至于12月11日的晚宴，报纸对供应的饮料只字未提。

1991—2001年

与前面的三十年相比，1991年至2001年的头盘中，海鲜并没有占据主导地位。我们看到的头盘食材中有鸭子和一些蔬菜，例如洋蓟心、洋姜和荨麻，但没有任何有关野生动物和家畜的记录。

鸭子选取了鸭胸肉，经过熏制后做成肉卷再配上杧果和芜菁。龙虾做成炖肉的形式，搭配奶油花椰菜和白鱼子，外加花椰菜泥和果冻。红点鲑鱼经腌制后铺在黑萝卜上，上面有鲑鱼子和蜂蜜醋汁，而鲑鱼则是以鱼肉糜（terrine，是用肉或者内脏，以及海鲜、蔬菜、熟鸡蛋的碎块或细糜连同香草或其他调味料包紧或分层压在陶制或金属的条形模具里，通过水浴法烹制，凉透了切片上桌。——译者注）的形式和多佛鲽鱼、小茴香和韭菜做成加了红辣椒奶油的鞑靼（tartare），再配上酸模草酱（garden sorrel sauce）和白鱼子。鳕鱼选取的是一种略带咸味的大西洋鳕鱼，也同样配上酸模草酱和白鱼子。大比目鱼也被做成鱼肉糜的形式，里面有海螯虾和腌制的朝圣贻贝、鲜奶油白鱼子和嫩叶沙拉（tender salad）。菜单上的洋蓟心是腌制过的，里面有虾、小龙虾和新鲜茴香。而耶路撒冷洋姜（Jerusalem artichoke）在有一年是被做成泥，搭配白鱼子和龙虾；还有一年是做成馅饼，里面填满了熏鲑鱼和龙虾。荨麻被做成了汤品的形式，里面加了鹌鹑蛋。12月11日的头盘中经常能见到汤品。有些奶油状的浓汤是用绿豌豆制成的，而其他的则是以小龙虾、贻贝、茴香和蓝贻贝为主要原料。鲑鱼被做成带脆皮的鱼圆铺在菠菜叶上。菜单上还有很多甲壳类食物，也有腌鸭肝酱和熏鹅胸肉。

　　1991年至2001年间，12月10日晚宴的主菜中没有任何海鲜，但在野味和家畜之间保持着一定数量的平衡。野味包括驯鹿、赤鹿、鸽子和鹌鹑，家禽有小牛肉、羊肉、鸡肉、鸭肉和珍珠鸡。驯鹿肉被切成片配上鸡油菌、大头菜烤圆饼（kohlrabi timbale）、黑莓酱、土豆泥和黑萝卜片。赤鹿肉也被切成片经过黄油烹炸之后，加上森林蘑菇、西葫芦、培根、黑莓酱和炸土豆丸一起炖煮。鸡胸肉经过炸制，加上百里香和黑胡椒，搭配耶路撒冷洋姜酱、森林蘑菇卷和蔬菜炖肉一起摆在盘中。鸭胸肉也是加了柠檬汁煎炸，然后配上瑞典西博滕省的烤圆饼、鸡油菌、耶路撒冷洋姜和香草土豆泥，或是搭配沙棘酱和根菜类蔬菜拼盘。珍珠鸡里填满烤根菜、柑橘沙司和杏仁土豆泥。炸过的鸽子胸脯肉配上卡尔约翰（Karl-Johan）蘑菇炖鸽腿肉、酸甜的覆盆子醋酱和糖渍土豆洋葱。鹌鹑也经过烹炸，配上番茄和绿芦笋食用。

这段时间羔羊肉也出现在菜单上，切成片后配上蜂蜜糖浆胡萝卜、黑萝卜、油炸森林蘑菇和苹果酒酱，也可以包在白卷心菜里，搭配酸甜茴香汁、切达奶酪和土豆泥，以及小蔬菜食用。最后，小牛肉被切成肉片和鼠尾草一起煎炸，配上猴头菇（PomPom mushroom）、填满菠菜的番茄和姜味土豆饼一起装盘。在1991年到2001年间，肉片和禽类的胸脯肉都十分受欢迎，无论是禽类还是畜类，它们的配料几乎都是各种各样的蔬菜。

同样在1991年到2001年间，狍子成了12月11日的主菜，而且我们再一次发现人们喜欢选取它的脊肉，尽管它曾经被切片后搭配了红酒汁和土豆肉糜。有时还会搭配青辣椒酱、浓野味汁加鹅肝、冬季蔬菜、猎人酱、新鲜的无花果和栗子酱。鳕鱼也被切成片，用白色甜菜叶包裹起来，而海螯虾则是生吃。多佛鲽鱼被切成鱼片搭配海螯虾，而大比目鱼则在清蒸后配上微酸的雪葩一起上桌。菜花奶油（原文写的是witch，查阅食材资料后最接近的英文是witch's butter。——译者注）和小龙虾酱一起搭配肉卷食用。在甲壳类这一条目下面，我们发现了一种藏红花调味的鱼肉汁，它的原料包括朝圣贻贝、海螯虾和蓝色贻贝，或者是用加了白葡萄酒酱的海螯虾配海胆子。龙虾搭配苹果酒酱汁，大菱鲆也切成片配上白酱，鲑鱼子和卡尔约翰蘑菇一起烤制，或是清蒸后搭配龙蒿酱。因此，这些海鲜在其中扮演了重要的角色。除了这些主菜以外，还有一些雪葩供应，例如柠檬草雪葩和绝对伏特加柑橘雪葩。在销声匿迹了一段时间之后，以烤栗子、黑萝卜和果冻苹果为主的蔬菜类主菜又出现在了菜单上。此外，还有各种各样的奶酪菜肴，例如奶油状的白霉奶酪、切达奶酪、萨沃伊奶酪和勃艮第芳香奶酪。

冰淇淋在1991年到2001年每年的12月10日都占据了甜品的绝对主导地位，诺贝尔甜点芭菲应该是在七个年份中都出现了，但原始

Caviar sur Socle
Tortue claire à l'anglaise
Suprêmes de Soles Gentilhomme
Poularde bonne femme
Cassolettes de Homards à l'américaine
Chand-Froid de Gélinottes Ecarllus
Salade de Laitue
Asperges nouvelles au Beurre
Soufflé glacé à la Rothschild
Friandises
Poires et Calvilles
Raisins

Rudyard Kipling

Le 10 Decembre 1907

尽管 1907 年因为奥斯卡二世去世，诺贝尔基金会没有举办诺贝尔晚宴，
但为了纪念拉迪亚德·吉卜林，该基金会在斯德哥尔摩大酒店举办了一场
晚宴，菜单上有鱼子酱、清汤、多佛鲽鱼片、烤鸡肉、龙虾、芦笋配黄油、
冰淇淋舒芙蕾、小蛋糕、梨、卡尔维尔（Calville）苹果和葡萄。遗憾的是，
菜单没有提供葡萄酒。这份菜单是吉卜林亲笔写的

Diner
du 11 décembre 1933
——

Caviar d'Astrakan
Consommé chartreuse
Médaillon de saumon Amiral
Quartier de chevreuil Grand-veneur
Aiguillettes de faisan Mont-
morency
Parfait glacé au curaçao
Fruits de saison
Mignardises
——

1931 年后仅仅两年的时间，菜单就变成了另一种样子。这张菜单来自 1933 年 12 月 11 日为获奖者举办的宫廷晚宴，当时古斯塔夫五世还在位，但这份菜单没有像 1931 年的菜单那样印上他的徽章。菜单显示晚餐包括鱼子酱、清汤、鲑鱼片、狍子、野鸡、库拉索烈酒风味的芭菲、当季水果和小点心

诺奖获得者在宫廷晚宴上使用的酒杯

狍子肉是宫廷晚宴上的常客

晚宴开始前，摆放整齐的桌席

资料没有显示所提供的冰淇淋口味是什么。这种芭菲和诺贝尔甜点之间的区别不是很清楚，可能诺贝尔甜点不包括任何芭菲，只有冰淇淋。然而，这两种都是和棉花糖一起吃的。加了香料的冰淇淋包含加了糖渍菠萝和百香果的菠萝雪葩，而香草冰淇淋则含有越橘雪葩。菜单上还有一个叫"双重冰淇淋"的条目，但我们不知道它由什么组成。

12月11日的晚宴还有很多冰镇甜品：用北极树莓做的舒芙蕾，有着黑樱桃酒和异国水果味道的新鲜菠萝，还有菠萝口味的雪葩，配上北极树莓糕点。摩卡做的芭菲配上巨大的咖啡豆一起食用。至于冰淇淋，有的时候做成藏红花口味，再配上热红酒酱，有的时候经过烤制配上野树莓或者野生黄莓。巧克力作为一道甜点在餐桌上出现了一次，包含三种不同的口味。新鲜的水果作为甜点在餐桌上出现了五次，但我们不知道具体是什么水果。

在1991年到2001年之间，有两个重大的周年纪念日，分别是诺贝尔颁奖典礼90周年纪念日和100周年纪念日。这一点体现在了晚宴上所提供的酒精饮料的数量上，多达35种。至于不含酒精的饮料，则是三种不同类型的矿泉水。再莫洛萨矿泉水因为出现了九次而名列榜首，洛卡（Loka）矿泉水和卡尔冯林奈（Carl von Linné）矿泉水分别只出现过一次。托卡伊葡萄酒（Tokay wine）和瑞典潘趣酒也首次亮相。白兰地不经常出现，反而有更多的香槟和葡萄酒品牌。

尽管1991年是90周年大庆，但舞会上茶点自助餐的规模也不比1990年的大多少。1991年的酒包括绝对伏特加、酩悦香槟利口酒、尊尼获加红方威士忌和黑方威士忌、百加得朗姆酒、哥顿金酒、轩尼诗VS和斯班乔布斯啤酒。第二年，轩尼诗VS被轩尼诗VSOP（very superior old pale）所取代，其他饮料都一样。1993年也是如此。1994年撤走了啤酒，百加得朗姆酒被百加得优质黑朗姆酒（Bacardi Premium black）和布拉德苹果白兰地（Calvados Boulard）所取代。接下来的一年，添加了杜林标（Drambuie，由苏格兰盖尔语一个短语"dram buidheach"引申而来，意思是"完美的饮料"。——译者注）、芬兰伏特加（Finlandia vodka）和乐加维林16年单一麦芽苏格兰威士忌（Lagavulin Single Malt，16 Years old），啤酒也回归了。1996年也出现了同样的情况。之后，1997年的自助餐看起来有些不同，包括了布拉德苹果白兰地、杜林标、金巴利苦味酒和8年的金铃威士忌，但没有绝对伏特加、轩尼诗VSOP、哥顿金酒、尊尼获加黑方威士忌和斯班乔布斯啤酒。由于某种原因，1997年以后自助餐的内容就没有了，自助餐这个词也被去掉了。关于12月11日饮品的信息和以前一样少。

总体来说，1901年到2001年间的菜品总量（包括了两个百年庆典）是：头盘202道，主菜386道，甜点272道，总共是860道菜。

同时我们也要记得，在某些年份是没有晚宴的，如果扣除在12月10日当天没有晚宴的年份，一共有88场晚宴（不包括两次世界大战和1924年）。另外还有两次晚宴，即1920年12月10日和1923年12月10日的菜单都不见了。因此，菜肴的数量应该比统计的更多一些。如果我们再数一下王室宫廷举行晚宴的次数，一共是83场（1901年至1903年、1907年和1924年，以及战争年份除外），排除这些没有举行晚宴的年份，只有四个字可以形容这些菜品的总数，那就是：令人惊叹！

有关12月11日庆祝活动的原始资料来源不够可靠，无法对所供应的酒精饮料进行调查。关于12月10日的晚宴，还是可以做一些统计。菜单上缺失了一些替代酒精的饮料，比如蔻修葡萄酒。我们可以从报纸上了解到这种类型的酒其实是供应的。在这几个十年期间里，1951年至1960年间的葡萄酒供应量最大，总共有33个不同的品种。接下来是1991年至2001年，有31种。之后是1921年至1930年，有26种。最后是1931年至1940年，有22种。有趣的是，高峰时期并不在1991年至2001年间，虽然那个时期人们庆祝了两个伟大的纪念日。在1941年到1950年间，供应的酒种类最少，一共只有12种不同的酒精饮料，这也许不能说是战争直接导致的，但很有可能是因为战争的波及才使得饮料范围缩小。另外舞会上茶点自助餐所提供的饮料不能计算在内，因为是客人自己买单的。

第六章

美好的食物　美好的对话

　　这本书所描述的诺贝尔晚宴源起于阿尔弗雷德·诺贝尔。他"经过深思熟虑之后"，在遗嘱中决定设立一项基金，这项基金的资金来自他将遗产分配给最亲近的继承人和仆人后剩余的部分。基金中资金的投资利润以奖金的形式颁给五个领域的获奖者，即物理学奖、化学奖、生理学或医学奖、文学奖，以及和平奖。这些奖项被统称为诺贝尔奖，并会在每年12月10日，即在捐赠者去世的纪念日颁发。第一届诺贝尔和平奖就是在1901年颁发的，当时诺贝尔已经去世五年。从一开始，基金会就会举行宴会，通常被称为诺贝尔晚宴。1968年，瑞典银行创立了另一个奖项，并且在1969年首次颁发，之后就与其他奖项在同一个颁奖典礼上一起颁发。这个新奖项被称为诺贝尔经济学奖，但它的正式名称是"纪念阿尔弗雷德·诺贝尔的瑞典银行经济科学奖"。

　　我相信确实存在某种"美食达人"。这种所谓的美食达人是复杂的、因人而异的，但也可以从中看到一些共同的特征。这些特征包括了一系列因素，比如人类的基本需求、可食用性、易得性、五感、烹饪学和其他科学的关系，以及烹饪本身就是一门科学。其他因素还包括饮食文化、宗教信仰、用餐时间、餐桌礼仪、餐桌摆放、餐具，以及客人对于色彩、灯光、声音、设计、菜单内容和布局等方面的用餐体验。在安排像诺贝尔晚宴这样的活动时，这些因素都必须加以考虑。此外，还有一个现实因素是，诺贝尔奖获得者很少来自同一个国家。

在1901年到2001年间，共有48个国家的相关人员获得了诺贝尔奖。这意味着，参加诺贝尔晚宴的客人会来自许多不同的美食领域和广泛的地理区域。他们代表着众多美好的美食文化，而且很少会有人习惯斯堪的纳维亚的食物和饮料风味。

1901年举行了首届诺贝尔奖颁奖典礼，晚宴设在了斯德哥尔摩大酒店。参加者全部为男性，共113人。因为是第一次，很难吸引足够多的关注，人数不足以填满举行颁奖典礼的音乐学院。因此，男士们不得不回家，让他们的仆人也盛装打扮，之后再带他们去学院参加颁奖典礼。这让我们很难相信，到了2001年的时候会有将近1500人参加晚宴。1909年瑞典女作家塞尔玛·拉格洛夫获得诺贝尔文学奖，那年的晚宴毫无疑问吸引了大量的女性。直到1930年，晚宴都在大酒店举行，客人的数量每年都在增加。最后，因为客人太多了，晚宴不得不移到斯德哥尔摩市政厅的金色大厅——这件事已经被倡议多时。尽管在那里举办了一次非常成功的晚宴，但第二年晚宴又搬回了大酒店。

然而，在1932年，晚宴被固定在了市政厅。开始时晚宴在金色大厅举行，而学生们在蓝色大厅吃饭。在这段时间，学生们的菜单不同于金色大厅的。有一个问题是，晚宴的演讲部分并没有事先安排，任何想要发表演讲的人都可以通过轻敲酒杯示意，之后站起来开始演讲。这意味着，至少在最开始的时候，客人们会放下刀叉认真聆听，这样热的食物就变冷了，冰冻的甜品则开始融化。然而，随着演讲的继续，客人们等得不耐烦了，于是就继续开始吃饭。

后来演讲的顺序进行了修改并一直沿用至今，获奖者有固定的时间发表演讲，他们可以在甜品上来之后边喝咖啡边发表致谢词。随着客人数量的不断增加，活动从金色大厅搬到了下面一层的蓝色大厅。这个大厅不是对称的，因此负责摆放桌子的工作人员必须测量桌子和桌布的位置。如果他们不这样做，桌子和桌布看上去就会像波纹一样。1991年，为了纪念诺奖成立90周年，一项名为"诺贝尔服务"的特殊餐桌服务应运而生，并于次年获得瑞典优秀设计奖。今天，世界上几乎没有什么宴会像诺贝尔晚宴这样闻名于世。诺奖得主们在接受采访时，没有人抱怨斯德哥尔摩过于寒冷的天气、泥泞的雪地、烦人的雨水，或是结冰的道路，每个人都无一例外地对这件事有很高的评价，有两点总是被提及：美好的对话和美好的食物。

这本书展示了从1901年到2001年共100年间的晚宴菜单，包括12月10日的菜单和12月11日的宫廷菜单。从1904年开始，为获奖者在12月11日举行的宫廷晚宴也包含在内。多年来，诺贝尔晚宴中的食物一直备受关注，从一开始，菜品就被严格保密。这么多年来，只有一次在晚宴举行的当天公布了菜单，那是1945年12月10日，也就是第二次世界大战后的第一次晚宴，同时报纸也首次报道了12月11日宫廷晚宴提供的菜品。在此之前，媒体只报道会有晚宴和谁参加了晚宴。直到20世纪80年代，一直由大饭店和市政厅的厨房工作人员（还有一些额外的工作人员）负责制定菜单和准备食物。从那以后，年度最佳厨师协会就被委托和斯德哥尔摩市政厅诺贝尔厨房的固定员工合作，一起制订计划并准备菜单。然而，操作的模式始终是相同的：大约在春天的时候，工作人员开始将一些关于菜品的提议提交给诺贝尔基金会。之后到秋季，基金会对菜单上的菜品进行试吃，并最终确定——这仍然是一个秘密，直到12月10日晚上食物被端上餐桌。在这之前，只有大约30个人知道晚宴会提供什么食物。

在举办晚宴的头十年里，菜单上的菜品都是法式的，这并不奇怪，因为法国菜对瑞典菜的影响一直很大。菜单上有多达七道菜品。多年来，晚宴以一杯干香槟作为开场，同时也可以作为甜品。另外一个必有的特点是，在头盘的汤品中配的是雪利酒，而且不论是什么汤品都这么搭配。这是非常传统的做法，因为在那个时候，以这种方式做事是很正常的。在晚宴的头二十年里，每到12月10日和11日，头盘经常出现的菜是甲鱼汤，清汤也很普遍，一直持续供应到了20世纪40年代。

直到1945年第二次世界大战后的第一次晚宴，主菜的数量减少到了三道菜，在1991年庆祝90周年的时候是个例外，有四道菜。尽管菜品的数量有所减少，但可供选择的饮料种类却大大增加，而且这种模式一直持续到2001年。直到20世纪80年代，人们才觉得菜单应该是斯堪的纳维亚或者北欧风格。另外，12月11日的晚宴在这100年中比12月10日的晚宴有更多的菜品。值得一提的是，瑞典国王推广了一种现在仍在延续的传统：狍子肉不会在12月10日被端上餐桌，而是只能出现在宫廷晚宴的菜单上，因为国王自己是一名猎手，他会品尝12月11日供应的狍子。

至于现在著名的诺贝尔甜点芭菲，有趣的是，在我所撰写的十年系列中，只有在1981年到1990年间才共出现了十次。然而，雪糕和雪葩等甜品在从1950年开始的第二个50年间很常见，在此之前，12月10日和11日的甜品则是大量的水果，梨似乎一直是人们的最爱。

这么多年来，所有参加诺贝尔晚宴的宾客都受到了很好的招待，而且并没有经历文化的冲突。考虑到所有影响美食达人的因素，这真是一个令人印象深刻的壮举。

诺贝尔做梦都不会想到自己创造的诺贝尔奖基金和随之而来的诺贝尔晚宴会是如今的盛况。他不可能预见到，在百年庆典上，有将近1500个人享用斯堪的纳维亚风格的菜品，参与一场享誉全球的盛会。所有这些都归功于这样一个人——他的厨房里只有一位法国厨子，而他只喜欢吃瑞典本国的食物，即用瑞典果酱做的煎饼。

说了这么多，接下来我就把调查和评估未来诺贝尔晚宴的任务交给其他人啦！

附 录

一、诺贝尔晚宴菜单明细（1901—2001）

食物   **酒水**

1901 年

开胃菜   1897 年份尼尔施泰因葡萄酒
诺曼风味奶油浇汁钳鱼   1881 年份阿贝高斯酒庄葡萄酒
帝王牛排   布兹香槟（绝甜型和极干型）
烤松鸡配埃特雷沙拉   雪莉酒
甜品由大酒店提供

1902 年

开胃菜   金雪莉酒
杯装法式清汤   阆珊酒庄葡萄酒
范德堡风味龙虾   约翰山酒庄雷司令
法式炖牛里脊   玛姆干型香槟
烤小山鹑配阿尔及尔沙拉   山地文波特酒
冰淇淋由大酒店甜品部门提供
果盘

1903 年

开胃菜	金雪莉酒
杯装甲鱼清汤	克洛斯德拉嘉德酒庄佳酿葡萄酒
海军钳鱼排	霍赫海默白葡萄酒
卢库鲁斯松鸡肉冻	杜米妮干红
德国汉堡风味鸡肉	玛姆香槟
阿尔及尔沙拉	山地文波特酒
豪华冰淇淋及甜品	
果盘	

1904 年

开胃菜	金雪莉酒
杯装法式清汤，小馅饼	丽柏酒庄葡萄酒
杜洛克风味鲽鱼柳	尼尔施泰因葡萄酒
珍妮特小母鸡肉冻	玛姆香槟
烤野鸡	杜米妮干红
阿尔及尔沙拉	山地文波特酒
鲜花冰淇淋及甜品	
果盘	

1905 年

开胃菜	金雪莉酒
豪华法式清汤	杜托尔酒庄葡萄酒
皇家鲽鱼柳	霍赫海默白葡萄酒
女公爵南岗羊排	玛姆香槟
卢库鲁斯小山鹑肉冻	罗曼尼葡萄酒
阿尔及尔沙拉	爱宝琳娜气泡矿泉水
公主洋蓟汁	山地文波特酒
玛格丽特冰淇淋及甜品	
果盘	

1906 年

开胃菜

杯装甲鱼清汤

加泰罗尼亚梭鲈鱼排

家常风味圆锥小麦

卢库鲁斯鹌鹑肉冻

公主沙拉

海琳娜夹心冰淇淋及其他小甜品

果盘

淡雪莉酒

克洛斯德拉嘉德酒庄佳酿葡萄酒

约翰山酒庄白葡萄酒

玛姆香槟

保罗杰香槟（中干型）

山地文波特酒

1907 年

国王奥斯卡二世去世，宴会取消

1908 年

开胃菜

英式甲鱼清汤

玛格丽鲽鱼柳

修隆酱汁腌羊排

巴黎式金牌龙虾冷盘

烤锦鸡

阿尔及尔沙拉

曼特农洋蓟汁

维多利亚冰淇淋及其他小甜品

果盘

马德拉葡萄酒

宝玛酒庄葡萄酒

霍赫海默白葡萄酒

王妃香槟（特许型）

王妃香槟（干型）

拉菲酒庄葡萄酒

吉斯舒布勒矿泉水

山地文波特酒

1909 年

玛格丽特清汤

百利来酒烩大菱鲆幼鱼

香煎牛排配各色蔬菜

烤勒芒小母鸡

女公爵沙拉

鲜四季豆

淡雪莉酒

龙船酒庄葡萄酒

吕德斯海姆酒庄葡萄酒

哈雪香槟（干型）

哈雪香槟（极干型）

鲁臣世家庄园葡萄酒

维多利亚女王香梨及其他小甜品　　　　　山地文波特酒
果盘

1910 年

亚历山德拉清汤　　　　　　　　　　　金雪莉酒
美式鲽鱼柳　　　　　　　　　　　　　庞特卡奈酒庄葡萄酒
雷珍酱烧羊排　　　　　　　　　　　　吕德斯海姆酒庄葡萄酒
卢库鲁斯松鸡肉冻配尼斯沙拉　　　　　哈雪皇室香槟
初榨橄榄油浸绿芦笋　　　　　　　　　哈雪香槟（极干型）
大富翁夹心冰淇淋及其他小甜品　　　　拉菲酒庄葡萄酒
果盘　　　　　　　　　　　　　　　　山地文波特酒

1911 年

多利亚法式清汤　　　　　　　　　　　金雪莉酒
卡迪纳尔大菱鲆幼鱼　　　　　　　　　1896 年份玫瑰山酒庄葡萄酒
农夫烤鸡　　　　　　　　　　　　　　1904 年份圣母之乳白葡萄酒
鹌鹑肉冻配野苣沙拉　　　　　　　　　1900 年份哈雪香槟（干型）
女公爵洋蓟汁　　　　　　　　　　　　1900 年份哈雪香槟（极干型）
夏洛特法式布丁　　　　　　　　　　　山地文波特酒
果盘

1912 年

扎林法式清汤　　　　　　　　　　　　金雪莉酒
百利来酒烩钳鱼排　　　　　　　　　　1900 年份拉菲酒庄葡萄酒
葡萄牙羊排配贝阿恩酱汁　　　　　　　1907 年份约翰山酒庄白葡萄酒
珍妮特小母鸡肉冻配沙拉　　　　　　　哈雪香槟（半干型）
公主洋蓟汁　　　　　　　　　　　　　1903 年份哈雪香槟（天然型）
诺贝尔芭菲及其他小甜品　　　　　　　陈酿波特酒
果盘及甜点

1913 年

甲鱼清汤　　　　　　　　　　　　　　马德拉陈酿葡萄酒
维勒夫斯卡大菱鲆幼鱼　　　　　　　　史密斯拉菲特酒庄葡萄酒

马斯内小母鸡
卢库鲁斯鹌鹑胸脯冷盘配沙拉
曼特农洋蓟汁
杏仁巧克力芭菲及其他小甜品
果盘

1908 年份吕德斯海姆酒庄葡萄酒
哈雪香槟（半干型）
1904 年份哈雪香槟（天然型）
陈酿波特酒

1914—1919 年
战争时期，无颁奖典礼

1920 年
素高汤
尼斯风味三文鱼冷盘
香煎羊排配各色蔬菜
白灼芦笋
杏子芭菲
糖霜小方蛋糕
其他小甜品

庞特卡奈酒庄葡萄酒
1893 年份福斯特塔明娜白葡萄酒
有汽霍克白葡萄酒
布尔品质白葡萄酒

1921 年
纯正甲鱼清汤
维勒夫斯卡大菱鲆幼鱼
香煎羊排配各色蔬菜浸修隆酱汁
骨髓烧芹菜
甜酒浆浸冻梨
其他小甜品

1914 年份柏菲露丝酒庄葡萄酒
1913 年份玛斯莫丽酒庄天堂园白葡
萄酒
美国乔治古莱特香槟
马德拉葡萄酒

1922 年
切斯特菲尔德清汤
炸大菱鲆鱼柳蘸干酪白汁
黑松鸡肉馅饼
蘑菇炖洋蓟根
舒芙蕾冰淇淋，饼干
果盘及其他甜点

马德拉陈酿葡萄酒
1913 年份欧斯博格园白葡萄酒
1914 年份圣埃斯泰夫葡萄酒
艾雅拉香槟（美国风味）
马德拉陈酿葡萄酒
佳酿波特酒

1923 年
菜单遗失

1924 年
无人领奖，宴会取消

1925 年

甲鱼清汤	马德拉陈酿葡萄酒
干酪白汁梭鲈鱼排	1914 年份图尔卡斯酒庄葡萄酒
尼斯风味小火鸡	1919 年份巴肯海默酒庄雷司令
公主洋蓟汁	美国伯瑞香槟
巧克力杏仁芭菲及白兰地樱桃小方蛋糕	波特酒
果盘及其他甜点	

1926 年

美食家清汤	马德拉陈酿葡萄酒
元帅钳鱼柳	1911 年份柏菲露丝酒庄葡萄酒
羊排配蔬菜	1922 年份圣母之乳白葡萄酒
曼特农洋蓟汁	美国乔治古莱特香槟
巴西风味烤菠萝及小方蛋糕	帝国红宝石波特酒
果盘及其他甜点	

1927 年

切斯特菲尔德清汤	马德拉陈酿葡萄酒
诺曼风味大菱鲆幼鱼	1918 年份骑士酒庄葡萄酒
橙香乳鸭	1924 年份圣母之乳晚收白葡萄酒
干酪白汁洋蓟	美国杜米妮香槟
杏仁夹心冰淇淋及小方蛋糕	帝国红宝石波特酒
果盘	

1928 年

三珍炖汤	马德拉陈酿葡萄酒

奥斯坦得风味大菱鲆   1920 年份乐王吉酒庄葡萄酒
卢库鲁斯松鸡   1924 年份圣母之乳晚收白葡萄酒
里什风味洋蓟汁   美国杜米妮香槟
豪华舒芙蕾冰淇淋及小方蛋糕   帝国红宝石波特酒
果盘及其他甜点

1929 年

威斯特摩兰风味清汤   马德拉陈酿葡萄酒
香槟鲽鱼柳   1922 年份富尔泰酒庄葡萄酒
家常风味乳鸭冷盘配季节沙拉   1926 年份魏森堡酒庄尼尔施泰因葡
豪华洋蓟汁   萄酒
果仁夹心冰淇淋及小方蛋糕   堡林爵香槟（极干型）
                               帝国红宝石波特酒

1930 年

杯装甲鱼清汤   马德拉陈酿葡萄酒
蓝鳟浸费南雪酱   1926 年份施密特酒庄尼尔施泰因红酒
烤小火鸡配冷冻沙拉   玛姆香槟
帕维亚风味洋蓟汁   特藏陈酿波特酒
托斯卡芭菲及小方蛋糕
果盘
咖啡

1931 年

夏特莱奶油乳酪   1928 年份魏森堡酒庄尼尔施泰因葡
约恩维利鲽鱼柳   萄酒
芹菜炖乳鸭   1924 年份龙船庄园葡萄酒
柑香酒浸舒芙蕾冰淇淋及小方蛋糕 路易王妃优质香槟（干型）
果盘

1932 年

甲鱼清汤   金雪莉酒
海军菱鲆鱼排   1928 年份伯克海姆酒庄雷司令

豪华乳鸭 1924 年份龙船庄园葡萄酒
紫罗兰舒芙蕾冰淇淋及小方蛋糕 路易王妃优质香槟（干型）
果盘

1933 年
美食家清汤 金雪莉酒
市长鲽鱼柳 1929 年份伯克海姆酒庄雷司令
香煎桑德玛小母鸡配各色蔬菜 1924 年份力关酒庄葡萄酒
尼斯罗德奶油夹心冰淇淋 路易王妃优质香槟（干型）
篮装小方蛋糕
果盘
其他小甜品

1934 年
甲鱼清汤 阿蒙提拉多顶级雪莉酒
热尔梅娜鲽鱼柳 1929 年份科兹纳晚收白葡萄酒
斯特拉斯堡风味雏鸡冷盘 1924 年份宝马庄园葡萄酒
罗斯柴尔德夹心冰淇淋 路易王妃优质香槟（干型）
篮装小方蛋糕 波马利香槟（干型）
果盘
其他小甜品

1935 年
切斯特菲尔德清汤 1924 年份庞特卡奈酒庄葡萄酒
特制鲽鱼柳 路易王妃优质香槟（干型）
卢库鲁斯狍子肉排 1926 年份宝禄爵香槟（干型）
摩卡芭菲配小方蛋糕 弗莱德马德拉陈酿葡萄酒
果盘
其他小甜品

1936 年
甲鱼法式清汤 阿蒙提拉多顶级雪莉酒
鲽鱼柳 宝禄爵珍藏香槟（干型）

佛罗里达松鸡肉冻配瓦尔多夫沙拉   路易王妃优质香槟（干型）
熔岩冰淇淋   1924 年份玫瑰酒庄葡萄酒
果盘及其他小甜品   弗莱德黑鹳波特酒

1937 年

切斯特菲尔德清汤   弗莱德雪莉酒
皮卡第风味钳鱼排   宝禄爵香槟（干型）
乳鸭浸夏特莱乳酪冷盘配俄式沙拉 路易王妃香槟（半干型）
果仁糖冰淇淋芭菲及小方蛋糕   1929 年份瓦隆-哈纳比亚顶级葡萄酒
果盘及其他小甜品   1924 年份波特酒

1938 年

三珍炖汤   西班牙绅士雪莉酒
挪威风味鲽鱼柳冷盘   宝禄爵珍藏香槟（干型）
烤小母鸡浸夏特莱乳酪配季节沙拉 路易王妃优质香槟（干型）
杏仁碎舒芙蕾冰淇淋及小方蛋糕   1929 年份瓦隆-哈纳比亚顶级葡萄酒
果盘及其他小甜品   弗莱德波特酒

1939—1944 年

战争时期，无颁奖典礼

1945 年

蘑菇浓汤   格兰哈雪莉酒
瑞典驯鹿肉排   杜罗河谷桃红葡萄酒
软黄油浸四季豆   帝国红宝石波特酒
斯德哥尔摩夹心冰淇淋
其他小甜品

1946 年

杯装甲鱼清汤   格兰哈雪莉酒
瑞典驯鹿肉排   门多萨红葡萄酒
巴黎风味炸小土豆   帝国红宝石波特酒
芹菜汁

斯德哥尔摩冻梨

其他小甜品

1947 年

三明治	红酒
农夫烤鸡	雪莉酒
苹果蛋糕配香草酱	

1948 年

切斯特菲尔德清汤	阿蒙提拉多雪莉酒
百利来酒浇牛柳	玛歌酒庄葡萄酒
海伦佳人冻梨	

1949 年

阿让特伊芦笋奶油浓汤	阿蒙提拉多顶级雪莉酒
瑞典风味紫甘蓝乳鹅配山葵沙拉	侯爵酒庄葡萄酒
拿破仑蛋糕	

1950 年

蘑菇浓汤	科瑞丝曼酒庄独占园葡萄酒
牛排配贝阿恩酱汁	巴黎之花香槟
公主洋蓟汁	咖啡
诺贝尔冰淇淋	
其他小甜点	

1951 年

巴黎式龙虾冷盘	格拉夫酒庄玫瑰酒
百利来酒浇小牛排配烤土豆	国王波特酒
诺贝尔冰淇淋	
其他小甜点	

1952 年

三文鱼独木舟配坚果黄油酱汁	科瑞丝曼酒庄独占园葡萄酒（大公升装）
烤大松鸡配沙拉及巴黎风味炸小土豆	
贴墙生各式水果	顶级陈酿白波特酒

1953 年

巴黎式龙虾冷盘配法棍
烤狍子肉排浸大猎人酱配栗子泥
水果萨瓦兰蛋糕蘸马拉斯加樱桃酒

蒂姿酒庄干型香槟，诺贝尔封缄
麒麟酒庄大公升装葡萄酒
冉莫洛萨矿泉水
咖啡
法拉宾干邑白兰地（VSOP 级别）
各式利口酒
冷餐自助

1954 年

烟熏河鳟配奶油菠菜
烤牛排蘸公主洋蓟汁配波特酒浸鲜蘑
　菇及巴黎风味炸小土豆
罗贝塔梨子

1952 年份伯克斯坦雷司令
1950 年份金玫瑰酒庄大公升装葡萄酒
哈雪独占园自然干型香槟
冉莫洛萨矿泉水
咖啡
御鹿干邑白兰地
法国廊酒
冷餐自助

1955 年

比斯开龙虾浓汤
烤牛排配波尔多红酒酱及巴黎风味炸
　小土豆
巴伐利亚水果果冻蛋糕配拉丝糖
其他小甜点

阿蒙提拉多奶白雪莉酒
1952 年份蒙斯之塔酒庄葡萄酒
欧仁巴比尔香槟
咖啡
人头马干邑白兰地（VSOP 级别）
君度利口酒
冷餐自助

1956 年

马德里风味红酒浸三文鱼
雌火鸡肉冻蘸红酒酱配金合欢蛋沙拉
拉普兰桑葚芭菲配小杏仁片

1949 年份尼尔施泰因古特多姆园晚
　摘白葡萄酒
1953 年份金钟酒庄葡萄酒

岚颂父子干型香槟

咖啡

人头马干邑白兰地（VSOP 级别）

君度利口酒

冷餐自助

1957 年

巴黎风味河鳟配绿色香草蛋黄酱

波特酒浸野鸡配罗马生菜

特优香槟干邑梨子配冰奶油

1955 年份约翰山酒庄雷司令

爱斯卡特酒庄葡萄酒

丹赫酒窖白葡萄酒（干型）

咖啡

人头马干邑白兰地（VSOP 级别）

君度利口酒

冷餐自助

1958 年

勃艮第葡萄酒浸鲽鱼柳

乳鸭肉冻浸波特酒配橙酱金合欢蛋
　沙拉

榛子芭菲

1953 年份梅多克产区利唯尚酒庄葡
　萄酒

岚颂香槟（极干型）

咖啡

马爹利干邑

波士杏子白兰地利口酒

冷餐自助

1959 年

特级香槟浸大菱鲆鱼排配黄油米饭

冻汁鸡冷盘配瓦尔多夫沙拉

火焰梨杏仁奶油饼

1955 年份梅多克产区爱斯卡特酒庄
　葡萄酒

酩悦香槟（干型）

咖啡

法国廊酒

雅文邑白兰地（VSOP 级别）

冷餐自助

1960 年

三王浓汤

辣烤羊排浸马德拉酒酱汁配烤土豆及
　　季节沙拉

拉普兰风味朗姆萨瓦兰蛋糕配发泡
　　奶油

1955 年份普莱桑斯酒庄葡萄酒

波马利香槟（干型）

咖啡

法拉宾干邑白兰地（VSOP 级别）

法国廊酒

冷餐自助

1961 年

白葡萄酒浸鲽鱼柳配咖喱米饭

奶油蘑菇松鸡肉冻蘸松露马德拉酒酱
　　配瓦尔多夫沙拉

特级香槟梨子配香草酱

波马利香槟（干型）

1955 年份圣埃美隆产区舍宛酒庄葡
　　萄酒

咖啡

法国廊酒

法拉宾干邑白兰地（VSOP 级别）

冷餐自助

1962 年

巴黎风味烟熏河鳟

烤小母鸡佐鹅肝马德拉酒酱配烤土豆
　　及季节沙拉

柑曼怡酒梨子配掼奶油

1955 年份圣埃美隆产区美景酒庄葡
　　萄酒

波马利香槟（干型）

咖啡

玛莉白莎利口酒

拿破仑干邑

冷餐自助

1963 年

马德里风味法式清汤炖三文鱼

乳鸭肉冻蘸松露马德拉酒酱配橘子
　　沙拉

诺贝尔盛宴梨子

1955 年份圣埃美隆产区美景酒庄葡
　　萄酒

波马利香槟（干型）

咖啡

玛莉白莎利口酒

拿破仑干邑

冷餐自助

1964 年

烟熏大菱鲆鱼配美食家酱汁　　波马利香槟（干型）

松鸡肉冻佐鹅肝配瓦尔多夫沙拉　1959 年份弗龙萨克产区雷多奈酒庄

柑曼怡酒梨子　　　　　　　　　　　葡萄酒

各式小方蛋糕　　　　　　　　　咖啡

　　　　　　　　　　　　　　玛莉白莎利口酒

　　　　　　　　　　　　　　拿破仑干邑

　　　　　　　　　　　　　　冷餐自助

1965 年

三王浓汤清煮鲽鱼肉卷　　　　　波马利香槟（干型）

酿松鸡肉冻配醋渍芦笋佐鹅肝马德拉　1959 年份巴斯克酒庄葡萄酒

　酒酱　　　　　　　　　　　　咖啡

菠萝及什锦水果浸利口酒　　　　玛莉白莎利口酒

各式小方蛋糕　　　　　　　　　拿破仑干邑

　　　　　　　　　　　　　　冷餐自助

1966 年

热熏大菱鲆鱼配美食家酱汁　　　波马利香槟（干型）

波希米亚风味小山鹑配金合欢蛋沙拉　1960 年份布莱依山谷产区绍梅酒庄

香草冰淇淋配巧克力酱及其他小甜点　　葡萄酒

　　　　　　　　　　　　　　咖啡

　　　　　　　　　　　　　　玛莉白莎利口酒

　　　　　　　　　　　　　　拿破仑干邑

　　　　　　　　　　　　　　冷餐自助

1967 年

烟熏三文鱼配菠菜洋蓟汁蘸山葵奶油　波马利香槟（干型）

普罗旺斯风味野鸭配马德拉酒酱汁及　1961 年份劳伦桑酒庄葡萄酒

　沙拉　　　　　　　　　　　　咖啡

诺贝尔盛宴梨子 玛莉白莎利口酒

拿破仑干邑

冷餐自助

1968 年

龙虾牛油果配美食家酱汁 波马利香槟（干型）

奶油羊肚菌烧羊排配马德拉酒酱汁及 1962 年份艾姆酒庄葡萄酒

    沙拉 咖啡

菠萝芭菲冰淇淋 玛莉白莎可可利口酒

各式小方蛋糕 拿破仑干邑

冷餐自助

1969 年

三文鱼配肉酿牛油果蘸莫斯科风味美 库克珍藏香槟（干型）

    食家酱汁 1959 年份波坦萨酒庄葡萄酒

烤牛排配松露马德拉酒酱 咖啡

橘汁冰糕 拿破仑干邑

玛莉白莎可可利口酒

冷餐自助

1970 年

热熏三文鱼佐洋蓟汁菠菜配攒奶油荷 库克珍藏香槟（干型）

    兰风味酱汁 1959 年份美雅酒庄葡萄酒

肉酿驯鹿排浸刺柏酒酱汁配脆皮土豆 咖啡

    咸泡芙及沙拉 雷诺黑卡干邑

摩卡奶油桑葚萨瓦兰蛋糕 玛莉白莎可可利口酒

金女巫利口酒

冷餐自助

1971 年

冷菱鲆鱼肉酱配松露佐埃德兰开瓶 库克珍藏香槟（干型）

    香槟 1962 年份马素基察酒庄葡萄酒

瑞典磁灶烧鸡配沙拉 咖啡

瑞典索力登风味柑曼怡酒舒芙蕾冰　　　雷诺黑卡干邑
　　淇淋　　　　　　　　　　　　　　波士杏子白兰地利口酒
　　　　　　　　　　　　　　　　　　金女巫利口酒
　　　　　　　　　　　　　　　　　　冷餐自助

1972 年

热熏大菱鲆鱼配荷兰酱　　　　　　　库克珍藏香槟（干型）

烤羊腿配马德拉酒酱汁及番茄沙拉　　1966 年份欢愉酒庄葡萄酒

瑞典风味冰淇淋　　　　　　　　　　咖啡

　　　　　　　　　　　　　　　　　雷诺黑卡干邑

　　　　　　　　　　　　　　　　　法国廊酒

　　　　　　　　　　　　　　　　　冷餐自助

1973 年

烟熏三文鱼配水波蛋　　　　　　　　库克私藏香槟

查理曼大帝牛排　　　　　　　　　　1966 年份劳伦桑酒庄葡萄酒

菠萝芭菲　　　　　　　　　　　　　咖啡

　　　　　　　　　　　　　　　　　雷诺黑卡干邑（Extra 级别）

　　　　　　　　　　　　　　　　　彼德·希林利口酒

　　　　　　　　　　　　　　　　　冷餐自助

1974 年

热熏三文鱼配荷兰酱　　　　　　　　库克私藏香槟

烤驯鹿腿配刺柏酒酱汁及沙拉　　　　1970 年份龙湖酒庄葡萄酒

橘汁冰糕　　　　　　　　　　　　　咖啡

　　　　　　　　　　　　　　　　　雷诺黑卡干邑（Extra 级别）

　　　　　　　　　　　　　　　　　法国廊酒

　　　　　　　　　　　　　　　　　冷餐自助

1975 年

冷钳鱼肉酱配小龙虾酱汁　　　　　　库克私藏香槟

烤雪鸡蘸鹅肝松露酱配花楸浆果及圆　1970 年份拉古萨德酒庄葡萄酒

　　圈苹果面包和季节沙拉　　　　　咖啡

红越橘芭菲冰淇淋配杏仁饼干   雷诺黑卡干邑（Extra 级别）

拿破仑柑橘味利口酒

自助

金铃威士忌

1976 年

苦艾酒浸清煮鲽鱼柳配杂烩饭   波马利香槟（干型）

冷松鸡肉酱配松露马德拉酒酱及华尔   1970 年份拉古萨德酒庄葡萄酒

    道夫沙拉   咖啡

诺贝尔甜点芭菲及小方蛋糕   百事吉三星干邑

拿破仑柑橘味利口酒

自助

英国黑白狗苏格兰威士忌

1977 年

三文鱼肉酱配蔬菜沙拉   波马利香槟（干型）

刺柏酒炖雪鸡配花楸浆果及季节沙拉   1970 年份特尼达瓦尔罗斯酒庄葡萄酒

诺贝尔甜点芭菲及小方蛋糕   咖啡

马爹利三星干邑

拿破仑柑橘味利口酒

自助

斯图尔特特醇苏格兰调和威士忌

1978 年

巴黎式龙虾冷盘   波马利香槟（干型）

苹果烧酒炖乳鸭配苹果泥   1970 年份特尼达瓦尔罗斯酒庄葡萄酒

诺贝尔甜点芭菲及小方蛋糕   咖啡

百事吉三星干邑

拿破仑柑橘味利口酒

自助

金铃苏格兰威士忌

1979 年

冷大菱鲆鱼排拌鲤鱼子配荷兰酱

烤小牛排蘸羊肚菌酱汁配香煎土豆及
　　四季豆沙拉

诺贝尔甜点芭菲及小方蛋糕

玛姆红标香槟（干型）

1970 年份特尼达瓦尔罗斯酒庄葡萄酒

冉莫洛萨矿泉水

咖啡

豪达男爵特优香槟（VSOP 级别）

拿破仑柑橘味利口酒

自助

波士银顶级淡体琴酒

龙津威士忌

1980 年

烟熏三文鱼配菠菜及水波蛋

鸡油菌驯鹿排浸阿夸维特酒酱汁配里
　　昂风味煎土豆及冻汁沙拉

诺贝尔甜点芭菲及小方蛋糕

玛姆红标香槟（干型）

1976 年份龙湖酒庄葡萄酒

冉莫洛萨矿泉水

咖啡

自助

龙津威士忌

波士银顶级淡体琴酒

金巴利酒

1981 年

三文鱼肉泥配小龙虾酱汁或绿色香草
　　蛋黄酱

麋鹿肉排配布鲁塞尔白菜蘸羊肚菌酱
　　汁佐香葱土豆及花楸果酱

诺贝尔甜点芭菲及小方蛋糕

玛姆红标香槟（干型）

1975 年份圣哲曼酒庄葡萄酒

冉莫洛萨矿泉水

咖啡

自助

龙津威士忌

波士银顶级淡体琴酒

金巴利酒，卡楚恰波特酒，坚果香型
　　混合葡萄酒

1982 年

腌制驼鹿肉排配第戎黄芥末酱

莳萝奶油炖红点鲑鱼配米饭

诺贝尔甜点芭菲及小方蛋糕

玛姆红标香槟（干型）

科普克酒庄波特酒

冉莫洛萨矿泉水

咖啡

自助

龙津威士忌

波士银顶级淡体琴酒

金巴利酒，卡楚恰波特酒，缇欧佩佩
　利口酒

1983 年

雪山鹑肉泥配奶油酱

肉酿鲽鱼柳配羊肚菌佐诺瓦丽苦艾酒
　酱汁及米饭

诺贝尔甜点芭菲及小方蛋糕

1979 年份孟特法贡酒庄葡萄酒

波马利香槟（干型）

冉莫洛萨矿泉水

咖啡

自助

金铃苏格兰威士忌

波士银顶级淡体琴酒

金巴利酒

斯班德鲁普啤酒饮料

1984 年

苦艾酒腌制三文鱼配黄芥末酱及羊肚
　菌馅饼

烤野鸭蘸黑加仑酱配土豆胡萝卜蛋糕

诺贝尔甜点芭菲及小方蛋糕

酩悦帝王级香槟（干型）

1979 年份维图酒庄葡萄酒

冉莫洛萨矿泉水

咖啡

自助

威雀威士忌

安妮女王威士忌

高登淡体琴酒

卡帕诺潘托蜜苦艾酒

斯班德鲁普啤酒饮料

1985 年

小龙虾圆馅饼配罗勒酱及诺贝尔小
面包

烤羊排配茴香、四季豆和烤番茄佐干
邑酒奶油酱汁淋细薯条

诺贝尔甜点芭菲及小方蛋糕

酩悦帝王级香槟（干型）

1979 年份梅多克产区罗斯柴尔德男
爵酒庄葡萄酒（诺贝尔之选）

冉莫洛萨矿泉水

咖啡

自助

威雀威士忌

安妮女王威士忌

高登淡体琴酒

卡帕诺潘托蜜苦艾酒

斯班德鲁普啤酒饮料

1986 年

哈姆斯塔德风味烟熏三文鱼佐当地产
红鱼子酱拌菠菜配诺贝尔小面包

果木松香烤野鸡切丝配英国酱汁及巴
黎风味炸小土豆

诺贝尔甜点芭菲及小方蛋糕

酩悦帝王级香槟（干型）

1979 年份梅多克产区罗斯柴尔德男
爵酒庄葡萄酒（诺贝尔之选）

1981 年份科伯恩酒庄晚装瓶年份波
特酒

冉莫洛萨矿泉水

咖啡

自助

威雀威士忌

安妮女王威士忌

高登淡体琴酒

卡帕诺潘托蜜苦艾酒

斯班德鲁普啤酒饮料

1987 年

松露龙虾肉泥配水芹酱汁及诺贝尔小
　面包

烤野兔肉排配蔬菜酿苹果蘸苹果烧酒
　酱及绿色香草蛋黄酱

诺贝尔甜点芭菲及小方蛋糕

酩悦帝王级香槟（干型）

1982 年份梅多克产区罗斯柴尔德男
　爵酒庄葡萄酒（诺贝尔之选）

1981 年份科伯恩酒庄晚装瓶年份波
　特酒

冉莫洛萨矿泉水

咖啡

自助

威雀威士忌

格兰威特 12 年麦芽威士忌

高登淡体琴酒

轩尼诗干邑（VS 级别）

普里普斯啤酒饮料

1988 年

腌制红点鲑鱼配嫩豌豆泥和诺贝尔小
　面包

诺曼底风味酿大雄鹿配羊肚菌鸡油菌
　酱汁及时令蔬菜

诺贝尔甜点芭菲及小方蛋糕

酩悦帝王级香槟（干型）

1981 年份圣埃斯泰夫产区罗斯柴尔
　德男爵酒庄葡萄酒（诺贝尔之选）

年份特色波特酒

冉莫洛萨矿泉水

咖啡

自助

酩悦小利口酒

尊尼获加黑牌和红牌威士忌

高登淡体琴酒，百加得朗姆酒

轩尼诗干邑（VS 级别）

普里普斯啤酒饮料

1989 年

烟熏鳗鱼及鲽鱼肉泥配鲤鱼子酱和诺
　贝尔小面包

酩悦帝王级香槟（干型）

1982 年份梅多克产区罗斯柴尔德男
　爵酒庄葡萄酒（诺贝尔之选）

腌制麋鹿外脊肉蘸奶油越橘酱配布列
　　塔尼风味蔬菜丝
诺贝尔甜点芭菲及小方蛋糕

冉莫洛萨矿泉水

咖啡

自助

酩悦小利口酒

尊尼获加黑牌和红牌威士忌

百加得朗姆酒

绝对伏特加

轩尼诗干邑（VS级别）

普里普斯啤酒饮料

1990年

雪山鹌圆馅饼垫雷纳利沙拉配香草酱
　　及诺贝尔牛角包
刺柏酒酱烤瑞典红点鲑鱼佐黄油浸芦
　　笋配莳萝奶油及米饭
诺贝尔甜点芭菲及小方蛋糕

酩悦帝王级香槟（干型）

1988年份克鲁泽酒庄葡萄酒

格罗斯达斯克波特酒（VOS级别）

圣雷赫斯酒庄无酒精红酒

冉莫洛萨矿泉水

咖啡

自助

酩悦小利口酒

尊尼获加黑牌和红牌威士忌

百加得朗姆酒

绝对伏特加

轩尼诗干邑（VS级别）

普里普斯啤酒饮料

1991年

荨麻浓汤配诺贝尔牛角包佐鞑靼腌三
　　文鱼生蘸红辣椒奶油
烤鸭胸配群岛浆果酸酱及雷纳利根植
　　果酱
诺贝尔香草和蓝莓冰淇淋及小方蛋糕

酩悦帝王级香槟（干型）

1990年份托卡伊灰皮诺

1984年份木桐酒庄葡萄酒（特级庄，
　　诺贝尔之选）

马拉嘉城堡波尔多丘首区蔻蒂酒庄
　　葡萄酒

圣雷赫斯酒庄无酒精红酒

洛卡矿泉水

咖啡

自助

酩悦小利口酒

尊尼获加黑牌和红牌威士忌

百加得朗姆酒

绝对伏特加

轩尼诗干邑（VS 级别）

斯班德鲁普啤酒饮料

1992 年

罐装三文鱼及莳萝鲽鱼配鲤鱼子酱	酩悦帝王级香槟（干型）
烤羊肉配时令蘑菇佐蜜汁胡萝卜冰糖 　鸦葱淋苹果酒酱汁	1984 年份木桐酒庄葡萄酒（特级庄， 　诺贝尔之选）
白巧克力及红醋栗口味诺贝尔冰淇淋	1983 年约翰山酒庄贵腐雷司令

冉莫洛萨矿泉水

咖啡

自助

绝对伏特加

轩尼诗特有干邑（VSOP 级别）

酩悦小利口酒

尊尼获加黑牌和红牌威士忌

百加得朗姆酒

金巴利酒

普里普斯啤酒饮料

1993 年

腌鲑鱼垫三文鱼子萝卜淋雷纳利风味 　蜂蜜油醋汁配诺贝尔牛角包	1988 年份酩悦帝王级香槟（干型）
	1988 年份圣埃美隆产区圣塔酒庄葡 　萄酒（特级庄）

驯鹿肉佐森林鸡油菌配罐装卷心菜蘸
　　鲜桑葚黄油及鸦葱末土豆泥
轻薄诺贝尔冰淇淋配树莓雪葩香草
　　芭菲

1991 年份苏玳产区罗斯柴尔德男爵
　　酒庄葡萄酒
冉莫洛萨矿泉水
咖啡
自助
绝对伏特加
轩尼诗特有干邑（VSOP 级别）
酩悦小利口酒
尊尼获加黑牌和红牌威士忌
百加得朗姆酒
金巴利酒
其他饮品

1994 年
烟熏鸭胸肉卷佐杞果或甜菜配松子野
　　苣及诺贝尔牛角包
鼠尾草猴头菇香料小牛肉佐酿番茄配
　　菠菜及姜汁土豆可丽饼
轻薄诺贝尔冰淇淋配草莓雪葩香草
　　芭菲

1983 年份酩悦特酿香槟（250 周年
　　纪念版）
1990 年份上梅多克产区利唯尚酒庄
　　葡萄酒
1984 年份莱昂丘产区慕兰图珊酒庄
　　葡萄酒
林奈矿泉水
咖啡
餐后酒
轩尼诗特有干邑（VSOP 级别）
卡尔瓦多斯布拉德苹果白兰地（忘
　　年陈酿）
尊尼获加黑牌威士忌
高登淡体琴酒
金巴利酒
百加得特级黑朗姆酒
绝对伏特加

1995 年

精细腌制北海小鳕鱼垫水芹配苹果沙
　　拉和诺贝尔牛角包

雄鹿肉排蘸黑加仑酱配牛肝菌、意大
　　利西葫芦及烟熏猪肉核桃佐土豆饼

轻薄诺贝尔冰淇淋配群岛浆果雪葩香
　　草芭菲

1989 年份泰亭哲酒庄无酿造年份香
　　槟（干型）

1982 年份圣埃美隆产区嘉芙丽酒庄
　　葡萄酒

1976 年份伦茨·摩塞尔酒庄逐粒枯
　　葡萄精选贵腐酒

冉莫洛萨矿泉水

咖啡

餐后酒

轩尼诗干邑（VSOP 级别）

卡尔瓦多斯布拉德苹果白兰地

杜林标利口酒

尊尼获加黑牌威士忌

乐加维林 16 年单一麦芽威士忌

金巴利苦酒

芬兰伏特加

普里普斯啤酒饮料

1996 年

菜花奶油或卡里克斯鱼子龙虾肉冻配
　　4 种谷物制诺贝尔小面包

巴动草珍珠鸡配拉普兰土豆及蔬菜淋
　　柠檬汁

诺贝尔冰淇淋、野生 / 种植桑葚混合
　　雪葩香草芭菲和小方蛋糕

1990 年份波马利酒庄无酿造年份香
　　槟（干型）

1992 年份香波 – 慕西尼第一产区约
　　瑟夫杜鲁安酒庄葡萄酒

1990 年份拉佛瑞佩拉城堡蔻蒂酒庄
　　葡萄酒

冉莫洛萨矿泉水

咖啡

餐后酒

绝对伏特加

轩尼诗干邑（VSOP 级别）

卡尔瓦多斯布拉德苹果白兰地

杜林标利口酒

尊尼获加黑牌威士忌

杰克·丹尼威士忌

金巴利苦酒

普里普斯啤酒饮料

1997 年

兰斯克鲁纳烟熏三文鱼和龙虾菊芋饼

牛肝菌、土豆、洋葱炖野生乳鸽胸肉
　淋草莓醋甜酸酱

诺贝尔冰淇淋及接骨木花和草莓雪葩
　芭菲

1990 年份波马利酒庄无酿造年份香
　槟（干型）

1990 年份克罗兹–埃米塔日产区德
　拉贝园嘉伯乐酒庄葡萄酒

1993 年份帕索氏酒庄葡萄酒

托卡伊阿苏 5 桶甜白葡萄酒

冉莫洛萨矿泉水

咖啡

餐后酒

绝对伏特加

轩尼诗干邑（VSOP 级别）

卡尔瓦多斯布拉德苹果白兰地

杜林标利口酒

金巴利苦酒

金铃 8 年陈酿威士忌

尊尼获加黑牌威士忌

杰克·丹尼威士忌

普里普斯啤酒饮料

1998 年

腌制洋蓟汁配鲜虾、小龙虾及茴香

时令蔬菜小蘑菇卷炖百里香及爪哇黑
　椒鸡排淋菊芋奶油

1991 年份波马利酒庄无酿造年份香
　槟（干型）

1989 年份碧尔森特级园葡萄酒

诺贝尔冰淇淋、白巧克力冰淇淋及野
　生桑葚雪葩

拉都瓦产区孟若德亲王酒庄葡萄酒
山地文酒庄茶色波特酒（30 年窖藏）
咖啡
戈隆施泰茨葡萄酒（Extra 级别）
北欧塞德兰兹卡罗利科潘趣酒
冉莫洛萨矿泉水

1999 年

菊芋奶油龙虾配当地产鱼子酱
莳萝甜酸汁浇羊排垫白菜配切达芝士
　细腻土豆泥及其他小蔬菜
诺贝尔冰淇淋、香料冰淇淋及菠萝雪
　葩配西番莲和菠萝果酱

1992 年份波马利酒庄无酿造年份香
　槟（干型）
1996 年份教皇新堡产区博卡斯特尔
　酒庄葡萄酒
1974 年份里韦萨尔特产区琥珀葡萄
　酒（忘年陈酿）
咖啡
戈隆施泰茨葡萄酒（Extra 级别）
北欧塞德兰兹卡罗利科潘趣酒
冉莫洛萨矿泉水

2000 年

罐装大比目鱼及海螯虾配腌制雅克贝
　淋鲜奶油鲤鱼子
柠檬烤鸭胸佐鸭肉芝士圆馅饼配鸡油
　菌炖菊芋及香草土豆泥
诺贝尔冰淇淋、香草冰淇淋及越橘雪
　葩和杏仁小蛋糕

1992 年份波马利酒庄无酿造年份香
　槟（干型）
1996 年份佩萨克-雷奥良产区拉里
　奥比昂酒庄葡萄酒
1987 年份雷蒙德拉芳酒庄苏玳葡萄酒
咖啡
戈隆施泰茨葡萄酒（XO 级别）
法希利潘趣酒
冉莫洛萨矿泉水

2001 年

龙虾垫菜花泥配海螯虾肉冻和海蓬子
　沙拉

1989 年份路易波马利香槟
1997 年份玛歌村宝玛酒庄葡萄酒

鹅肝酿鹌鹑配油焖干番茄牛肝菌佐绿
　芦笋泥
双重香草冰淇淋配酥皮黑加仑芭菲

1998 年份摩泽尔产区伯恩卡斯特巴
　斯酒庄图园雷司令冰葡萄酒
咖啡
戈隆施泰茨大香槟区干邑原酒
君度葡萄酒
冉莫洛萨矿泉水

二、历年诺贝尔奖获得者名单（1901—2001）

Physics

1901	Wilhelm Röntgen, Germany	1921	Albert Einstein, Germany and Switzerland
1902	Hendrik A. Lorentz, The Netherlands; Pieter Zeeman, The Netherlands	1922	Niels Bohr, Denmark
		1923	Robert A. Millikan, USA
		1924	Manne Seigbahn, Sweden
1903	Henri Becquerel, France; Pierre Curie, France; Marie Curie, France	1925	James Franck, Germany; Gustav Hertz, Germany
		1926	Jean Baptiste Perrin, France
1904	Lord Rayleigh, UK	1927	Arthur H. Compton, USA; C.T.R. Wilson, UK
1905	Phillip Lenard, Germany		
1906	J. J. Thomson, UK	1928	Owen Willans Richardson, UK
1907	Albert A. Michelson, USA	1929	Louis de Broglie, France
1908	Gabriel Lippmann, France	1930	Venkata Raman, India
1909	Guglielmo Marconi, Italy; Ferdinad Braun, France	1931	No award
		1932	Werner Heisenberg, Germany
1910	Johannes Diderik van der Waals, The Netherlands	1933	Erwin Schrödinger, Austria; Paul A.M. Dirac, UK
1911	Wilhelm Wien, Germany		
1912	Gustaf Dalén, Sweden	1934	No award
1913	Heike Kamerlingh-Onnes, The Netherlands	1935	James Chadwick, UK
		1936	Victor F. Hess, Austria; Carl D. Anderson, USA
1914	Max von Laue, Germany		
1915	William Bragg, UK; Lawence Bragg, UK	1937	Clinton Davisson, USA; George Paget Thomson, UK
		1938	Enrico Fermi, Italy
1916	No award	1939	Ernest Lawrence, USA
1917	Charles Glover Barkla, UK	1940	No award
1918	Max Planck, Germany	1941	No award
1919	Johannes Stark, Germany	1942	No award
1920	Charles Edouard Guillaume, Switzerland	1943	Otto Stern, USA

1944	Isidor Isaac Rabi, USA	1971	Dennis Gabor, UK
1945	Wolfgang Pauli, Austria	1972	John Bardeen, USA;
1946	Percy W. Bridgman, USA		Leon N. Cooper, USA;
1947	Edward V. Appelton, UK		Robert Schrieffer, USA
1948	Patrick M. S. Blackett, UK	1973	Leo Esaki, Japan; Ivar Giaever,
1949	Hideki Yukawa, Japan		USA; Brian D. Josephson, UK
1950	Cecil Powell, UK	1974	Martin Ryle, UK;
1951	John Cockcroft, UK;		Antony Hewish, UK
	Ernest T. S. Walton, Ireland	1975	Aage N. Bohr, Denmark;
1952	Felix Bland, USA;		Ben R. Mottelson, Denmark;
	E.M. Purcell, USA		James Rainwater, USA
1953	Frits Zernike, The Netherlands	1976	Burton Richter, USA;
1954	Max Born, UK; Walther Bothe,		Samuel C. C. Ting, USA
	Germany	1977	Philip W. Anderson, USA;
1955	Willis E. Lamb, USA;		Nevill F. Mott, UK;
	Polykarp Kusch, USA		John H. Van Vleck, USA
1956	William B. Shockley, USA;	1978	Piotr Kapitsa, Soviet Union;
	John Bardeen, USA;		Arno Penzias, USA;
	Walter H. Brattain, USA		Robert Woodrow Wilson, USA
1957	Chen Ning Yang, China;	1979	Sheldon Glashow, USA;
	Tsung-Dao Lee, China		Abdus Salam, Pakistan;
1958	Pavel A. Cherenkov, Soviet		Steven Weinberg, USA
	Union; Ilya M. Frank, Soviet	1980	James Cronin, USA; Val Fitch, USA
	Union; Igor Y. Tamm, Soviet	1981	Nicolaas Bloembergern, USA;
	Union		Arthur L. Schawlow, USA;
1959	Emilio Segrè, USA;		Kai M. Siegbahn, Sweden
	Owen Chamberlain, USA	1982	Kenneth G. Wilson, USA;
1960	Donald A. Glaser, USA	1983	Subramanyan Chandrasekhar, USA;
1961	Robert Hofstadter, USA;		William A. Fowler, USA
	Rudolf Mössbauer, Germany	1984	Carlo Rubbia, Italy; Simon van der
1962	Lev Landau, Soviet Union		Meer, The Netherlands
1963	Eugene Wigner, USA;	1985	Klaus von Klitzing, East Germany
	Maria Goeppert-Mayer, USA;	1986	Ernst Ruska, Germany;
	J. Hans D. Jensen, Germany		Gerd Binning, Germany;
1964	Charles H. Townes, USA;		Heinrich Rohrer, Switzerland
	Nicolay G. Basov, Soviet Union;	1987	J. George Bednorz, Germany;
	Alexsandr M. Prokhorov, Soviet		K. Alex Müller, Switzerland
	Union	1988	Leon M. Lederman, USA;
1965	Sin-Itiro Tomonaga, Japan;		Melvin Schwartz, USA;
	Julian Schwinger, USA;		Jack Steinberger, USA
	Richard P. Feynman, USA	1989	Norman F. Ramsey, USA;
1966	Alfred Kastler, France		Hans G. Dehmelt, USA;
1967	Hans Bethe, USA		Wolfgang Paul, Germany
1968	Luis Alvares, USA	1990	Jerome I. Friedman, USA;
1969	Murray Gell-Mann, USA		Henry W. Kendall, USA;
1970	Hannes Alfvén, Sweden;		Richard E. Taylor, Canada
	Louis Néel, France	1991	Pierre-Gilles de Gennes, France

　　　　　　　　　　　　　诺贝尔晚宴

1992	Georges Charpak, France
1993	Russell A. Hulse, USA; Joseph H. Taylor Jr, USA
1994	Bertram N. Brockhouse, Canada; Clifford G. Shull, USA
1995	Martin L. Perl, USA; Frederick Reines, USA
1996	David M. Lee, USA; Douglas D. Osheroff, USA; Robert C. Richardson, USA
1997	Steven Chu, USA; Claude Cohen-Tannoudji, France; William D. Phillips, USA
1998	Robert B. Laughlin, USA; Horst L. Störmer, Germany; Daniel C. Tsui, USA
1999	Gerardus 't Hooft, The Netherlands; Martinius J. G. Veltman, The Netherlands
2000	Zhores I. Alferov, Russia; Herbert Kroemer, Austria; Jack S. Kilby, USA
2001	Eric A. Cornell, USA; Wolfgang Ketterle, Austria; Carl E. Wieman, USA

Chemistry

1901	Jacobus Henricus van' t Hoff, The Netherlands
1902	Hermann Emil Fischer, Germany
1903	Svante August Arrhenius, Sweden
1904	Sir William Ramsay, UK
1905	Johann Friedrich Wilhelm Adolf von Baeyer, Germany
1906	Henri Moissan, France
1907	Eduard Buchner, Germany
1908	Ernest Rutherford, UK
1909	Wilhelm Ostwald, Germany
1910	Otto Wallach, Germany
1911	Marie Curie, France
1912	Victor Grignard, France; Paul Sabatier, France
1913	Alfred Werner, Switzerland
1914	Theodore William Richards, USA
1915	Richard Martin Willstätter, Germany

1916	No award
1917	No award
1918	Fritz Haber, Germany
1919	No award
1920	Walther Hermann Nernst, Germany
1921	Fredrick Soddy, UK
1922	Francis William Aston, UK
1923	Fritz Pregl, Austria
1924	No award
1925	Richard Adolf Zsigmondy, Germany
1926	Theodor Svedberg, Sweden
1927	Heinrich Otto Wienland, Germany
1928	Adolf Otto Reinhold Windaus, Germany
1929	Arthur Harden, UK; Hans Karl August Simon von Euler-Chelpin, Sweden
1930	Hans Fischer, Germany
1931	Carl Bosch, Germany; Freidrich Bergius, Germany
1932	Irving Langmuir, USA
1933	No award
1934	Harold Clayton Urey, USA
1935	Frédéric Joliot, France; Irène Joliot-Curie, France
1936	Peter Josephus Wilhelmus Debye, The Netherlands
1937	Walter Norman Haworth, UK; Paul Karrer, Switzerland
1938	Richard Kuhn, Germany
1939	Adolf Friedrich Johann Butenandt, Germany; Leopold Ruzicka, Switzerland
1940	No award
1941	No award
1942	No award
1943	George de Hevesy, Hungary
1944	Otto Hahn, Germany
1945	Artturi Ilmari Virtanen, Finland
1946	James Batcheller Sumner, USA; John Howard Northrop, USA; Wendell Meredith Stanley, USA
1947	Sir Robert Robinson, UK
1948	Arne Wilhelm Kaurin Tiselius, Sweden

附 录

1949	William Francis Giauque, USA
1950	Otto Paul Hermann Diels, Germany; Kurt Adler, Germany
1951	Edwin Mattison McMillan, USA; Glenn Theodore Seaborg, USA
1952	Archer John Porter Martin, UK; Richard Laurence, UK
1953	Hermann Staudinger, Germany
1954	Linus Carl Pauling, USA
1955	Vincent du Vigneaud, USA
1956	Cyril Norman Hinshelwood, UK; Nikolai Nikolaevich Semenov, Soviet Union
1957	Alexander R. Todd, UK
1958	Frederick Sanger, UK
1959	Jaroslav Heyrovsky, Czechoslovakia
1960	Willard Frank Libby, USA
1961	Melvin Calvin, USA
1962	Max Ferdinand Perutz, UK; John Cowdery Kendrew, UK
1963	Karl Ziegler, Germany; Giulio Natta, Italy
1964	Dorothy Crowfoot Hodgkin, UK
1965	Robert Burns Woodward, USA
1966	Robert S. Mulliken, USA
1967	Manfred Eigen, Austria; Ronald George Wreyford Norrish, UK; George Porter, UK
1968	Lars Onsager, USA
1969	Derek H. R Barton, UK; Odd Hassel, Norway
1970	Luis F. Leloir, Argentina
1971	Gerhard Herzberg, Canada
1972	Christian B. Anfinsen, USA; Stanford Moore, USA; William H. Stein, USA
1973	Ernst Otto Fischer, Germany; Geoffrey Wilkinson, UK
1974	Paul J. Flory, USA
1975	John Warcup Cornforth, Australia and UK; Vladimir Prelog, Switzerland
1976	William N. Lipscomb, USA
1977	Ilya Prigogine, Belgium

1978	Peter D. Mitchell, UK
1979	Herbert C. Brown, USA; George Witting, Austria
1980	Paul Berg, USA; Walter Gilbert, USA; Frederick Sanger, UK
1981	Kenichi Fukui, Japan; Roald Hoffmann, USA
1982	Aaron Klug, UK
1983	Henry Taube, USA
1984	Robert Bruce Merrifield, USA
1985	Herbert A. Hauptman, USA; Jerome Karle, USA
1986	Dudley R. Herschbach,USA; Yuan T. Lee, USA; John C. Polanyi, Canada
1987	Donald J. Cram, USA; Jean-Maire Lehn, France; Charles J. Pedersen, USA
1988	Johann Deisenhofer, Germany; Robert Hubert, Germany; Hartmut Michel, Germany
1989	Sidney Altman, Canada and USA; Thomas R. Cech, USA
1990	Elias James Corey, USA
1991	Richard E. Ernst, Switzerland
1992	Rudolph A. Marcus, USA
1993	Kary B. Mullis, USA; Michael Smith, Canada
1994	George A. Olah, USA
1995	Paul J. Crutzen, The Netherlands; Mario J. Molina, USA; F. Sherwood Rowland, USA
1996	Robert F. Curl Jr, USA; Sir Harold W. Kroto, UK; Richard E. Smalley, USA
1997	Paul D. Boyer, USA; John E. Walker, UK; Jens C. Skou, Denmark
1998	Walter Kohn,USA; John A. Pople, UK
1999	Ahmed H. Zewail, Egypt and USA
2000	Alan J. Heeger, USA; Alan G. MacDiarmid, USA and New Zealand; Hideki Shirakawa, Japan

诺贝尔晚宴

2001   William S. Knowles, USA;
        Ryoji Noyori, Japan; K. Barry
        Sharpless, USA

Physiology/Medicine

1901   Emil Adolf von Behring,
        Germany
1902   Ronald Ross, UK
1903   Niels Ryberg Finsen, Denmark
1904   Ivan Petrovich Pavlov, Russia
1905   Robert Kand, Germany
1906   Camillo Golgi, Italy;
        Santiago Ramón y Cajal, Spain
1907   Charles Louis Alphonse Laveran,
        France
1908   Ilya Ilyich Metchnikov, Russia;
        Paul Ehrlich, Germany
1909   Emil Theodor Kander,
        Switzerland
1910   Albrecht Kossel, Germany
1911   Allvar Gullstrand, Sweden
1912   Alexis Carrel, France
1913   Charles Robert Richert, France
1914   Robert Bárány, Austria
1915   No award
1916   No award
1917   No award
1918   No award
1919   Jules Bordet, Belgium
1920   Schack August Steenberg Krogh,
        Denmark
1921   No award
1922   Archibald Vivian Hill, UK;
        Otto Frits Eyerhof, Germany
1923   Fredrick Grant Banting, Canada;
        John James Richard Macleod,
        Canada
1924   Willem Einthoven, The
        Netherlands
1925   No award
1926   Johannes Andreas Grib Fibiger,
        Denmark
1927   Julius Wagner-Jauregg, Austria
1928   Charles Jules Henri Nicolle,
        France

1929   Christiaan Eijkman, The
        Netherlands; Sir Frederick
        Hopkins, UK
1930   Karl Landsteiner, Austria
1931   Otto Heinrich Warburg, Germany
1932   Sir Charles Scott Sherrington, UK;
        Edgar Douglas Adrian, UK
1933   Thomas Hunt Morgan, USA
1934   George Hoyt Whipple, USA;
        George Richard Minot, USA;
        William Parry Murphy, USA
1935   Hans Spemann, Germany
1936   Sir Henry Hallet Dale, UK;
        Otto Loewi, Austria
1937   Albert von Szent-Györgyl
        Nagyrapolt, Hungary
1938   Corneille Kean Francois Heymans,
        Belgium
1939   Gerhard Domagk, Germany
1940   No award
1941   No award
1942   No award
1943   Henrick Carl Peter Dam,
        Denmark; Edward Adelbert Doisy,
        USA
1944   Joseph Erlanger, USA;
        Herbert Spencer Gasser, USA
1945   Sir Alexander Fleming, UK;
        Ernst Boris Chain, UK;
        Sir Howard Walter Florey, Australia
1946   Hermann Joseph Muller, USA
1947   Cark Ferdinand Cori, USA;
        Gerty Theresa Cori, née Radnitz,
        USA; Bernardo Alberto Houssay,
        Argentina
1948   Paul Hermann Müller, Switzerland
1949   Walter Hess, Switzerland;
        Antonio Caetano de Abreu Freire
        Egas Moniz, Portugal
1950   Edward Calvin Kendall, USA;
        Tadeus Reichstein, Switzerland;
        Philip Showalter Hench, USA
1951   Max Theiler, South Africa
1952   Selman Abraham Waksman, USA
1953   Hans Adolf Krebs, UK;
        Fritz Albert Lipmann, USA

1954 Johan Franklind Enders, USA;
Thomas Huckle Weller, USA;
Frederick Chapman Robbins, USA
1955 Axel Hugo Theodor Theorell,
Sweden
1956 André Frédéric Cournand, USA;
Werner Forssman, Germany;
Dickinson W. Richards, USA
1957 Daniel Bovet, Italy
1958 George Wells Beadie, USA;
Edward Tatum, USA; Joshua
Lederberg, USA
1959 Severo Ochoa, USA;
Arthur Kornberg, USA
1960 Sir Frank Macfarlane Burnet,
Australia; Peter Brian Medawar,
UK
1961 Georg von Békésy, USA
1962 Francis Harry Compton Crick,
UK; James Dewey Watson, USA;
Maurice Hugh Frederick Wilkins,
USA and New Zealand
1963 Sir Jon Carew Eccles, Australia;
Alan Lloyd Hodgkin, UK;
Andrew Fielding Huxley, UK
1964 Konrad Bland, USA;
Feodor Lynen, Germany
1965 Francoise Jacob, France;
André Lwoff, France;
Jacques Monod, France
1966 Peyton Rous, USA; Charles
Brenton Huggins, USA
1967 Ragnar Granit, Sweden;
Haldan Keffer Hartline, USA;
George Wald, USA
1968 Robert W. Holley, USA;
Har Gobind Khorana, USA;
Marshall W. Nirenberg, USA
1969 Max Delbrück, USA;
Alfred D. Hershey, USA;
Salvador E.Luria, USA
1970 Sir Bernard Katz, UK;
Ulf von Euler, Sweden;
Julius Axelrod, USA
1971 Earl W Sutherland, Jr, USA
1972 Gerald M Edelman, USA;
Rodney R. Porter, UK

1973 Karl von Frisch, Germany;
Konrad Lorenz, Austria;
Nikolaas Tinbergen, UK
1974 Albert Claude, Belgium;
Christian de Duve, Belgium;
George E. Palade, USA
1975 David Baltimore, USA;
Renato Dulbecco, USA;
Howard Martin Temin, USA
1976 Baruch S. Blumberg, USA;
D. Carleton Gajdusek, USA
1977 Roger Guillemin, USA;
Andrew V. Schally, USA;
Rosalyn Yalow, USA
1978 Werner Aber, Switzerland;
Daniel Nathans, USA;
Hamilton O. Smith, USA
1979 Allan M. Cormarck, USA;
Godfrey N. Hounsfield, UK
1980 Baruj Benacerraf, USA;
Jean Dausset, France;
George D. Snell, USA
1981 Roger W. S. Perry, USA;
David H. Hubel, USA;
Torsten N. Wiesel, Sweden
1982 Sune K. Bergström, Sweden;
Bengt I. Samuelsson, Sweden;
John R. Vane, UK
1983 Barbara McClintock, USA
1984 Niels K. Jerne, Denmark;
Georges J. F. Köhler, Germany;
César Milstein, Argentina and
UK
1985 Michael S. Brown, USA;
Joseph L. Goldstein, USA
1986 Stanley Cohen, USA; Rita Levi.
Monalcini, Italy and USA
1987 Susumu Tonegawa, Japan
1988 Sir James W. Black, UK;
Gertrude B. Elion, USA;
George H. Hitchings, USA
1989 J. Michael Bishop, USA;
Harold E. Varmus, USA
1990 Joseph E. Murray, USA;
E. Donnall Thomas, USA
1991 Erwin Neher, Germany;
Bert Sakmann, Germany

诺贝尔晚宴

1992	Edmond H. Fischer, Switzerland and USA; Edwin G. Krebs, USA
1993	Richard J. Roberts, UK; Phillip A. Sharp, USA
1994	Alfred G. Gilman, USA; Martin Rodbell, USA
1995	Edward B. Lewis, USA; Christiane Nüsslein-Volhard, Germany; Eric F. Wieschaus, USA
1996	Peter C. Doherty, Australia; Rolf M. Zinkernagel, Switzerland
1997	Stanley B. Prusiner, USA
1998	Robert F. Furchgott, USA; Louis J. Ignarro, USA; Ferid Murad, USA
1999	Günter Blobel, USA
2000	Arvid Carlsson, Sweden; Paul Greengard, USA; Eric R. Kandel, USA
2001	Leland H. Hartwell, USA; R. Timothy Hunt, UK; Sir Paul M. Nurse, UK

Literature

1901	Sully Prudhomme, France
1902	Theodor Mommsen, Germany
1903	Björnstjerne Björnson, Norway
1904	Frédéric Mistral, France; José Echegaray, Spain
1905	Henryk Sienkiewicz, Poland
1906	Giosué Carducci, Italy
1907	Rudyard Kipling, UK
1908	Rudolf Eucken, Germany
1909	Selma Lagerlöf, Sweden
1910	Paul Heyse, Germany
1911	Maurice Maeterlinck, Belgium
1912	Gerhart Hauptmann, Germany
1913	Rabindranath Tagore, India
1914	No award
1915	Romain Rolland, France
1916	Verner von Heidenstam, Sweden
1917	Karl Gjellerup, Denmark; Henrik Pontopiddan, Denmark

1918	No award
1919	Carl Spitteler, Switzerland
1920	Knut Hamsun, Norway
1921	Anatole France, France
1922	Jacinto Benavente, Spain
1923	William Butler Yeats, Ireland
1924	Wladyslaw Reymint, Poland
1925	George Bernard Shaw, UK
1926	Grazia Deledda, Italy
1927	Henri Bergson, France
1928	Sigrid Undset, Norway
1929	Thomas Mann, Germany
1930	Sinclair Lewis, USA
1931	Erik Axel Karlfeldt, Sweden
1932	John Galsworthy, UK
1933	Ivan Bunin, France
1934	Luigi Pirandello, Italy
1935	No award
1936	Eugene O'Neill, USA
1937	Roger Martin du Gard, France
1938	Pearl Buck, USA
1939	Frans Eemil Sillanpää, Finland
1940	No award
1941	No award
1942	No award
1943	No award
1944	Johannes v. Jensen, Denmark
1945	Gabriela Mistral, Chile
1946	Herman Hesse, Switzerland
1947	André Gide, France
1948	Thomas Stearns Eliot, UK
1949	William Faulkner, USA
1950	Bertrand Russell, UK
1951	Pär Lagerkvist, Sweden
1952	Francois Mauriac, France
1953	Winston Churchill, UK
1954	Ernest Hemingway, USA
1955	Halidór Kiljan Laxness, Iceland
1956	Juan Ramón Jiménez, Spain
1957	Albert Camus, France
1958	Boris Pasternak, Soviet Union
1959	Salvatore Quasimodo, Italy
1960	Saint-John Perse, France
1961	Ivo Andric, Jugoslavia
1962	John Steinbeck, USA
1963	Giorgos Seferis, Greece
1964	Jean-Paul Sartre, France

1965	Mikhail Sholokhov, Soviet Union
1966	Samuel Agnon, Israel; Nelly Sachs, Sweden
1967	Miguel Angel Asturias, Guatemala
1968	Yasunari Kawabata, Japan
1969	Samuel Beckett, Ireland
1970	Alexandr Solzhenitsyn, Soviet Union
1971	Pablo Neruda, Chile
1972	Heinrich Böll, Germany
1973	Patrick White, Australia
1974	Eyvind Johnson, Sweden; Harry Martinson, Sweden
1975	Eugenio Montale, Italy
1976	Saul Bellow, USA
1977	Vicente Aleixandre, Spain
1978	Isaac Bashevis Singer, USA
1979	Odysseus Elytis, Greece
1980	Czeslaw Milosz, Poland and USA
1981	Elias Canetti, UK
1982	Gabriel Garcia Márquez, Colombia
1983	William Golding, UK
1984	Jaroslav Seifert, Czechoslovakia
1985	Claude Simon, France
1986	Wole Soyinka, Nigeria
1987	Joseph Brodsky, USA
1988	Naguib Mahfouz, Egypt
1989	Camilo José Cela, Spain
1990	Octavio Paz, Mexico
1991	Nadine Gordimer, South Africa
1992	Derek Walcott, St Lucia
1993	Toni Morrison, USA
1994	Kenzaburo Oe, Japan
1995	Seamus Heaney, Ireland
1996	Wislawa Szymborska, Poland
1997	Dario Fo, Italy
1998	José Saramango, Portugal
1999	Günter Grass, Germany
2000	Gao Xingjian, France
2001	V.S. Naipaul, UK

Economic Sciences

1969	Ragnar Frisch, Norway; Jan Tinbergen, The Netherlands
1970	Paul A. Samuelson, USA
1971	Simon Kuznets, USA
1972	John R. Hicks, UK; Kenneth J. Arrow, USA
1973	Wassily Leontief, USA
1974	Gunnar Myrdal, Sweden; Friedrich August von Hayek, UK
1975	Leonid Vitaliyevich Kantarovich, Soviet Union; Tjalling C. Koopmans, USA
1976	Milton Friedman, USA
1977	Bertil Ohlin, Sweden; James E. Meade, UK
1978	Herbert A. Simon, USA
1979	Theodore W. Schultz, USA; Sir Arthur Lewis, UK
1980	Lawrence R. Klein, USA
1981	James Tobin, USA
1982	George J. Stigler, USA
1983	Gerard Debreu, USA
1984	Richard Stone, UK
1985	Franco Modigliani, USA
1986	James M. Buchanan Jr, USA
1987	Robert M. Solow, USA
1988	Maurice Allais, France
1989	Trygve Haavelmo, Norway
1990	Harry M. Markowitz, USA; Merton H. Miller, USA; William F. Sharpe, USA
1991	Ronald H. Coase, UK
1992	Gary S. Becker, USA
1993	Robert W. Fogel, USA; Douglass C. North, USA
1994	Johan C. Harsanyi, USA; John F. Nash Jr, USA; Reinhard Selter, Germany
1995	Robert E. Lucas Jr, USA
1996	James A. Mirrlees, UK; William Vickrey, USA
1997	Robert C. Merton, USA; Myron S. Scholes, USA

诺贝尔晚宴

1998	Amartya Sen, India
1999	Robert A. Mundell, Canada
2000	James J. Heckman, USA;
	Daniel L. McFadden, USA
2001	George A. Akerlof, USA;
	A. Michael Spence, USA;
	Joseph E. Stiglitz, USA

注:

这里列出的诺贝尔奖获奖人名单不含和平奖得主,诺贝尔和平奖是在挪威奥斯陆单独颁发的。